高职高专国家"双高计划"建设课改教材

U0169725

CAXA 电子图板 2021
项目化教学教程

主　编　杨延波

副主编　王　晓

编　者　任　鹏　王梓琦　梁晓哲

　　　　刘　倩　马艺琰

主　审　张　超　田浩荣

西安电子科技大学出版社

内 容 简 介

本书以项目化教学的思路进行编写。全书通过 8 个项目的 32 个任务，由浅入深、循序渐进地讲解了运用 CAXA CAD 电子图板 2021 软件绘制平面图形、三视图、剖视图、零件图、装配图、电气线路图以及轴测图的方法与技巧；介绍了系统工具与图形输出的内容，包括图形输出、CAXA 电子图板数据与其他软件的交换、数据光盘的刻录等。书中实例图文并茂、易于模仿，每个实例都有绘制思路和绘制方法与步骤，读者按照实例中的步骤进行操作，即可绘制出相应的图形和进行相应的操作。每个项目最后都配有习题，可帮助读者巩固所学知识，提高综合绘图能力。

本书是以项目化教学为指导思想编写的，既可以作为高职高专学校机械、数控、模具、计算机辅助设计与制造、机电一体化、数控设备应用与维护、材料、电气等专业的教材，也可以作为计算机绘图自学者的参考书。

图书在版编目（CIP）数据

CAXA 电子图板 2021 项目化教学教程 / 杨延波主编. —西安：西安电子科技大学出版社，2022.2
ISBN 978–7–5606–6347–0

Ⅰ. ①C…　Ⅱ. ①杨…　Ⅲ. ①自动绘图—软件包—教材　Ⅳ. ①TP391.72

中国版本图书馆 CIP 数据核字(2021)第 277991 号

策划编辑　秦志峰
责任编辑　王　静　秦志峰
出版发行　西安电子科技大学出版社(西安市太白南路 2 号)
电　　话　(029)88202421　88201467　　邮　　编　710071
网　　址　www.xduph.com　　　　　电子邮箱　xdupfxb001@163.com
经　　销　新华书店
印刷单位　咸阳华盛印务有限责任公司
版　　次　2022 年 2 月第 1 版　　2022 年 2 月第 1 次印刷
开　　本　787 毫米×1092 毫米　1/16　印　张　19.5
字　　数　464 千字
印　　数　1～3000 册
定　　价　46.00 元
ISBN 978–7–5606–6347–0 / TP
XDUP 6649001–1

前　言

CAXA CAD 电子图板是伴随着计算机和信息技术的不断发展而发展起来的二维绘图系统，是我国具有自主知识产权、功能齐全的通用 CAD 系统。CAXA CAD 电子图板自 1996 年问世以来，先后推出了多个版本。经过多年的发展和完善，现在已经推出了 CAXA CAD 电子图板 2021。目前 CAXA CAD 电子图板已经广泛应用于机械、电子、汽车、航空航天、军工、建筑、教育、科研等多个领域。

本书是根据计算机绘图课程的性质、教学的特点，结合编者多年的工程制图和计算机绘图的教学经验编写而成的，编者都是长期从事 CAD 教学和工程设计的一线教师。

本书采用项目化的教学形式进行编写，全书分为 32 个任务，将绘图实例和绘图命令融入任务之中。在编写过程中，为了使读者能够快速掌握 CAXA CAD 电子图板的基本操作，在各个项目中都提供了相应的绘图实例，实例中详细叙述了每个实例图形的绘制思路、绘制过程以及绘图步骤，由浅入深地讲述了绘制平面图形、三视图、剖视图、零件图、装配图、电气线路图、轴测图的方法与技巧。书中通过多样化的应用实例，力图开拓读者的思路，培养读者分析问题和解决问题的能力，引导读者掌握软件的操作方法和技巧。

本书实例容易模仿，读者按照实例中的步骤进行操作，即可绘制出相应的图形。每个项目最后附有习题，供读者在学习过程中进行思考和上机操作练习。在文字表述方面，本书语言流畅、准确简练、循序渐进、通俗易懂；在内容编排方面，本书文字规范、取材合适、深度适宜、图文并茂，有助于读者自学能力的培养。

本书采用了最新的 CAXA CAD 电子图板 2021，反映了本学科国内外科学研究和教学研究的先进成果，体现了先进性。本书可作为高职高专类院校机械、数控、模具、计算机辅助设计与制造、机电一体化、数控设备应用与维护、材料、电气等专业的教学用书，也可作为中专对应专业的教学用书，并可供从事 CAD 技术研究与应用的工程技术人员参考使用。

本书由陕西工业职业技术学院杨延波副教授担任主编。陕西工业职业技术学院刘倩编写项目一，马艺琰编写项目二，王晓副教授编写项目三，梁晓哲副教授编写项目四，杨延波副教授编写项目五、项目六，浙江海德曼智能装备股份有限公司销售部任鹏编写项目七，北京数码大方科技股份有限公司王梓琦编写项目八。全书由杨延波统稿。诚邀西安航空职业技术学院张超教授、宝鸡机床集团有限公司田浩荣担任本书主审。

本书在编写过程中，借鉴了参考文献中的部分内容，在此对这些文献作者表示诚挚的感谢。由于编者水平有限，书中不足和疏漏之处在所难免，敬请读者批评指正。

编　者

2021 年 7 月

目　　录

项目一　CAXA CAD 电子图板 2021 的基本操作

【软件情况介绍】

CAXA CAD 电子图板是我国具有自主知识产权的二维绘图系统，自 1997 年首次发布电子图板 97 后，依次推出了 CAXA CAD 电子图板 98、2000、V2、XP、2005、2007、2009、2011、2013、2015、2016、2018、2019、2020 等多个版本。2020 年 10 月，CAXA CAD 电子图板 2021 发布。截至目前，该系统共发布了 15 个大版本，30 多个小版本。它已被广泛应用于机械、电子、汽车、航空航天、军工、建筑、教育、科研等多个领域。

【课程思政】

我国正全面提升智能制造创新能力，加快由"制造大国"向"制造强国"转变。工业软件作为智能制造的重要基础和核心支撑，与先进的工业产品以及国家大力推动的高端装备制造业密切融合到一起，对于推动我国制造业转型升级、实现制造强国战略具有重要意义。随着产业转型升级进入攻坚期，数字转型已成为企业共识。智能制造领域的政策红利逐步释放，将进一步推动工业软件的快速发展。云服务的加速普及给工业软件和应用注入新活力。目前，行业龙头正在加速产业布局，工业软件将成为地方产业发展新标的，工业信息安全将成为行业关注的焦点。

任务 1.1　CAXA CAD 电子图板 2021 的安装

CAXA CAD 电子图板 2021 软件分为 32 位机和 64 位机两个安装版本，如图 1-1 所示。

CAXA CAD
电子图板
2021 的安装

图 1-1　版本选择对话框

如果计算机系统是 32 位的，就选第一个选项；如果是 64 位的，就选第二个选项。以下将以 64 位机系统的安装为例进行介绍。

(1) 打开 Windows 资源管理器，在文件目录中找到 CAXA 的 setup.exe 文件。双击运行它，系统弹出程序版本选择对话框，选择"64 位"，单击"确定"按钮，如图 1-1 所示。

(2) 系统弹出"欢迎使用 CAXA CAD 电子图板安装管理程序"对话框，在语言选择栏中选择中文(简体)，单击"下一步"按钮，如图 1-2 所示。

图 1-2　"欢迎使用 CAXA CAD 电子图板安装管理程序"对话框

(3) 在"选项"选项卡中，选择"CAXA CAD 电子图板 2021(安装)"，单击"开始安装"按钮，如图 1-3 所示。

图 1-3　"选项"选项卡

(4) 系统弹出"安装"选项卡,程序自动安装,如图 1-4 所示。

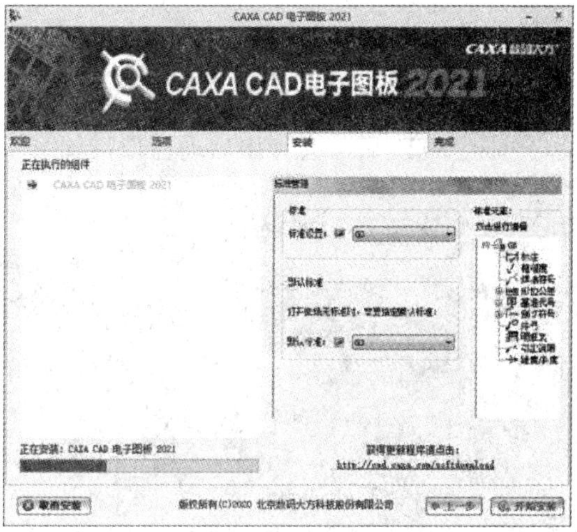

图 1-4   "安装"选项卡

(5) 系统弹出"完成"选项卡,单击"安装完成"按钮,如图 1-5 所示。完成后,会在桌面上创建一个快捷图标,如图 1-6 所示。

图 1-5   "完成"选项卡

图 1-6   快捷图标

任务 1.2   CAXA CAD 电子图板 2021 的启动及退出

一、CAXA CAD 电子图板 2021 的启动

启动 CAXA CAD 电子图板 2021 有 3 种方法:

(1) 在桌面上双击 CAXA CAD 电子图板 2021 的快捷图标  ，就可以运行软件。

CAXA CAD 电子图板 2021 的启动及退出

(2) 依次单击桌面左下角的"开始"→"程序"→"CAXA"→"CAXA CAD 电子图板 2021(x64)",也可运行软件。

(3) 在 CAXA CAD 电子图板 2021 的安装目录 C:\Program Files\CAXA\CAXA CAD\2021\Bin64\下有一个 CDRAFT_M.exe 文件,双击该文件即可。

启动 CAXA CAD 电子图板 2021 后,会弹出启动窗口,如图 1-7 所示。

图 1-7 启动窗口

等待片刻,则弹出"选择配置风格"对话框,如图 1-8 所示。单击"确定"按钮,系统弹出"新建"对话框,如图 1-9 所示。可选择 GB(国标)A0~A4、MECHANIC(机械)A0~A4 以及 BLANK(空白)的各种图纸幅面。选择其中的任意一种图幅,单击"新建"对话框的"确定"按钮,就可进入 CAXA CAD 电子图板 2021 的用户界面。

图 1-8 "选择配置风格"对话框

图 1-9 "新建"对话框

二、CAXA CAD 电子图板 2021 的退出

退出 CAXA CAD 电子图板 2021 也有 3 种方法：

(1) 单击左上角"菜单"→"文件"→"退出"命令。

(2) 单击界面右上角的关闭按钮 。

(3) 按 Alt + F4 键。

CAXA CAD 电
子图板 2021 的
用户界面介绍

任务 1.3 CAXA CAD 电子图板 2021 的用户界面

CAXA CAD 电子图板 2021 启动后，进入 CAXA CAD 电子图板 2021 的用户界面，如图 1-10 所示。

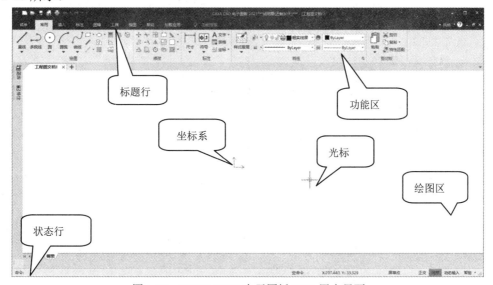

图 1-10 CAXA CAD 电子图板 2021 用户界面

一、用户界面的组成

　　用户界面是人机对话的窗口，是绘图软件与用户进行信息交流的中介。系统通过界面反映当前的状态或要执行的操作，用户按照界面提供的信息进行分析判断，并通过输入设备进行下一步的操作。

　　CAXA CAD 电子图板 2021 采用了全新的用户界面，由标题行、功能区、绘图区、状态行等组成。

　　自 CAXA CAD 电子图板 2015 以来，用户界面与以前版本的界面相比变化较大，老用户可能不太习惯。老用户可以在界面上添加主菜单，方法是：在功能区的空白处单击右键，在弹出的如图 1-11 所示快捷菜单中选择"主菜单"命令即可，其结果如图 1-12 所示。这样，就可以使用下拉菜单中的命令了。

图 1-11　右键快捷菜单

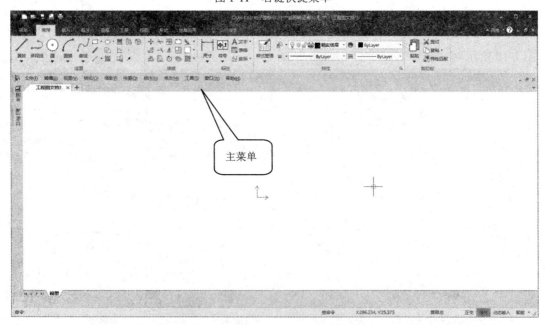

图 1-12　添加了主菜单的用户界面

二、用户界面的介绍

1. 标题行

标题行位于窗口最上边一行，左边为窗口图标，右边依次为"最小化""最大化/还原""关闭" 3 个按钮，中间增加了"CAXA CAD 电子图板 2021 工程图文档 1"字样。在标题行左边还增加了快速启动工具栏，如图 1-13 所示。

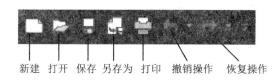

图 1-13　快速启动工具栏

2. 功能区

功能区是位于标题行下方的矩形区域，用于显示不同的工具栏，分为常用、插入、标注、图幅、工具、视图、帮助和加载应用 8 个工具栏，如图 1-14 所示。单击汉字标签即可在不同的工具栏之间进行切换。

图 1-14　功能区

(1) 常用工具栏。它是默认的工具栏，又分为绘图、修改、标注、特性和剪切板 5 个子工具栏，每个工具栏中都有多个命令图标，如图 1-14 所示。

(2) 插入工具栏。它分为块、图库、外部引用、图片、二维码和条形码及对象 6 个子工具栏，每个工具栏中都有多个命令图标，如图 1-15 所示。

图 1-15　插入工具栏

(3) 标注工具栏。它分为标注样式、尺寸、坐标、文字、符号和修改 6 个子工具栏，如图 1-16 所示。

图 1-16　标注工具栏

(4) 图幅工具栏。它分为图幅、图框、标题栏、参数栏、序号和明细表 6 个子工具栏，如图 1-17 所示。

图 1-17　图幅工具栏

(5) 工具工具栏。它分为工具、选项、查询和外部工具 4 个子工具栏，如图 1-18 所示。

图 1-18　工具工具栏

(6) 视图工具栏。它分为显示、用户坐标系、视口、界面操作和窗口 5 个子工具栏，如图 1-19 所示。

图 1-19　视图工具栏

(7) 帮助工具栏。它分为帮助、二次开发、服务、用户中心和自动更新 5 个子工具栏，如图 1-20 所示。

图 1-20　帮助工具栏

(8) 加载应用工具栏。它分为管理和模架两个子工具栏，如图 1-21 所示。

图 1-21　加载应用工具栏

除以上工具栏以外，还可以根据用户的习惯和需要对工具栏进行自定义，方法是：

(1) 在功能区的空白处单击右键，系统弹出如图 1-11 所示的右键快捷菜单。

(2) 在菜单中选择"自定义"命令，系统弹出如图 1-22 所示的"自定义"对话框。

(3) 在该对话框中选择"工具栏"标签，如图 1-23 所示。

(4) 在对话框中选择"标准""绘图工具"复选项，其界面发生了变化，结果如图 1-24 所示。

采用这样的方法就可以设置用户需要的工具栏。这些工具栏系统会自动放置在功能区的下方或者绘图区的左方。

<table>
<tr><td>图 1-22　"自定义"对话框</td><td>图 1-23　"自定义"对话框"工具栏"标签</td></tr>
</table>

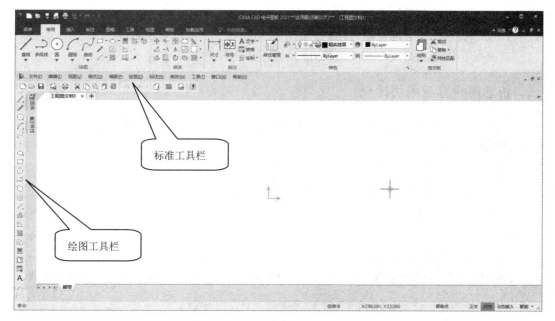

图 1-24　自定义后的用户界面

3. 绘图区

绘图区是进行设计的工作区域，位于用户界面的中心，占据了屏幕的大部分面积，为图形显示提供了广阔的空间。

在绘图区的中央设置了一个二维坐标系，称为世界坐标系。它的坐标原点为(0.000, 0.000)。

CAXA 电子图板以当前用户坐标系的原点为基准，水平方向为 X 轴，向右为正，向左为负；垂直方向为 Y 轴，向上为正，向下为负。

4. 状态行

状态行是位于屏幕最下方的一行，用于当前操作的提示与状态显示。在没有执行命令时，操作提示为"命令："，表示系统在等待输入命令，称为"空命令"状态。当输入了命令后，将出现相应的操作提示，如图 1-25 所示。

图 1-25 状态行

状态行又分为：

(1) 命令与操作提示区：位于状态行左侧，用于提示当前命令的执行情况或提醒输入命令或数据。

(2) 命令显示区：用于显示当前执行命令的英文命令，便于用户快速掌握键盘命令的输入。

(3) 坐标显示区：用于显示当前光标点的坐标值，随着鼠标光标的移动而作动态变化。

(4) 状态显示区：用于显示当前绘图的状态，可以设置正交、线宽、动态输入、智能等不同的状态。

① 正交：正交/非正交的切换开关。

② 线宽：设置线条的宽度。

③ 动态输入：动态地显示所绘制点的坐标值、直线的长度以及直线与 X 轴的夹角。

④ 智能：屏幕点捕捉方式的切换开关，分为自由、智能、栅格和导航。

三、新老用户界面的切换

对于 CAXA CAD 电子图板的老用户来说，使用 2021 的新界面可能不太习惯，可以进行新老界面的切换，方法是：

(1) 在如图 1-12 所示的添加了主菜单的用户界面下，选择主菜单的"工具"→"界面操作"→"切换"命令，即可切换为原来的用户界面，如图 1-26 所示。

(2) 在当前界面下，单击"工具"→"界面操作"→"切换界面" 图标，即可切换为新的用户界面。

(3) 在当前界面下，直接按 F9 键即可进行新旧界面切换。

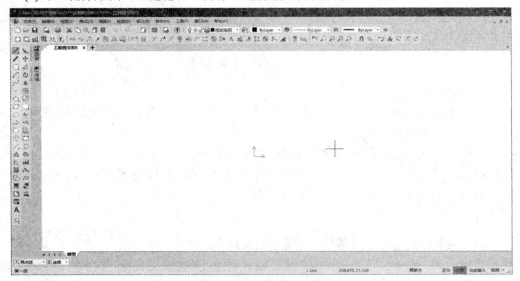

图 1-26 原来的用户界面

💡 由于 CAXA CAD 电子图板 2021 采用了新的用户界面，绘图过程多采用图标，此处对菜单系统不再赘述。

四、CAXA CAD 电子图板 2021 的主要特点

CAXA CAD 电子图板 2021 的主要特点包括：

(1) 中文界面、自主知识产权。CAXA CAD 电子图板系统采用图标和中文菜单结合的操作方式，系统提示、帮助信息均为中文，符合中国工程技术人员的使用习惯，也符合中国制造业的实际要求。该系统拥有完全自主的知识产权，具有超过 2.5 万家企业用户和 2000 所知名大中专院校用户。截至 2020 年，CAXA 已累计销售正版软件超过 30 万套，拥有 56 个产品著作权和 74 项专利及专利申请，各大出版机构出版 CAXA 教材超过 500 余种。

(2) 智能设计、易学易用。系统提供了强大的智能化图形绘制和编辑功能，包括基本曲线中的直线、圆、矩形、轮廓线、等距线等以及高级曲线中的点、正多边形、椭圆、样条曲线、公式曲线、齿轮、孔/轴等图形的绘制，以及裁剪、拉伸、阵列、旋转、镜像等编辑方法，绘制及编辑过程易学易用。

(3) 动态导航、便于绘图。绘制三视图时在导航状态下按照工程制图的"长对正""高平齐""宽相等"规律进行绘制，符合制图的"三等规律"，并且绘制三视图时可实现动态导航，便于掌握。

(4) 智能标注、操作简单。系统提供了强大的智能化工程标注方式，可以自动判断标注的尺寸类型，完成需要的工程标注，包括尺寸标注、尺寸公差标注、形位公差标注、粗糙度标注等。使用标注编辑命令时可以方便地对工程标注进行修改，操作简单，绘制和编辑过程实现了"所思即所得"。

(5) 体系开放、符合标准。系统提供了符合我国标准的图框、标题栏，用户也可根据需要，自行设计图框、标题栏，并进行保存和调用。在绘制装配图的零件序号、明细表时，系统自动实现零件序号与明细表的联动。

(6) 图库丰富、易于拼图。系统提供了种类齐全的参数化国标图库，可以方便地调出预先定义好的标准图形或相似图形进行参数化设计，从而大大提高绘图的速度和质量。图库中的图符可以输出六个视图，且六个视图之间保持联动。提取图符时，可以按照标准数据提取，也可以自行设定参数。提取的图符能够实现自动消隐，有利于装配图的绘制。

(7) 接口开放、利于交换。系统提供了通用的数据接口，如 DXF 接口、DWG 接口、HPGL 接口，通过这些接口可以与其他 CAD 软件进行图形数据交换，借用用户在其他 CAD 软件中所做的工作。

(8) 拼图打印、方便出图。系统全面支持市场上流行的打印机和绘图仪，绘图输出提供拼图功能，用户可以用小号图纸输出大号图形，使用普通的打印机就能输出零号图纸图形。

五、CAXA CAD 电子图板 2021 的新增功能

1. 全新界面风格

CAXA CAD 电子图板 2021 采用流行的 Fluent 图形用户界面，如图 1-27 所示。新的界面风格更加简洁、直接，使用者可以更加容易地找到各种绘图命令，并且以更少的命令完

成 CAD 操作。

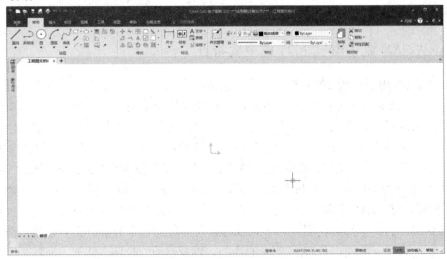

图 1-27　图形用户界面

2. 菜单按钮

新的菜单标签位于 CAXA CAD 电子图板 2021 窗口的左上角，如图 1-27 所示。可以使用菜单按钮调出主菜单，单击它就可展开下拉菜单，如图 1-28 所示。下拉菜单显示出多种菜单项的列表，仿效传统的垂直显示菜单，它直接覆盖电子图板窗口功能。当光标移动到下拉菜单的一个选项时，对应的下一级菜单命令即可出现，用户就可以选择需要的命令。它提供了轻松访问命令的一种渠道。

3. 快速启动工具栏

快速启动工具栏显示在 CAXA CAD 电子图板 2021 窗口的左上角，如图 1-27 所示。它包括最常用的新建、打开、保存、打印、撤销以及恢复命令，便于用户的操作。

单击快速启动工具栏后边的下拉箭头，就展开了"自定义快速启动工具栏"，如图 1-29 所示。用户可通过"自定义快速启动工具栏"添加图标到快速启动工具栏，也可轻易地将快速启动工具栏中的图标移除。

图 1-28　主菜单和下拉菜单

图 1-29　自定义快速启动工具栏

4. 功能区

新增的功能区位于标题栏的下方，如图 1-27 所示，用于显示不同的工具栏，它分为 8 大块：菜单、常用、标注、图幅、工具、视图、帮助和加载应用。单击某个项目，即可弹出不同的子工具栏，显示出不同的图标，供用户使用。

5. 动态显示的图库和特性工具选项板

在绘图区的左方增加了图库和特性工具选项板，它们均为动态显示，如图 1-27 所示。特性工具选项板是一种特殊形式的交互工具。通常，特性工具选项板会隐藏在界面左侧的工具条内，将鼠标移动到该工具条的工具选项板按钮上，对应的工具选项板就会弹出。选择其中的命令，即可进行相关操作。

例如：将光标移动到"特性"上，则特性工具选项板自动弹出，如图 1-30 所示。选择其中的层，就可直接修改图形的当前层。同样可以修改线型、颜色以及文本风格和标注风格等；也可以更改整个图纸图幅的设置，如幅面设置、方向和比例等。

图 1-30　动态显示的图库和特性工具选项板

6. 动态输入方式

在动态输入方式下，在作图过程中可以动态地显示命令提示，动态地显示所绘制点的坐标值、直线的长度以及直线与 X 轴的夹角，如图 1-31 所示。

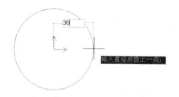

图 1-31　动态输入

7. 文字编辑器

CAXA CAD 电子图板 2021 在原有文本框的基础上增加了文本编辑器，通过双击即可进行编辑，即时对属性如颜色、字体、字高等进行修改。

8. 兼容 AutoCAD 的绘图数据

CAXA CAD 电子图板 2021 可以直接读入用 AutoCAD 绘图产生的图形数据，如点、线、圆弧、剖面线、样条以及多义线等数据；并且能够兼容 3D 多义线、填充、多线、面域、表格、轨迹等三维数据；特别增强了对 DWG 数据中块和多义线的编辑功能，对 AutoCAD 中的块进行在位编辑、消隐等操作；完全兼容填充图案并可直接对其进行编辑修改。

任务 1.4　CAXA CAD 电子图板 2021 的基本操作

一、命令的执行

CAXA CAD 电子图板 2021 提供了丰富的绘图、编辑、标注等功能，这些功能都是通过执行命令实现的。

CAXA CAD 电子图板 2021 的基本操作

1. 启动命令的方法

启动命令的方法通常有 3 种：

(1) 单击工具栏的某个图标按钮，即可启动对应的命令。

(2) 单击主菜单的下拉选项中的某个命令即可。

(3) 键盘输入命令：当提示行显示"命令"时，可以用键盘直接输入命令。例如：输入"line"或者"l"，然后按回车键，表示启动"直线"命令；输入"circle"或者"c"按回车键，表示启动"圆"命令等。

2. 命令的执行过程

命令执行后，一般在状态行的上方会显示出一个立即菜单，如图 1-32 所示。在立即菜单中选择合适的方式，然后按照提示输入绘图所需要的数据，就可以进行绘图了。

矩形的立即菜单

图 1-32　矩形的立即菜单

3. 命令的终止

如果要终止正在执行的命令，按 Esc 键或按鼠标右键均可。

二、鼠标和键盘的使用

在命令执行的操作过程中，当需要输入数据时，可通过鼠标选择或者键盘输入两种方式实现。

1. 鼠标的使用

鼠标选择就是根据屏幕显示的状态或提示，用鼠标光标去单击所需要的菜单命令或者工具栏图标。选择了菜单命令或者工具栏图标，就表示执行了对应的键盘命令。由于菜单命令或者工具栏图标选择直观、方便，减少了背记命令的时间，适合初学者使用。

鼠标分为左、中、右三个键，各键的功能分别为：

(1) 左键：选择(拾取)实体；单击菜单命令；输入点的坐标值。

(2) 右键：确认拾取；终止当前命令；弹出右键快捷菜单。

(3) 中键(即鼠标滚轮)：转动滚轮，则动态缩放当前图形的显示大小；按住滚轮并移动鼠标，则动态平移图形；双击滚轮，实现全屏显示图形。

2. 键盘的使用

键盘输入就是用键盘直接输入命令或数据，它适合于习惯键盘操作的用户。键盘输入要求操作者对软件的各个命令以及功能非常熟悉。

3. 功能键

常见的功能键及其作用为：

F1：请求帮助。

F2：绝对/相对坐标值的切换开关。

F3：显示全部。

F4：指定当前点作为参考点，用于相对坐标值的输入。

F5：当前坐标系的切换开关。

F6：点捕捉方式切换开关。

F7：三视图导航开关。

F8：正交/非正交切换开关。

F9：新老界面的切换开关。

Enter(回车)：结束数据输入，弹出右键快捷菜单(同鼠标右键)。

空格键：弹出"工具点"菜单。

方向(← → ↑ ↓)键：平移显示的图形。

Page Up：放大显示的图形。

Page Down：缩小显示的图形。

Delete：删除所选对象。

Home：复原显示。

Esc：取消命令。

Alt + 1～Alt + 9：激活立即菜单中数字所对应的选项。

Print Screen SysRq：全屏拷贝。

三、点和数据的输入

点是最基本的图形元素，任何图形都可看成由点组成的，点的输入是各种绘图操作的基础。

1. 通过键盘输入点的坐标

用键盘输入点的坐标时，可以采用输入点的直角坐标值和极坐标值这两种方法。

(1) 直角坐标值。直角坐标值可以分为绝对坐标值和相对坐标值。

① 绝对坐标值。当系统提示输入点时，可以直接通过键盘输入"X，Y"坐标，X，Y 之间必须用英文逗号隔开。例如 100，80，表示该点的坐标值 X 为 100，Y 为 80。

② 相对坐标值。相对坐标值是指相对上一点或者参考点的坐标，与坐标原点无关。用这种方式给定点时，必须在数值前加"@"。例如@60，50，表示该点相对于参考点的变化量为 X 坐标向右 60，Y 坐标向上 50。

(2) 极坐标。极坐标采用极半径和极半径与 X 轴逆时针的夹角来确定点的位置。采用这种方式时，极半径与极角之间用"<"隔开。例如 60 < 45，表示绝对极坐标；@60 < 45，表示相对极坐标，极半径为 60、极角为 45°。

2. 通过鼠标输入点的坐标

用鼠标输入点的坐标是指通过在绘图区某个位置单击鼠标左键来确定一点。

这种方法输入的坐标值往往是小数，精确度比较低。

如果输入的点是已有图形上的特征点，则可以利用工具点菜单的功能，在图形上捕捉该特征点作为输入的点，以提高输入点的精确度。

3. 数据的输入

当某些命令执行过程中提示输入一个数值(如长度、距离、直径、半径等)或者出现数据输入窗口时，就可以用键盘输入对应的数值，然后按回车键(或空格键)确认，即输入了数据。

在提示输入一个数值或者弹出输入数据窗口时，系统允许输入表达式。也就是说，电子图板具有计算的功能，能够进行加、减、乘、除、三角函数以及其他各种表达式的计算。如：$120/35 + (60 - 23)/25$；$\sin(45*3.1416)$ 都是正确的数据输入。

输入角度值时，规定以"°"为单位，而且以 X 轴正向为 0°，逆时针旋转为正，顺时针旋转为负。在输入具体角度值时，只需输入角度数值即可。

四、目标捕捉方式

目标捕捉方式分为工具点捕捉与屏幕点捕捉两种。利用目标捕捉工具能够迅速、精确地进行绘图，提高绘图的精度。

1. 工具点捕捉

工具点捕捉是指利用鼠标捕捉图形上的某个特征点，如圆心、切点、中点、交点等。

在绘图过程中，当需要对工具点进行切换时，可以使用以下方法进行操作：

(1) 当提示为输入点时，按空格键，弹出如图 1-33 所示的工具点菜单，用户根据作图需要，用鼠标从中选取某个命令即可。

(2) 当提示为输入点时，用键盘直接输入表示特征点的对应字母。

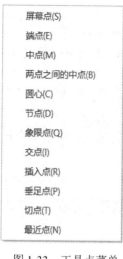

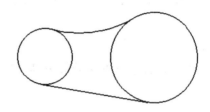

图 1-33　工具点菜单　　　　图 1-34　工具点捕捉示例

图 1-34 为用直线命令和圆弧命令绘制两个已知圆的切线的例子。

具体操作步骤为：

① 单击基本绘图工具栏的直线图标 ⟋，当状态行提示"第一点"时按空格键，在如图 1-33 所示的工具点菜单中选择"切点(T)"命令，拾取左边小圆则捕捉到小圆的切点。

② 当状态行提示"第二点"时，通过键盘再直接输入字母 T，拾取右边大圆则捕捉到大圆的切点。

③ 单击基本绘图工具栏的圆弧图标 ⟋，立即菜单采用"两点_半径"方式，当状态行提示"第一点"时，通过键盘直接输入字母 T，拾取左边小圆则捕捉到小圆的切点。

④ 当状态行提示"第二点"时，通过键盘再直接输入字母 T，拾取右边大圆则捕捉到大圆的切点。

⑤ 移动鼠标引导，然后输入圆弧半径，再按回车键。

2. 屏幕点捕捉

屏幕点捕捉分为自由、智能、栅格和导航四种方式。

(1) 自由：在自由方式下鼠标在绘图区移动时不吸附在任何特征点上，点的输入完全由鼠标在绘图区的实际位置确定。

(2) 智能：当鼠标在绘图区移动时，将自动吸附在距离最近的那个特征点上，输入点的坐标值由吸附的特征点的坐标值来确定。

可以吸附的特征点包括端点、交点、圆心、象限点、中点、切点、孤立点、最近点和垂足点等。

(3) 栅格：当鼠标在绘图区移动时，将自动吸附在距离最近的栅格点上，输入点的坐标值由吸附的栅格点的坐标值来确定，还可以设置栅格点的间距以及栅格点的可见与不可见。

(4) 导航：在绘图过程中，系统自动对特征点进行导航，以保证视图之间符合投影对应关系。

五、实体的选择方式

系统把绘图时所用的直线、圆、块和图符称为实体。通常把选择实体也称为拾取实体，目的就是要在已有的图形中选取需要的图元。

屏幕提示拾取元素时称为拾取状态，元素被拾取后以虚线显示，并显示出特征点。多数拾取操作允许连续进行，将已经选中元素的集合称为选择集。

拾取元素一般通过鼠标操作，左键用于拾取，右键确认；可以单个拾取，也可以采用窗口拾取。

1. 单个拾取

将鼠标十字中心处的方框(称为拾取盒)移动到要选择的元素上，单击左键，该元素被拾取。

2. 窗口拾取

单击鼠标左键，在屏幕上从左到右拖动出一个矩形，矩形区域内的实体即被选中，如图 1-35 所示。图中的外框为从左到右的矩形拾取框，内部的实体全部被拾取。这种拾取方式效率比单个拾取高。

3. 交叉拾取

单击鼠标左键，在屏幕上从右到左拖动出一个矩形，矩形区域内的实体和与矩形相交的实体都被选中，如图 1-36 所示。图中的外框为从右到左的矩形拾取框，左边的圆只是与拾取框相交，这种拾取方式只要与元素相交就会被拾取到。

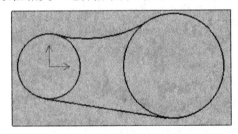 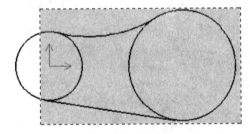

图 1-35　窗口拾取　　　　　　　　　图 1-36　交叉拾取

六、拾取过滤设置

1. 功能

"拾取过滤设置"命令用于设置拾取图形元素的过滤条件。

2. 启动"拾取过滤设置"命令的方法

(1) 菜单操作：工具→拾取设置；

(2) 工具栏操作：工具→选项→ 拾取设置 图标；

(3) 键盘输入：objectset。

3. 选项说明及命令操作

(1) 启动该命令后，系统弹出"拾取过滤设置"对话框，如图 1-37 所示。从该对话框可以看出，系统对拾取元素设置了 5 种条件。

① 实体：以实体作为过滤条件，勾选的实体才能被拾取。

② 图层：以图层作为过滤条件，勾选的图层才能被拾取。

③ 颜色：以颜色作为过滤条件，勾选的颜色才能被拾取。

④ 线型：以线型作为过滤条件，勾选的线型才能被拾取。

⑤ 尺寸：以尺寸作为过滤条件，勾选的线型才能被拾取。

这 5 种条件的交集为有效拾取，也就是说，要符合这 5 种过滤条件的才能拾取到。利用这 5 种条件的组合进行过滤，可以快速、准确地从图中拾取到想拾取的图形元素。

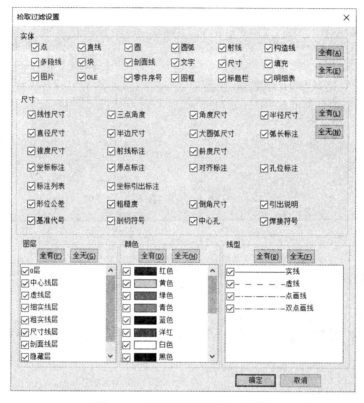

图 1-37　"拾取过滤设置"对话框

(2) 设置拾取过滤条件的操作：

① 图 1-37 所示是"全有"状态，设置时可以将不想拾取的元素前的对钩取掉。

② 单击"确定"按钮，则确认此次设置。

③ 在图中去拾取，有对钩的元素就被拾取到，没有对钩的元素就拾取不到。

任务 1.5　帮助的使用

CAXA CAD 电子图板 2021 提供了帮助功能，该功能实质上是一个用户手册，在设计过程中用户对哪个命令的使用不熟悉时，可以随时进行查阅，按照内容的提示进行操作。

一、功能

"帮助"命令用于为用户提供命令的查询和帮助。

二、启动"帮助"命令的方法

(1) 菜单操作：帮助→帮助；

(2) 工具栏操作：帮助→ ❓ 图标；

(3) 快捷键：F1。

三、操作过程

(1) 启动"帮助"命令后，系统弹出"帮助"对话框，如图 1-38 所示。从该对话框左侧目录中可以看到，共有 10 个项目。

(2) 单击某个项目前面的+号，即可展开其内容，可以多层进行展开，如图 1-38 所示。

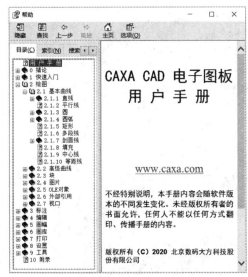

图 1-38　"帮助"对话框

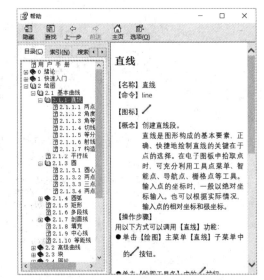

图 1-39　"帮助"对话框的展开

(3) 用户就可以选择其中的某个命令，在右侧进行内容的查看。例如，单击"2.1.1 直线"，在"帮助"对话框的右侧会显示出直线命令的详细介绍，有命令的名称、图标、概念、操作步骤、调用方法和立即菜单等的介绍，如图 1-39 所示。

(4) 用户可以按照该命令的介绍进行操作。

任务 1.6　图形显示控制

为了方便绘图，CAXA CAD 电子图板 2021 提供了多种显示功能，这些命令都在视图菜单下面。显示控制的这些命令只是改变了视觉的显示效果，没有改变图形的实际大小。

图形显示控制

一、重生成

1. 功能

"重生成"命令用于将显示失真的图形进行重新生成。圆和圆弧等图素在显示时都是由一段一段的线段组合而成的,当图形放大到一定比例时可能会出现显示失真的现象。通过使用重生成命令可以将显示失真的图形按当前窗口的显示状态进行重新生成。

2. 启动"重生成"命令的方法

(1) 菜单操作:视图→重生成;

(2) 工具栏操作:视图→显示→全部重生成→ ↻ 图标;

(3) 键盘输入:refresh。

3. 操作过程

执行"重生成"命令后,拾取要操作的对象,然后单击鼠标右键确认即可。

二、全部重生成

1. 功能

"全部重生成"命令用于将绘图区内显示失真的图形全部重新生成。

2. 启动"全部重生成"命令的方法

(1) 菜单操作:视图→全部重生成;

(2) 工具栏操作:视图→显示→ ▣ 图标;

(3) 键盘输入:refreshall。

3. 操作过程

执行"全部重生成"命令后,绘图区内显示失真的图形,使之立即全部重新生成。

三、显示窗口

1. 功能

"显示窗口"命令用于通过指定一个矩形区域的两个角点,放大该区域的图形,使之充满整个绘图区。

2. 启动"显示窗口"命令的方法

(1) 菜单操作:视图→显示窗口;

(2) 工具栏操作:视图→显示→ 🔍 图标;

(3) 键盘输入:zoom。

3. 操作过程

执行"显示窗口"命令后,根据提示拾取显示窗口的第一个角点、第二个角点,窗口的中心将成为新的屏幕显示中心,将选中区域内的图形按充满屏幕的方式重新显示出来。

四、显示全部

1. 功能

"显示全部"命令用于将当前绘制的所有图形，按充满全屏的方式显示在屏幕绘图区。

2. 启动"显示全部"命令的方法

(1) 菜单操作：视图→显示全部；

(2) 工具栏操作：视图→显示→显示窗口→ 🔍 图标；

(3) 键盘输入：zooma 或 F3。

3. 操作过程

执行"显示全部"命令后，当前所画的全部图形，将在屏幕绘图区内按充满全屏的方式显示出来。

五、显示上一步

1. 功能

"显示上一步"命令用于取消当前显示，返回到显示变换前的状态。

2. 启动"显示上一步"命令的方法

(1) 菜单操作：视图→显示上一步；

(2) 工具栏操作：视图→显示→显示窗口→ 🔍 图标；

(3) 键盘输入：prev。

3. 操作过程

执行"显示上一步"命令后，系统立即将视图按上一次的显示状态显示出来。

六、显示下一步

1. 功能

"显示下一步"命令用于返回到下一次显示的状态，可与显示上一步配套使用。

2. 启动"显示下一步"命令的方法

(1) 菜单操作：视图→显示下一步；

(2) 工具栏操作：视图→显示→显示窗口→ 🔍 图标；

(3) 键盘输入：next。

3. 操作过程

执行"显示下一步"命令后，系统将视图按下一次的显示状态显示出来。

七、动态平移

1. 功能

"动态平移"命令用于拖动鼠标平行移动图形。

2. 启动"动态平移"命令的方法

(1) 菜单操作：视图→动态平移；

(2) 工具栏操作：视图→显示→显示窗口→ 图标；

(3) 键盘输入：dyntrans。

3. 操作过程

执行"动态平移"命令后，光标变成动态平移的 图标，按住鼠标左键，移动鼠标就能平行移动视图。

按 Esc 键或者单击鼠标右键可结束动态平移操作。

另外，还可以按住鼠标中键(滚轮)直接进行平移，松开鼠标中键即可退出动态平移。

八、动态缩放

1. 功能

"动态缩放"命令用于拖动鼠标放大或缩小显示图形。

2. 启动"动态缩放"命令的方法

(1) 菜单操作：视图→动态缩放；

(2) 工具栏操作：视图→显示→显示窗口→ 图标；

(3) 键盘输入：dynscale。

3. 操作过程

执行"动态缩放"命令后，光标变成动态缩放的 图标，按住鼠标左键，鼠标向上移动为放大，向下移动为缩小。

按 Esc 键或者单击鼠标右键结束动态缩放操作。

另外，还可以按住鼠标滚轮上下滚动直接进行缩放。

九、显示放大

1. 功能

"显示放大"命令用于按固定比例放大视图。

2. 启动"显示放大"命令的方法

(1) 菜单操作：视图→显示放大；

(2) 工具栏操作：视图→显示→显示窗口→ 图标；

(3) 键盘输入：zoomin。

3. 操作过程

执行"显示放大"命令后，光标变成显示放大的 图标，单击一次鼠标左键即可按固定比例(1.25 倍)放大一次图形。

按 Esc 键或者单击鼠标右键结束显示放大操作。

另外，也可以按键盘的 Page UP 键，实现显示放大的效果。

十、显示缩小

1. 功能

"显示缩小"命令用于按固定比例缩小视图。

2. 启动"显示缩小"命令的方法

(1) 菜单操作：视图→显示缩小；

(2) 工具栏操作：视图→显示→显示窗口 ⊖→图标；

(3) 键盘输入：zoomout。

3. 操作过程

执行"显示缩小"命令后，光标变成显示缩小的 ⊖:图标，单击一次鼠标左键即可按固定比例(0.8 倍)缩小一次图形。

按 Esc 键或者单击鼠标右键可结束显示缩小操作。

另外，也可以按键盘的 Page Down 键，实现显示缩小的效果。

十一、显示平移

1. 功能

"显示平移"命令用于通过指定一个中心点，以该点为显示的中心平移图形。

2. 启动"显示平移"命令的方法

(1) 菜单操作：视图→显示平移；

(2) 工具栏操作：视图→显示→显示窗口→图标；

(3) 键盘输入：pan。

3. 操作过程

执行"显示平移"命令后，根据提示在屏幕上指定一个显示中心点，系统立即将该点作为新的屏幕显示中心将图形重新显示出来。本操作不改变缩放系数，只将图形作平行移动。

按 Esc 键或者单击鼠标右键可以退出显示平移状态。

另外，也可以使用上、下、左、右方向键改变屏幕中心，进行显示平移。

十二、显示比例

1. 功能

"显示比例"命令用于按照输入的比例系数，缩放当前视图。

2. 启动"显示比例"命令的方法

(1) 菜单操作：视图→显示比例；

(2) 工具栏操作：视图→显示→显示窗口→图标；

(3) 键盘输入：vscale。

3. 操作过程

执行"显示比例"命令后，根据提示，由键盘输入一个(0，1000)范围内的数值，该数值就是图形缩放的比例系数，并按回车键。此时，一个由输入数值决定缩小(或放大)比例的图形即被显示出来。

十三、显示复原

1. 功能

"显示复原"命令用于恢复标准图纸范围的初始显示状态。

2. 启动"显示复原"命令的方法

(1) 菜单操作：视图→显示复原；

(2) 工具栏操作：视图→显示→显示窗口→🔍图标；

(3) 键盘输入：home。

3. 操作过程

执行"显示复原"命令后，视图立即按照标准图纸范围显示。

另外，也可以在键盘中按 Home 键执行"显示复原"命令。

十四、坐标系显示

1. 功能

"坐标系显示"命令用于设置坐标系是否显示在绘图区中以及其显示形式。

2. 启动"坐标系显示"命令的方法

(1) 菜单操作：视图→坐标系显示；

(2) 工具栏操作：无图标；

(3) 键盘输入：ucsdisplay。

3. 操作过程

执行"坐标系显示"命令后，系统弹出"坐标系显示设置"对话框，如图 1-40 所示。去掉该对话框中"显示坐标系"后边的对钩，再单击"确定"按钮，则不显示绘图区的坐标系。

单击"坐标系显示设置"对话框中的"特性"按钮，则系统弹出"坐标系设置"对话框，如图 1-41 所示。在该对话框中可以对显示样式、图标大小、颜色设置进行查看和修改。

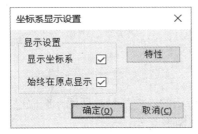

图 1-40 "坐标系显示设置"对话框

图 1-41 "坐标系设置"对话框

任务 1.7　文件管理

文件管理与文件检索是计算机数据管理的重要组成部分。把用计算机绘制的图形以文件的形式存储在计算机中，即成为图形文件。电子图板的图形文件用".exb"作为扩展名。在计算机绘图过程中，常常需要将图形进行存盘、新建一个图形文件以及打开一个已经存盘的文件。电子图板提供了方便、灵活的文件管理功能。

文件管理

一、新建

1. 功能

"新建"命令用于选择不同的模板，新建一个图形文件。

2. 启动"新建"命令的方法

(1) 菜单操作：文件→新建；

(2) 工具栏操作：快速启动工具栏→ ▯ 图标；

(3) 键盘输入：new。

3. 操作过程

执行"新建"命令后，弹出如图 1-10 所示的"新建"对话框，选取所需模板，单击"确定"按钮，这样一个新文件就建立了(详细操作过程见任务 1.2 CAXA CAD 电子图板 2021 的启动及退出)。

新文件建立好以后，用户就可以运用图形绘制、编辑、标注等各项功能进行相应的操作了。但是，当前的所有操作结果只是记录在内存中，只有在保存文件以后，操作结果才会被永久地保存下来。

二、打开

1. 功能

"打开"命令用于打开一个已有的图形文件。

2. 启动"打开"命令的方法

(1) 菜单操作：文件→打开；

(2) 工具栏操作：快速启动工具栏→ ▱ 图标；

(3) 键盘输入：open。

3. 操作过程

执行"打开"文件命令后，弹出如图 1-42 所示的"打开"对话框，选取已有图形文件的文件名，单击"打开"按钮，系统将打开这个图形文件。

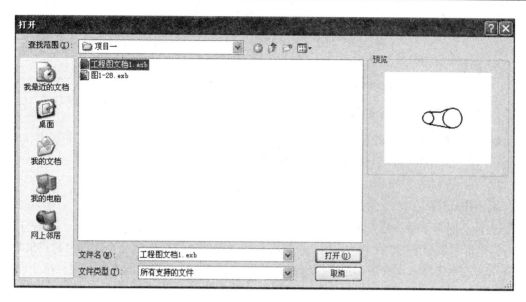

图 1-42　"打开"对话框

　　"打开"对话框左边为 Windows 标准文件对话框，右边为图形的预览。在"打开"对话框中，单击"文件类型"右边的下拉箭头，可以显示出 CAXA CAD 电子图板 2021 所支持的数据文件类型，如图 1-43 所示，选择不同类型，可以打开相应类型的数据文件。

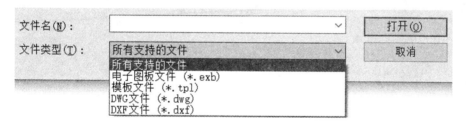

图 1-43　打开对话框的文件类型

三、关闭

1. 功能

"关闭"命令用于将当前绘制或打开的图形关掉。

2. 启动"关闭"命令的方法

(1) 菜单操作：文件→关闭；

(2) 工具栏操作：无图标；

(3) 键盘输入：Ctrl + W。

3. 操作过程

执行"关闭"命令后，系统将关闭当前的图形文件。

也可以单击功能区右上角的 ✕ 号，关闭当前的图形文件。

四、保存

1. 功能

"保存"命令用于将当前绘制的图形以文件形式存储到磁盘上。

2. 启动"保存"命令的方法

(1) 菜单操作：文件→保存；

(2) 工具栏操作：快速启动工具栏→ 图标；

(3) 键盘输入：save。

3. 操作过程

执行"保存"命令后，如果文件尚未存盘，将弹出"另存文件"对话框，如图 1-44 所示。单击对话框中的"保存"按钮，系统将按照当前的文件名保存这个图形文件；在"文件名"文本框中输入文件名，单击"保存"按钮，系统将按照所起的文件名保存这个图形文件。

图 1-44　另存文件对话框

如果文件已经存盘或者打开了一个已存盘的文件，进行编辑操作后再调用"保存"命令，系统将直接把修改结果存储，不再提示选择存盘路径；也可通过"另存文件"对话框中的"保存在"文本框设置存盘的路径，通过"保存类型"文本框设置保存文件的类型。

在对图形进行处理时，应当经常进行保存。及时保存可以避免在出现电源故障或发生其他意外事件时图形及其数据丢失。

五、另存为

1. 功能

"另存为"命令用于将当前绘制的图形另起名字存储到磁盘上。

2. 启动"另存为"命令的方法

(1) 菜单操作：文件→另存为；

(2) 工具栏操作：无图标；

(3) 键盘输入：saveas。

3. 操作过程

执行"另存为"命令后，将弹出"另存文件"对话框，如图 1-44 所示，在"文件名"文本框中输入文件名，单击"保存"按钮，系统将按照所起的文件名保存这个图形文件。

六、并入

1. 功能

"并入"命令用于在当前的文件中并入用户输入的文件名所代表的另一个图形文件。

2. 启动"并入"命令的方法

(1) 菜单操作：文件→并入；

(2) 工具栏操作：常用→常用→ 图标；

(3) 键盘输入：merge。

3. 操作过程

执行"并入"命令后，将弹出"并入文件"对话框，如图 1-45 所示，选择要并入的文件名，单击"打开"按钮，系统又弹出"并入文件"对话框，如图 1-46 所示。其中的选项"并入到当前图纸"，是将所选图纸作为一个部分并入到当前的图纸中。此时在立即菜单中可以选择定位方式为"定点"或"定区域"，保持"对象原态"或者"粘贴为块"，以及"消隐"或"不消隐"等参数，然后给定定位点、设置放大比例、旋转角度即可；选项"作为新图纸并入"，是将所选图纸作为图纸并入到当前的文件中。如果并入的图纸名称和当前文件中的图纸相同，将会提示修改图纸名称。

图 1-45　打开"并入文件"对话框

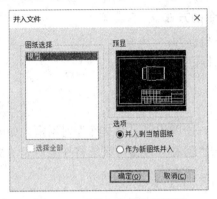

图 1-46　"并入文件"对话框

七、部分存储

1. 功能

"部分存储"命令用于将当前绘制图形的一部分存储为一个文件。

2. 启动"部分存储"命令的方法

(1) 菜单操作：文件→部分存储；

(2) 工具栏操作：无图标；

(3) 键盘输入：partsave。

3. 操作过程

执行"部分存储"命令后，选择对象并按鼠标右键确认。根据提示指定基点，系统将弹出"部分存储文件"对话框，如图 1-47 所示。在"文件名"文本框中输入文件名，单击"保存"按钮，系统将按照选择的对象保存图形。

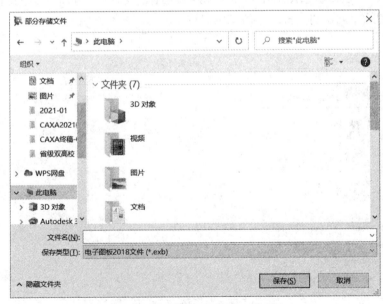

图 1-47　"部分存储文件"对话框

任务1.8　图层的操作

图层操作

一、图层的概念

当绘制一幅图形时，它包含了许多要素，如图形、线型、数字、尺寸、符号等要素。线型又包括了粗实线、细实线、点画线、虚线等。把各类信息分别进行绘制、编辑，并且又能够适时进行组合与分解，将使绘图设计工作变得简单而且方便。

电子图板的图层就具备这种功能，可以把图层理解为没有厚度的透明薄片，一幅图的不同内容就放在不同的图层上，各层之间由坐标系统定位，层与层之间完全对齐并重叠在一起。

每一个图层都具有"打开"和"关闭"两种状态。被关闭的图层上的实体不被显示，也不能被拾取。

二、图层属性的设置

系统预先定义了 8 个图层，每个图层都有一个名字，分别为 0 层、中心线层、剖面线层、尺寸线层、粗实线层、细实线层、虚线层和隐藏层。每个图层都设置了相应的属性，分别有层名、打开、冻结、锁定、线型、颜色等，如图 1-48 所示。

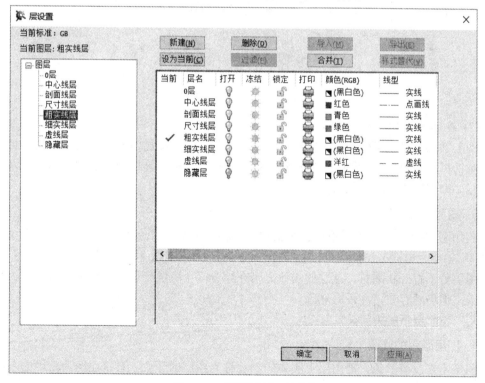

图 1-48　"层设置"对话框

1. 启动"图层"命令的方法

(1) 菜单操作：格式→图层；

(2) 工具栏操作：常用→特性→ 图标；

(3) 键盘输入：layer。

执行"图层"命令后，系统将弹出"层设置"对话框，如图 1-48 所示，在该对话框中就可以对属性进行设置或者修改。

2. 设置当前图层

当前图层就是当前正在进行操作的图层。为了对已有的图层进行操作，必须将该图层设为当前图层。

设置当前图层的方法有两种：

(1) 单击属性工具栏的层显示，系统弹出层下拉列表，如图 1-49 所示。在其中单击所需的图层，该图层即被设置为当前图层。

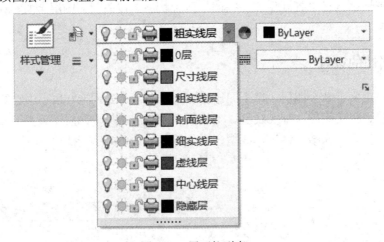

图 1-49　层下拉列表

(2) 在如图 1-48 所示的"层设置"对话框中，单击层名下拉列表中需要选取的图层，再单击上部的"设为当前"按钮，对话框左上方的"当前图层"即改变为所选的层名。再单击对话框中的"确定"按钮，退出对话框。此时，属性工具栏的当前图层即改变为所选的图层，即该层设置成了当前图层。

3. 图层状态的修改

在如图 1-48 所示的"层设置"对话框中，将鼠标移到需改变的层状态(如打开/关闭、冻结/解冻)上，单双击左键就可以进行图层的打开/关闭(冻结/解冻)的切换。

图层处于打开状态时，该层的实体显示在绘图区；图层处于关闭状态时，该层的实体不显示，但仍然存在，并没有删除。

💡 当前层不能关闭。

4. 图层颜色的修改

图层本来没有颜色，把图层上实体的颜色称为图层的颜色。系统已经为常用的 8 种图层设置了颜色。

若要修改某一图层的颜色，可以在"层设置"对话框中左键单击颜色列表处，系统将弹出"颜色选取"对话框，如图 1-50 所示。选取某一颜色，再单击"确定"按钮，返回到"层设置"对话框中，此时该图层的颜色已经改为选取的颜色，再单击"层设置"对话框的"确定"按钮即可。

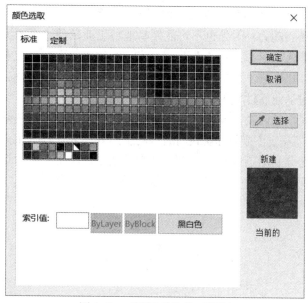

图 1-50　"颜色选取"对话框

5. 图层线型的修改

在"层设置"对话框中左键单击要改变图层的线型，系统将弹出"线型"对话框，如图 1-51 所示。单击选取某一线型，再单击对话框的"确定"按钮，返回到"层设置"对话框中，再单击上部的"设为当前"按钮，此时对应图层的线型已经改为选取的线型，再单击"层设置"对话框的"确定"按钮即可。

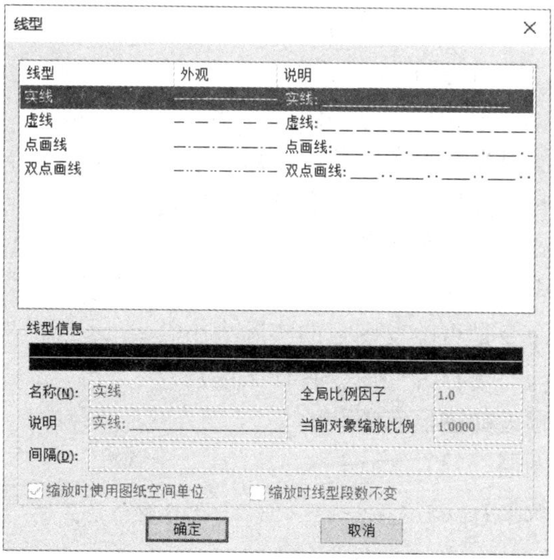

图 1-51　"线型"对话框

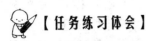【任务练习体会】

　　走向智能研究院赵敏院长在文章中指出："工业软件是工业装备中的软装备，是装备的神经脉络和灵魂，没有软装备的支撑，就不可能有数字化、网络化、智能化。"作为制造企业转型升级的核心动力，国外也不可能轻易地将工业软件这个国家竞争的制高点拱手相让。工业技术软件化的核心是把工业基础技术进行线性化、数字化和系统化。因此，大力推动工业技术软件化发展，建立制造业的方法、平台和技术组件库非常重要。

　　然而，当前我国工业软件发展仍然存在短板。因为没有完整的工业化进程，导致没有深刻的工业技术积累，所以就开发不出优秀的工业软件。中国工程院院士廖湘科建议，在工业软件开发进程中，一定要学习互联网经济的新产业模式，要拥抱人工智能、大数据等新兴技术，同时要充分利用国际合作。在工业软件发展道路上，尽管道路多险阻、强敌环伺，我们也一定能肩负起构建自主可控工业软件长城的历史使命，为中国制造增砖添瓦，为中国智能制造贡献力量。

习 题 一

一、思考题

1. 请写出安装 CAXA CAD 电子图板 2021 的安装步骤。
2. 如果要把 CAXA CAD 电子图板 2021 安装在 E:\下应如何操作？
3. 请列出启动 CAXA CAD 电子图板 2021 的几种方法。
4. 请列出退出 CAXA CAD 电子图板 2021 的几种方法。
5. CAXA CAD 电子图板 2021 的用户界面由哪几部分组成？
6. 如何在 CAXA CAD 电子图板 2021 的界面中添加主菜单？
7. 常用工具栏分为哪几个子工具栏？
8. 在绘图过程中，如何设置正交模式？
9. 请列出鼠标各个键的功能。
10. 命令的输入方法有哪些？各有什么特点？
11. 目标捕捉方式有哪几种？如何实现目标捕捉？
12. 实体的选择方式有哪几种？各有什么特点？
13. 如何实现显示全部功能？
14. "显示比例"命令是否改变图形的实际大小？
15. "保存"命令与"另存为"命令有什么区别？
16. 什么是图层？预设的图层有哪些？
17. 如何设置当前图层？
18. 如何设置当前线型？

二、上机练习题

1. 启动 CAXA CAD 电子图板 2021，熟悉用户界面。

2. 熟悉快速启动工具栏的操作。

3. 熟悉功能区工具栏以及子工具栏的名称和对应图标。

4. 进行新老界面切换的操作，观察界面的变化。

5. 在"两点线"命令模式下，分别用键盘和鼠标输入点的坐标，画出多条直线。

6. 进行以不同选择方式拾取元素的练习，观察其变化。

7. 进行图形显示练习。

8. 进行文件操作练习。

9. 进行图层设置练习。

项目二　平面图形的绘制

【软件情况介绍】

　　CAXA CAD 电子图板 2021 为用户提供了功能齐全的作图方式，可以绘制各种各样的工程图。平面图形绘制是 CAXA CAD 电子图板 2021 非常重要的功能，本项目就以平面图形绘制为例，主要介绍常用的绘图、编辑命令的功能和操作方法。

【课程思政】

　　2019 年，中兴、华为等一系列事件，对手极限施压，国外供应商随时断供断货，国外产品占据九成多的工业软件市场，实实在在地为国家相关部门和制造企业敲响了警钟，终于看清了中国工业软件落后于人、中国工业受制于人的现状。中国工程院倪光南院士曾经说过"自主不一定可控，但不自主一定不可控。"国外软件动辄以断供、实体清单等手段进行裹挟，这是中国人所不能接受的。而今，历史又在重演，但即便是对手挖空心思的断供断货与不断抛出的实体清单，也一定无法阻挡中华民族前行的坚定步伐。相反，倒是危机中带来重大机遇，一定会促进本土工业软件的大发展，一定会迎来工业软件灿烂的春天。

任务 2.1　简单平面图形的绘制

　　本任务通过实例介绍直线 ╱、平行线 ╱、圆 ⊙、圆弧 ╱、删除 ╲、裁剪 ╾、镜像 ⚠ 和拉伸 ▯ 等命令的功能及操作方法。

简单平面图形
的绘制

一、绘制思路

　　本任务要求绘制如图 2-1 所示平面图形。

　　绘制平面图形时，要给定一个图形的定位点，这个定位点一般是图形的某个角点、圆心点等，此图是以左下角角点作为定位点进行绘制的。定位点一般放在坐标系的原点，也可以是任意位置点，但要方便图形的绘制。

　　确定定位点后，就可用绘图命令来绘制图形了。要绘制一个图元，选择命令很重要。命令合适，绘制就简单，效率就高。此图采用了直线、平

基本尺寸标注

行线、圆、圆弧等绘图命令。

在绘制平面图形时，将不同的线型安排在不同的图层进行绘制，这样有利于图形的编辑修改。在绘制过程中，也采用一些编辑、修改命令，配合绘图命令来完成图形的绘制。此图用到了删除、裁剪、镜像、拉伸等命令。

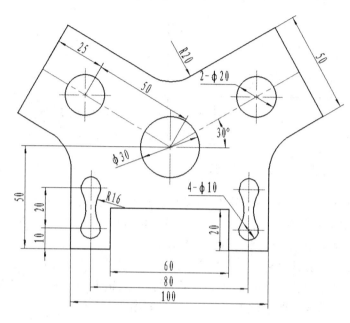

图 2-1　平面图形

二、绘图方法与步骤

(1) 单击属性工具栏的图层，选择图层为 0 层，如图 2-2 所示。

图 2-2　属性工具栏

(2) 单击常用工具栏下的基本绘图子工具栏中的直线图标 ✎，立即菜单设置如图 2-3 所示。在状态行的状态显示区中设置"正交"，如图 2-4 所示。

图 2-3　绘制直线立即菜单

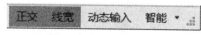
图 2-4　状态显示区

(3) 根据命令行提示完成以下操作，绘制图形轮廓直线，如图 2-5 所示。

第一点(切点、垂足点):	捕捉坐标系原点位置 A
第二点(切点、垂足点):20	输入从 A 点向右的追踪距离，回车
第二点(切点、垂足点):20	输入从 B 点向上的追踪距离，回车
第二点(切点、垂足点):60	输入从 C 点向右的追踪距离，回车

第二点(切点、垂足点)：20	输入从 D 点向下的追踪距离，回车
第二点(切点、垂足点)：20	输入从 E 点向右的追踪距离，回车
第二点(切点、垂足点)：50	输入从 F 点向上的追踪距离，回车

(4) 单击基本绘图子工具栏中的平行线图标 ✏，立即菜单设置如图 2-6 所示。

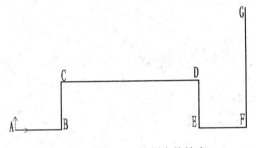

图 2-5   绘制大体轮廓   图 2-6   绘制平行线立即菜单

(5) 根据命令行提示"拾取直线"，左键单击拾取直线段 EF，向 EF 上方移动鼠标，当操作提示"输入距离或点(切点)"时，键盘输入 10，回车，绘制出一条平行线；继续键盘输入 30，回车，绘制出另一条平行线，右键确认。

重复执行绘制平行线命令，根据命令行提示，左键单击拾取直线段 FG，向 FG 左方移动鼠标，当操作提示"输入距离或点(切点)"时，键盘输入 10，回车，右键确认，绘制出一条平行线。从而确定出圆心位置 X、Y，结果如图 2-7 所示。

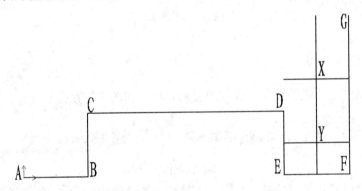

图 2-7   绘制三段平行线

(6) 单击基本绘图子工具栏中的圆图标 ⊙，立即菜单设置如图 2-8 所示。

图 2-8   绘制圆立即菜单

(7) 根据命令行提示，在绘图区左键单击捕捉圆心位置 X，再根据提示输入圆的直径 10，回车，右键确认；重复执行绘制圆命令，在绘图区左键单击捕捉圆心位置 Y，再根据提示输入圆的直径 10，回车，右键确认。绘制完毕，删除上一步绘制的平行线，结果如图 2-9 所示。

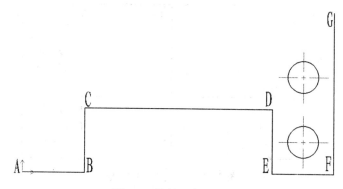

图 2-9　绘制两个 ø10 圆

(8) 单击基本绘图子工具栏中的圆弧图标 ，立即菜单设置如图 2-10 所示，根据命令行提示完成以下操作。

图 2-10　绘制圆弧立即菜单

第一点：按空格键，在弹出的工具点菜单中选择"切点"，在 ø10 圆周的适当位置单击；

第二点：按空格键，在弹出的工具点菜单中选择"切点"，在另一 ø10 圆周的适当位置单击；

第三点(半径)：键盘输入圆弧半径 16，回车。

选择该 R16 圆弧，单击"镜像"图标 ，完成另一侧圆弧，结果如图 2-11 所示。

(9) 单击修改子工具栏中的裁剪图标 ，剪去两 ø10 圆多余作图线，结果如图 2-12 所示。

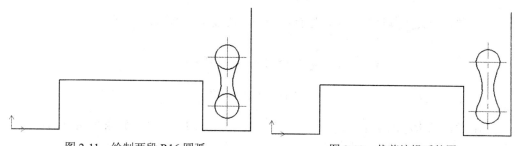

图 2-11　绘制两段 R16 圆弧　　　　　　　图 2-12　裁剪编辑后的图

(10) 单击基本绘图子工具栏中的平行线图标 ，立即菜单设置如图 2-6 所示。

(11) 根据命令行提示，左键单击拾取直线段 CD，向 CD 上方移动鼠标，当操作提示"输入距离或点(切点)"时，键盘输入 30，回车，绘制出一条平行线；重复执行绘制平行线命令，根据命令行提示，左键单击拾取直线段 FG，向 FG 左方移动鼠标，当操作提示"输入距离或点(切点)"时，键盘输入 50，回车，右键确认，绘制出一条平行线。从而确定出圆心位置 H，结果如图 2-13 所示。

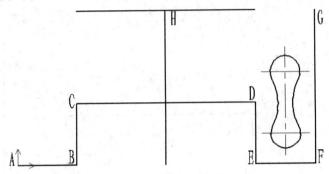

图 2-13　绘制两段平行线

(12) 单击基本绘图子工具栏中的圆图标⊙，立即菜单设置如图 2-8 所示。

(13) 根据命令行提示，在绘图区左键单击捕捉圆心位置 H，再根据提示输入圆的直径30，回车，右键确认；绘制完毕，删除上一步绘制的平行线，结果如图 2-14 所示。

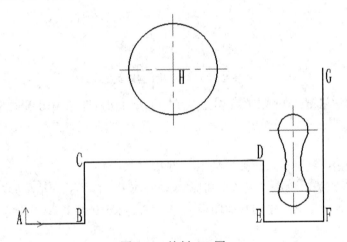

图 2-14　绘制 ø30 圆

(14) 单击属性工具栏的图层，选择图层为中心线层，如图 2-15 所示。

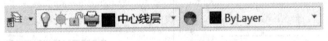

图 2-15　属性工具栏

(15) 单击基本绘图子工具栏中的直线图标，立即菜单设置如图 2-16 所示。

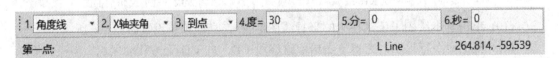

图 2-16　角度线立即菜单

(16) 按提示要求输入第一点后，操作提示变为"第二点或长度"，移动鼠标，则一条绿色的角度线随之出现，通过键盘输入长度数值 75，回车，绘制出一条给定长度的直线段，结果如图 2-17 所示。

(17) 单击属性工具栏的图层，选择图层为 0 层。单击基本绘图子工具栏中的平行线图标 ╱ ，立即菜单为偏移方式-双向。

(18) 根据命令行提示，左键单击拾取中心线 HK，当操作提示"输入距离或点(切点)"时，键盘输入 50，回车，绘制出两条平行线，右键确认。然后选择直线命令，连接 M、N 两点成直线 MN，结果如图 2-18 所示。

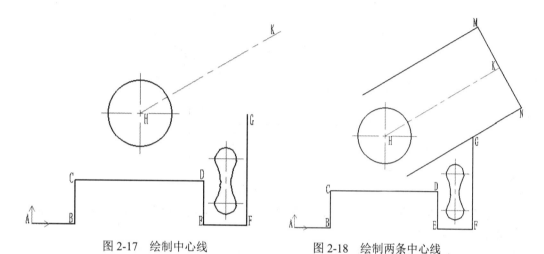

图 2-17　绘制中心线　　　　　　　　　图 2-18　绘制两条中心线

(19) 单击基本绘图子工具栏中的平行线图标 ╱ ，立即菜单设置如图 2-6 所示。根据命令行提示，左键单击拾取直线段 MN，向 MN 左下方移动鼠标，当操作提示"输入距离或点(切点)"时，键盘输入 25，回车，绘制出一条平行线，结果如图 2-19 所示。

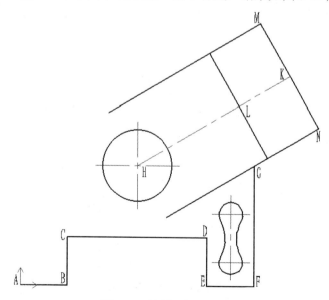

图 2-19　绘制一条平行线

(20) 单击基本绘图子工具栏中的圆图标 ⊙ ，立即菜单设置如图 2-8 所示。

(21) 根据命令行提示，在绘图区左键单击捕捉圆心位置 L，再根据提示输入圆的直径 20，回车，右键确认；绘制完毕，删除上一步绘制的平行线，结果如图 2-20 所示。

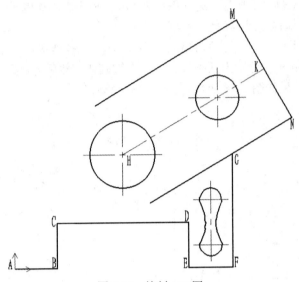

图 2-20　绘制 ⌀20 圆

(22) 单击基本绘图子工具栏中的圆弧图标 ，立即菜单设置如图 2-10 所示。根据命令行提示完成以下操作。

第一点：按空格键，在弹出的工具点菜单中选择"切点"，在直线段 FG 适当位置单击；

第二点：按空格键，在弹出的工具点菜单中选择"切点"，在直线段 GN 适当位置单击；

第三点(半径)：键盘输入圆弧半径 20，回车。

(23) 单击修改子工具栏中的裁剪图标 ，剪去多余作图线，结果如图 2-21 所示。

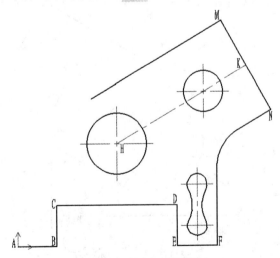

图 2-21　绘制 R20 圆弧

(24) 单击常用工具栏下的修改子工具栏中的镜像图标 ，立即菜单设置如图 2-22 所示，根据命令行提示，拾取右侧需要镜像的图素，如图 2-23 所示，单击右键确认。当操作提示"拾取轴线"时，拾取 ø30 圆的垂直中心线，镜像出左侧图素，如图 2-24 所示。

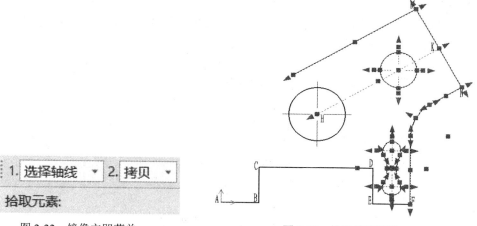

图 2-22 镜像立即菜单

图 2-23 拾取镜像图素

(25) 重复步骤(22)、(23)，完成上方 R20 圆弧绘制并裁剪。

(26) 单击修改子工具栏中的拉伸图标 ，调整中心线到合适位置。至此，完成该平面图形的绘制，结果如图 2-25 所示。

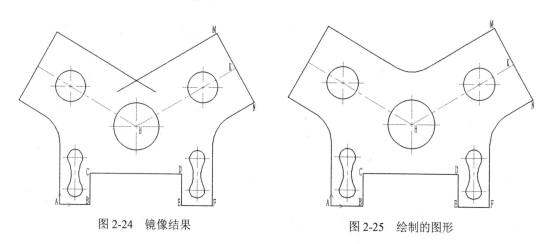

图 2-24 镜像结果

图 2-25 绘制的图形

任务2.2　简单平面图形绘制时的有关命令

一、直线

1. 功能

"直线"命令用于创建各种直线段。

2. 启动"直线"命令的方法

(1) 菜单操作：绘图→直线→直线；

(2) 工具栏操作：常用工具栏→基本绘图→ 图标；

直线的绘制

(3) 键盘输入：line 或 l。

3. 操作过程

执行"直线"命令后，弹出如图 2-26 所示的直线立即菜单，设置立即菜单的参数，给定两点即可绘制出一条直线。

图 2-26　直线立即菜单

4. 菜单参数说明

"直线"命令提供了两点线、角度线、角等分线、切线/法线、等分线、射线和构造线等 7 种方式，这些方式均可以通过立即菜单切换。

1) 两点线

(1) 功能：按给定两点画一条直线段或按给定的连续条件画连续的直线段。每条线段都可以单独进行编辑。

(2) 启动"两点线"命令的方法：单击主菜单绘图→直线→两点线；或者通过如图 2-26 所示直线立即菜单选择"两点线"命令。

(3) 操作过程：执行"两点线"命令后，按立即菜单的条件和提示要求，用光标输入两点，则一条直线被绘制出来。为了准确地绘出直线，可以使用键盘输入两个点的坐标或距离，也可以动态输入坐标和角度。

此命令可以重复使用，单击鼠标右键或者按键盘 Esc 即可退出此命令。

(4) 菜单参数说明：立即菜单"2.连续"可以切换为"单根"，其中"连续"表示每个直线段相互连接，前一个直线段的终点为下一个直线段的起点，而"单根"是指每次绘制的直线段相互独立，互不相关。

💡注：可以使用 F8 键切换为正交模式，亦可点击屏幕右下角状态栏中的"正交"按钮进行切换。

(5) 操作示例，如图 2-27 所示。

(a) 单根-非正交　　　(b) 连续-非正交　　　　　(c) 单根-正交　　　(d) 连续-正交

图 2-27　绘制直线示例

2) 角度线

(1) 功能：绘制一条与 X 轴、Y 轴或已知直线成一定角度的直线段。

(2) 启动"角度线"命令的方法：单击主菜单绘图→直线→角度线；或者通过如图 2-26 所示直线立即菜单选择"角度线"命令。

(3) 操作过程：

① 执行"角度线"命令后，立即菜单如图 2-28 所示。

② 按提示要求输入"第一点"后，操作提示变为"第二点或长度"，移动鼠标，则一条绿色的角度线随之出现，单击左键则立即画出一条直线段。

另外，如果由键盘输入一个长度数值并回车，则绘制出一条给定长度的直线段。

图 2-28　角度线立即菜单

(4) 菜单参数说明：

① 单击立即菜单中"2.X 轴夹角"选项，弹出如图 2-29 所示的上(下)拉菜单，用户可选择夹角类型。如果选择"直线夹角"，则表示画一条与已知直线段指定夹角的直线段，此时操作提示变为"拾取直线"，待拾取一条已知直线段后，再输入第一点和第二点即可。

图 2-29　角度线立即菜单

② 立即菜单 3：可切换为到线上，即指定终点位置是在选定直线上，此时命令行不提示"第二点或长度"，而是提示"拾取直线"。

③ 立即菜单中"4.度""5.分""6.秒"右侧数值框可直接输入夹角数值。编辑框中的数值为当前立即菜单所选角度的默认值。

(5) 操作示例如图 2-30 所示。

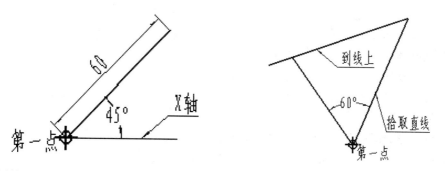

(a) 绘制与 X 轴夹角为 45°，长度为 60 的角度线　　　(b) 绘制与直线夹角为 60°，到线上的角度线

图 2-30　绘制角度线示例

3) 角等分线

(1) 功能：按给定等分数绘制一个夹角的几条等分直线。

(2) 启动"角等分线"命令的方法：单击主菜单绘图→直线→角等分线；或者通过如图 2-26 所示直线立即菜单选择"角等分线"命令。

(3) 操作过程：执行"角等分线"命令后，立即菜单如图 2-31 所示。设置完立即菜单中的数值后，命令区提示"拾取第一条直线"，单击拾取第一条直线后，又提示"拾取第二条直线"，再单击拾取第二条直线，这时屏幕上显示出已知角的角等分线。

(4) 菜单参数说明：

① 立即菜单"2.份数"右侧数值框，可直接输入等分份数值。

② 立即菜单"3.长度"右侧数值框，可直接输入等分线长度值。

(5) 操作示例如图 2-32 所示。

图 2-31　角等分线立即菜单　　　　图 2-32　绘制角等分线示例

4) 切线/法线

(1) 功能：过给定点作已知曲线的切线或法线。

(2) 启动"切线/法线"命令的方法：单击主菜单绘图→直线→切线/法线；或者通过如图 2-26 所示直线立即菜单选择"切线/法线"命令。

(3) 操作过程：执行"切线/法线"命令后，立即菜单如图 2-33 所示。按提示要求拾取一条已知曲线，命令行提示"输入点"，给定第一点，提示又变为"第二点或长度"，给定第二点或长度后，即可绘制出一条切线或法线。

图 2-33　切线/法线立即菜单

(4) 菜单参数说明：

① 立即菜单 2：可切换为切线或法线。

切线：画出一条与已知曲线相切的直线；

法线：画出一条与已知曲线相垂直的直线。

② 立即菜单 3：可切换为对称或非对称。

非对称：选择的第一点为所要绘制直线的一个端点，第二点为直线的另一个端点；

对称：选择的第一点为所要绘制直线的中点，第二点为直线的一个端点。

③ 立即菜单 4：可切换为到线上，表示所画切线或法线的终点在一条已知线段上。

(5) 操作示例如图 2-34 所示。

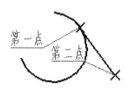 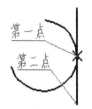

(a) 切线-非对称-到点　　　　　　　　　　　(b) 切线-对称-到点

(c) 法线-对称-到点　　　　　　　　　　　(d) 法线-非对称-到线上

图 2-34　绘制切线/法线示例

5) 等分线

(1) 功能：按两条线段之间的距离 n 等分绘制直线。

(2) 启动"等分线"命令的方法：单击主菜单绘图→直线→等分线；或者通过如图 2-26 所示直线立即菜单选择"等分线"命令。

(3) 操作过程：执行"等分线"命令后，立即菜单如图 2-35 所示。拾取符合条件的两条直线段，即可在两条线间生成一系列的线，这些线将两条线之间的部分等分成 n 份。

图 2-35　等分线立即菜单

(4) 操作示例如图 2-36 所示。

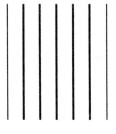 

(a) 平行线等分 6 份　　　　　　　　　　(b) 非平行线等分 6 份

图 2-36　绘制等分线示例

注：等分线和角等分线在对具有夹角的直线进行等分时概念是不同的，角等分是按角度等分，而等分线是按照端点连线的距离等分。

6) 射线

(1) 功能：以任意点为起点，绘制多条相同起点的射线。

(2) 启动"射线"命令的方法：单击主菜单绘图→直线→射线；或者通过如图 2-26 所示直线立即菜单选择射线命令。

(3) 操作过程：执行"射线"命令后，立即菜单如图 2-37 所示。拾取任意点，移动光标后再点击另一点，即可绘制射线，继续移动光标，可绘制第二个，点击右键结束命令。

(4) 操作示例如图 2-38 所示。

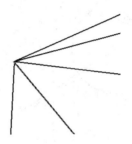

图 2-37　射线立即菜单　　　　图 2-38　绘制射线示例

7) 构造线

(1) 功能：以任意点为起点，绘制多条相同起点的直线。

(2) 启动"构造线"命令的方法：单击主菜单绘图→直线→构造线；或者通过如图 2-26 所示直线立即菜单选择"构造线"命令。

(3) 操作过程：执行"构造线"命令后，立即菜单如图 2-39 所示。拾取任意点，移动光标后再点击另一点，即可绘制构造线，继续移动光标，单击一点可绘制第二条，单击右键结束命令。

(4) 菜单参数说明：

立即菜单 2：可切换为两点、水平、垂直、角度、二等分和偏移等 6 种方式。

两点：经过两点绘制构造线。

水平：经过一点绘制水平构造线。

垂直：经过一点绘制竖直构造线。

角度：经过一点绘制与水平方向有夹角的构造线。

二等分：经过起点、顶点，绘制一条经顶点的构造线。

偏移：以一条直线为基准，偏移一条有距离的构造线。

图 2-39　构造线立即菜单

(5) 操作示例如图 2-40 所示。

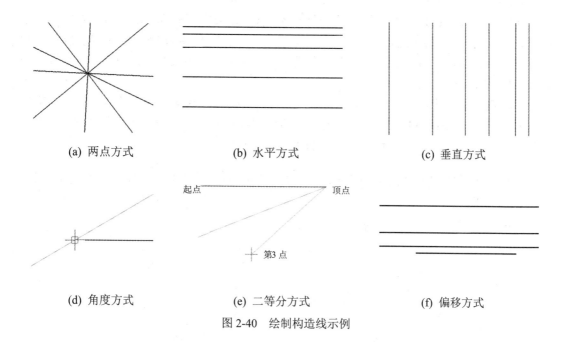

(a) 两点方式　　　　　　(b) 水平方式　　　　　　(c) 垂直方式

(d) 角度方式　　　　　　(e) 二等分方式　　　　　(f) 偏移方式

图 2-40　绘制构造线示例

二、平行线

1. 功能

"平行线"命令用于绘制与已知直线平行的直线。

2. 启动"平行线"命令的方法

(1) 菜单操作：绘图→平行线；

(2) 工具栏操作：常用工具栏→基本绘图→图标 ；

(3) 键盘输入： parallel 或 ll。

平行线的绘制

3. 操作过程

执行"平行线"命令后，弹出如图 2-41 所示的平行线立即菜单，设置立即菜单的参数，根据命令行提示即可绘制出一条平行线。

图 2-41　平行线立即菜单

4. 菜单参数说明：

平行线的绘图方式有偏移方式和两点方式两种。

1) 偏移方式

(1) 功能：绘制与已知直线平行的直线。

(2) 启动"偏移方式"命令的方法：单击主菜单绘图→平行线→偏移方式；或者通过如图 2-41 所示平行线立即菜单选择"偏移方式"命令。

(3) 操作过程：执行"偏移方式"命令后，按提示要求用鼠标拾取一条已知线段，该提示变为"输入距离或点(切点)"，再移动鼠标时，一条与已知线段平行、并且长度相等的线段被鼠标拖动着，单击鼠标左键确定位置后，一条平行线段被画出；也可用键盘输入一个距离数值，然后回车。

(4) 菜单参数说明：立即菜单"2.单向"可以切换为"双向"。在单向模式下，用键盘输入距离时，系统首先根据十字光标在所选线段的哪一侧来判断绘制线段的位置。当在双向条件下可以画出与已知线段平行、长度相等的双向平行线段。

💲 注：可以使用"F8"键切换为正交模式，亦可单击屏幕右下角状态栏中的"正交"按钮进行切换。

(5) 操作示例如图 2-42 所示。

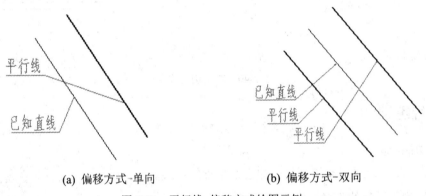

      (a) 偏移方式-单向   (b) 偏移方式-双向

图 2-42 平行线-偏移方式绘图示例

2) 两点方式

(1) 功能：按给定点绘制所选直线的平行线。

(2) 启动"两点方式"命令的方法：单击主菜单绘图→平行线→两点方式；或者通过如图 2-41 所示平行线立即菜单选择"两点方式"命令。

(3) 操作过程：

① 执行"两点方式"命令后，单击菜单选项"1."切换为两点方式，立即菜单如图 2-43 所示。

图 2-43 平行线-两点方式-点方式立即菜单

② 单击立即菜单"2. 点方式"选项，则该项变为"距离方式"，如图 2-44 所示。单击立即菜单"3. 到点"选项，则该项变为"到线上"；单击立即菜单"4. 距离"右侧数值框，直接输入距离数值，根据系统提示即可绘制相应的线段。

图 2-44　平行线-两点方式-距离方式立即菜单

(4) 操作示例如图 2-45 所示。

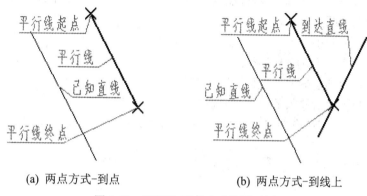

(a) 两点方式-到点　　　　　　　(b) 两点方式-到线上

图 2-45　平行线-两点方式绘图示例

三、圆

1. 功能

"圆"命令用于按照各种给定参数绘制圆。

2. 启动"圆"命令的方法

(1) 菜单操作：绘图→圆；

(2) 工具栏操作：常用工具栏→基本绘图→ ▾图标；

圆的绘制

(3) 键盘输入：circle 或 c。

3. 操作过程

执行"圆"命令后，弹出如图 2-46 所示的圆立即菜单，设置立即菜单的参数，根据命令行提示即可绘制圆。

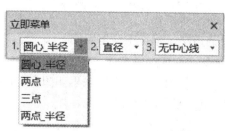

图 2-46　圆立即菜单

4. 菜单参数说明

为了适应各种情况下圆的绘制，CAXA CAD 电子图板 2021 提供了圆心_半径、两点、三点和两点_半径 4 种画圆方式，通过立即菜单选择圆生成方式及参数即可。

1) 圆心_半径

(1) 功能：已知圆心和半径或直径画圆。

(2) 启动"圆心_半径"命令的方法：单击主菜单绘图→圆→圆心_半径；或者通过如图 2-46 所示圆立即菜单选择"圆心_半径"命令。

(3) 操作过程：执行"圆心_半径"命令后，按提示要求输入圆心，提示变为"输入直径或圆上一点"，此时可以直接由键盘输入所需直径数值，并按回车键；也可以移动光标，单击鼠标左键确定圆上的一点。

(4) 菜单参数说明：

• 立即菜单 2：可切换为半径。

直径：用户由键盘输入的数值为圆的直径；

半径：用户由键盘输入的数值为圆的半径。

• 立即菜单 3：可切换为有中心线，同时可以输入中心线的延伸长度，如图 2-47 所示。

图 2-47　圆心_半径-直径-有中心线立即菜单

注：使用此命令可以重复画出多个同心圆，单击鼠标右键或者按键盘 Esc 可以退出此命令。在输入点时可充分利用智能点、栅格点、导航点和工具点菜单。

2) 两点

(1) 功能：过圆直径上的两个端点画圆。

(2) 启动"两点"命令的方法：单击主菜单绘图→圆→两点；或者通过如图 2-46 所示圆立即菜单选择"两点"命令。

(3) 操作过程：执行"两点"命令后，立即菜单如图 2-48(a)所示。根据提示输入第一点、第二点，一个完整的圆即被绘制出来。

注：第一点和第二点之间的距离为所画圆的直径。

3) 三点

(1) 功能：过圆周上的三点画圆。

(2) 启动"三点"命令的方法：单击主菜单绘图→圆→三点；或者通过如图 2-46 所示圆立即菜单选择"三点"命令。

(3) 操作过程：执行"三点"命令后，立即菜单如图 2-48(b)所示。根据提示输入第一点、第二点、第三点，一个完整的圆即被绘制出来。

(a) 两点立即菜单　　　　　(b) 三点立即菜单　　　　　(c) 两点_半径立即菜单

图 2-48　圆立即菜单

4) 两点_半径

(1) 功能：过圆周上的两点和已知半径画圆。

(2) 启动"两点_半径"命令的方法：单击主菜单绘图→圆→两点_半径；或通过如图2-46所示圆立即菜单选择"两点_半径"命令。

(3) 操作过程：执行"两点_半径"命令后，立即菜单如图2-48(c)所示。根据提示输入第一点、第二点后，在合适位置输入第三点或由键盘输入一个半径值，一个完整的圆被绘制出来。

(4) 操作示例，如图2-49所示。

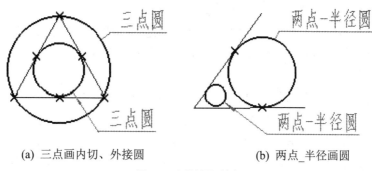

(a) 三点画内切、外接圆　　　　　　(b) 两点_半径画圆

图 2-49　圆绘图示例

四、圆弧

1. 功能

"圆弧"命令用于按照各种给定参数绘制圆弧。

2. 启动"圆弧"命令的方法

(1) 菜单操作：绘图→圆弧→圆弧；

(2) 工具栏操作：常用工具栏→基本绘图→图标 ；

(3) 键盘输入：arc 或 a。

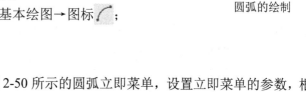

圆弧的绘制

3. 操作过程

执行"圆弧"命令后，弹出如图2-50所示的圆弧立即菜单，设置立即菜单的参数，根据命令行提示即可绘制出圆弧。

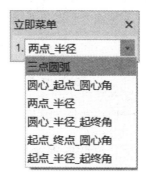

图 2-50　圆弧立即菜单

4. 菜单参数说明

为了适应各种情况下圆弧的绘制，CAXA CAD 电子图板 2021 提供了三点圆弧、圆心_起点_圆心角、两点_半径、圆心_半径_起终角、起点_终点_圆心角和起点_半径_起终角等 6 种画弧方式。

1) 三点圆弧

(1) 功能：通过已知三点绘制圆弧。其中第一点为起点，第三点为终点，第二点决定圆弧的位置和方向。

(2) 启动"三点圆弧"命令的方法：单击主菜单绘图→圆弧→三点圆弧；或者通过如图 2-50 所示圆弧立即菜单选择"三点圆弧"命令。

(3) 操作过程：执行"三点圆弧"命令后，根据提示输入第一点、第二点后，一条三点圆弧已经被显示在画面上，移动光标，正确选择第三点位置，则一条圆弧线被绘制出来。

2) 圆心_起点_圆心角

(1) 功能：已知圆心、起点、圆心角或终点画圆弧。

(2) 启动"圆心_起点_圆心角"命令的方法：单击主菜单绘图→圆弧→圆心_起点_圆心角；或者通过如图 2-50 所示圆弧立即菜单选择"圆心_起点_圆心角"命令。

(3) 操作过程：执行"圆心_起点_圆心角"命令后，按提示要求输入圆心点和起点后，提示又变为圆心角或终点，输入一个圆心角数值或输入终点，即可绘圆弧，也可以用鼠标拖动进行选取。

3) 两点_半径

(1) 功能：已知两点及圆弧半径绘制圆弧。

(2) 启动"两点_半径"命令的方法：单击主菜单绘图→圆弧→两点_半径；或者通过如图 2-50 所示圆弧立即菜单选择"两点_半径"命令。

(3) 操作过程：见任务 2.1 的步骤(22)。

4) 圆心_半径_起终角

(1) 功能：由已知圆心、半径和起终角绘制圆弧。

(2) 启动"圆心_半径_起终角"命令的方法：单击主菜单绘图→圆弧→圆心_半径_起终角；或者通过如图 2-50 所示圆弧立即菜单选择"圆心_半径_起终角"命令。

(3) 操作过程：执行"圆心_半径_起终角"命令后，其立即菜单如图 2-51 所示。单击立即菜单"2.半径"右侧数值框，输入半径值；单击立即菜单"3.起始角"和"4.终止角"右侧数值框，可以根据作图的需要分别输入起始角或终止角的数值。按提示要求输入圆心点，即可绘制出设定的圆弧。

图 2-51　圆心_半径_起终角立即菜单

注：起始角和终止角均是从 X 正半轴开始，逆时针旋转为正，顺时针旋转为负，其范围为(−360，360)。

5) 起点_终点_圆心角

(1) 功能：已知起点、终点和预先给定的圆心角画圆弧。

(2) 启动"起点_终点_圆心角"命令的方法：单击主菜单绘图→圆弧→起点_终点_圆心角；或者通过如图 2-50 所示圆弧立即菜单选择"起点_终点_圆心角"命令。

(3) 操作过程：执行"起点_终点_圆心角"命令后，其立即菜单如图 2-52 所示。单击立即菜单"2.圆心角"右侧数值框，输入圆心角的数值，按命令行提示输入起点和终点，即可绘制该圆弧。

图 2-52 起点_终点_圆心角立即菜单

6) 起点_半径_起终角

(1) 功能：通过给定的起点和预先设定好的半径、起始角和终止角绘制圆弧。

(2) 启动"起点_半径_起终角"命令的方法：单击主菜单绘图→圆弧→起点_半径_起终角；或者通过如图 2-50 所示圆弧立即菜单选择"起点_半径_起终角"命令。

(3) 操作过程：执行"起点_半径_起终角"命令后，其立即菜单如图 2-53 所示。单击立即菜单"2.半径"右侧数值框，输入半径值；单击立即菜单"3.起始角"和"4.终止角"右侧数值框，可以根据作图的需要分别输入起始角或终止角的数值。按提示要求输入起点，即可绘制出设定的圆弧。

图 2-53 起点_半径_起终角立即菜单

(4) 操作示例如图 2-54 所示。

(a) 圆心_起点_圆心角画圆弧

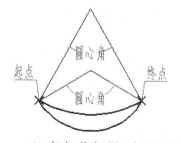

(b) 起点_终点_圆心角画圆弧

图 2-54 圆弧绘图示例

五、点

1. 功能

"点"命令用于在屏幕上绘制所需点。

点的绘制

2. 启动"点"命令的方法

(1) 菜单操作：绘图→点；

(2) 工具栏操作：常用工具栏→高级绘图→图标 ；

(3) 键盘输入：point 或 po。

3. 操作过程

执行"点"命令后，弹出如图 2-55 所示的点立即菜单，根据命令行提示即可绘制出点。

图 2-55　点立即菜单

4. 菜单参数说明

绘制点的方式有孤立点、等分点、等距点 3 种方式。

1) 孤立点

(1) 功能：用鼠标拾取或用键盘直接输入点，利用工具点菜单，则可画出端点、中点、圆心点等特征点。

(2) 启动"孤立点"命令的方法：单击主菜单绘图→点→孤立点；或者通过如图 2-55 所示的点立即菜单选择"孤立点"命令。

2) 等分点

(1) 功能：根据给定的等分数，等分选定的直线或曲线，绘制等分点。

(2) 启动"等分点"命令的方法：单击主菜单绘图→点→等分点；或者通过如图 2-55 所示的点立即菜单选择"等分点"命令。

(3) 操作过程：执行"等分点"命令后，其立即菜单如图 2-56(a)所示。点击立即菜单"2.等分数"右侧数值框，输入等分数，然后拾取要等分的曲线，则可绘制出曲线的等分点。

注：这里只是做出等分点，而不会将曲线打断，若想对某段曲线进行几等分，则除了本操作外，还应使用"打断"功能。

3) 等距点

(1) 功能：根据给定的弧长和等分数，等分选定的直线或曲线，绘制等分点。

(2) 启动"等距点"命令的方法：单击主菜单绘图→点→等距点；或者通过如图 2-55 所示点立即菜单选择等距点命令。

(3) 操作过程：

① 执行"等距点"命令后，其立即菜单如图 2-56(b)所示。单击立即菜单"3：等分数"右侧数值框，输入等分数，然后拾取要等分的曲线，拾取起始点，在圆弧上选取等弧长点 (弧长)，则可绘制出曲线的等距点。

② 单击立即菜单"2.两点确定弧长" 切换为"指定弧长"方式，立即菜单如图 2-56(c)

所示，则在"3.弧长"中指定每段弧的长度，在其"4.等分数"中输入等分份数，然后拾取要等分的曲线，接着拾取起始点，选取等分的方向，则可绘制出曲线的等距点。

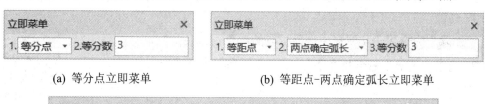

(a) 等分点立即菜单　　　　　　　　(b) 等距点-两点确定弧长立即菜单

(c) 等距点-指定弧长立即菜单

图 2-56　点立即菜单

(4) 操作示例如图 2-57 所示。

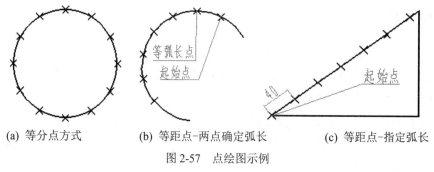

(a) 等分点方式　　　　(b) 等距点-两点确定弧长　　　(c) 等距点-指定弧长

图 2-57　点绘图示例

4) 点样式

(1) 功能：设置点的形状和大小，如图 2-58 所示，共有 20 种点的样式。

(2) 启动"点样式"命令的方法：

① 菜单操作：格式→点；

② 工具栏操作：工具栏→选项→图标。

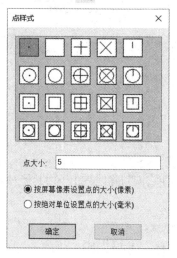

图 2-58　"点样式"对话框

六、删除

1. 功能

"删除"命令用于从图形中删除拾取的对象。

2. 启动"删除"命令的方法

(1) 菜单操作：修改→删除；

(2) 工具栏操作：常用工具栏→修改→图标 ；

(3) 键盘输入：erase 。

"删除"命令

3. 操作过程

执行"删除"命令后，按提示要求拾取想要删除的实体，待拾取结束后，单击右键确认。

注：也可以先选中要删除的实体，单击右键，在弹出的快捷菜单中点击"删除"。

七、删除所有

1. 功能

"删除所有"命令将所有已打开图层上的符合拾取过滤条件的实体全部删除。

2. 启动"删除所有"命令的方法

(1) 菜单操作：编辑→删除所有；

(2) 键盘输入：eraseall。

3. 操作过程

执行"删除所有"命令后，弹出"删除所有"对话框，确认无误后单击"确定"按钮，则删除所有符合条件的实体，如图 2-59 所示。

图 2-59　确定删除

八、裁剪

1. 功能

"裁剪"命令用于裁剪对象，使它们精确地终止于由其他对象定义的边界。

2. 启动"裁剪"命令的方法

(1) 菜单操作：修改→裁剪；

(2) 工具栏操作：常用工具栏→修改→图标 ；

"裁剪"命令

(3) 键盘输入：trim 或 tr 。

3. 操作过程

执行"裁剪"命令后，根据命令行提示即可进行裁剪。

4. 菜单参数说明

执行"裁剪"命令后，弹出如图 2-60 所示的裁剪立即菜单。CAXA CAD 电子图板 2021 提供了快速裁剪、拾取边界、批量裁剪 3 种方式。

图 2-60 裁剪立即菜单

1) 快速裁剪

(1) 功能：允许用户在各交叉曲线中进行任意裁剪的操作。

(2) 启动"快速裁剪"命令的方法：单击主菜单修改→裁剪→快速裁剪；或者通过单击常用工具栏→修改→图标 ⊬ 弹出的立即菜单选择"快速裁剪"命令。

(3) 操作过程：执行"快速裁剪"命令后，直接用光标拾取要被裁剪掉的线段，系统根据与该线段相交的曲线自动确定出裁剪边界，将被拾取的线段裁剪掉。此命令可以连续使用，右键结束命令。

2) 拾取边界

(1) 功能：以一条或多条曲线作为剪刀线，形成裁剪边界，对一系列被裁剪的曲线进行裁剪。

(2) 启动"拾取边界"命令的方法：单击主菜单修改→裁剪→拾取边界；或者通过单击常用工具栏→修改→图标 ⊬ 弹出的立即菜单选择"拾取边界"命令。

(3) 操作过程：执行"拾取边界"命令后，根据提示"拾取剪刀线"，用鼠标拾取一条或多条曲线作为剪刀线，然后右击确认。此时，操作提示变为"拾取要裁剪的曲线"，用鼠标拾取要裁剪的曲线，系统将根据用户选定的边界(剪刀线)，裁剪掉拾取的曲线段至边界部分，保留边界另一侧的部分。此命令可以重复使用，单击右键结束命令。

(4) 操作示例如图 2-61 所示。

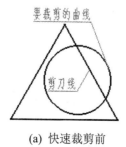

(a) 快速裁剪前

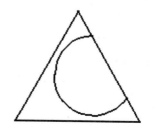

(b) 快速裁剪后

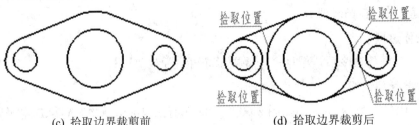

(c) 拾取边界裁剪前　　　　　　(d) 拾取边界裁剪后

图 2-61　快速裁剪、拾取边界裁剪示例

3) 批量裁剪

(1) 功能：以剪刀链为界，按给定方向剪除要裁剪曲线的某一部分。

(2) 启动"批量裁剪"命令的方法：单击主菜单修改→裁剪→批量裁剪；或者通过单击常用工具栏→修改→图标 弹出的立即菜单选择批量裁剪命令。

(3) 操作过程：执行"批量裁剪"命令后，根据提示"拾取剪刀链"，用鼠标拾取一条或多条首尾相连曲线作为剪刀链，此时，操作提示变为"拾取要裁剪的曲线"，用鼠标拾取单个曲线或窗口拾取多个要裁剪的曲线，单击右键确认。选择要裁剪的方向，裁剪完成。此命令可以重复使用，单击右键结束命令。

(4) 操作示例如图 2-62 所示。

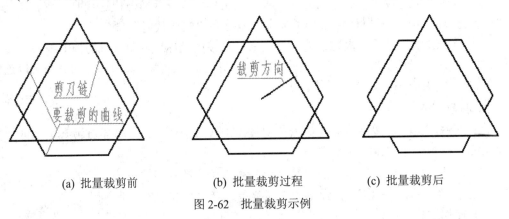

(a) 批量裁剪前　　　　　　(b) 批量裁剪过程　　　　　　(c) 批量裁剪后

图 2-62　批量裁剪示例

九、拉伸

1. 功能

"拉伸"命令用于在保持曲线原有趋势不变的前提下，对曲线或曲线组进行拉伸或缩短处理。

2. 启动"拉伸"命令的方法

(1) 菜单操作：修改→拉伸；

(2) 工具栏操作：常用工具栏→修改→图标 ；

(3) 键盘输入：stretch 或 s。

3. 操作过程

执行"拉伸"命令后，根据命令行提示即可进行拉伸。

"拉伸"命令

4. 菜单参数说明

CAXA CAD 电子图板 2021 提供了单个拾取和窗口拾取 2 种方式。

1）单个拾取

(1) 功能：在保持曲线原有趋势不变的前提下，对曲线进行拉伸或缩短处理。

(2) 启动"单个拾取"命令的方法：单击主菜单修改→拉伸→单个拾取；或者通过单击常用工具栏→修改→图标🔲弹出的立即菜单选择"单个拾取"命令。

(3) 操作过程：执行"单个拾取"命令后：

① 按提示要求"拾取曲线"为直线一端时，弹出如图 2-63(a)所示的立即菜单。

单击立即菜单"2.轴向拉伸"，切换为"任意拉伸"。"轴向拉伸"保持曲线原有趋势不变；"任意拉伸"改变曲线原有趋势。

单击立即菜单"3.点方式"，切换为"长度方式"，立即菜单如图 2-63(b)所示。此时又有选项"4."，"绝对"和"增量"切换。"绝对"是指所拉伸图素的整个长度或者角度，"增量"是指在原图素基础上增加的长度或者角度。

② 按提示要求"拾取曲线"为圆弧一端时，弹出如图 2-63(c)所示的立即菜单。

单击立即菜单"2."可以切换"弧长拉伸""角度拉伸""半径拉伸"和"自由拉伸"。"弧长拉伸"和"角度拉伸"时圆心和半径不变，圆心角改变，用户可以用键盘输入新的圆心角；"半径拉伸"时圆心和圆心角不变，半径改变，用户可以输入新的半径值；"自由拉伸"时圆心、半径和圆心角都可以改变。除了自由拉伸外，其余拉伸量都可以通过"3."来选择"绝对"或者"增量"。

2）窗口拾取

(1) 功能：移动窗口内图形的指定部分，即将窗口内的图形一起拉伸。

(2) 启动"窗口拾取"命令的方法：单击主菜单修改→拉伸→窗口拾取；或者通过单击常用工具栏→修改→图标🔲弹出的立即菜单选择"窗口拾取"命令。

(3) 操作过程：执行"窗口拾取"命令后，弹出如图 2-63(d)所示的立即菜单。

(a) 单个拾取-轴向拉伸-点方式立即菜单

(b) 单个拾取-轴向拉伸-长度方式立即菜单

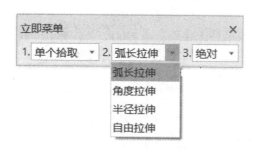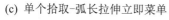

(c) 单个拾取-弧长拉伸立即菜单

(d) 窗口拾取立即菜单

图 2-63　拉伸立即菜单

① 按提示要求用鼠标指定第一角点，则提示变为"对角点"，再拖动鼠标选择另一角

点，则一个窗口形成，单击右键确认，提示又变为"X、Y 方向偏移量或位置点"，此时，再移动鼠标，或从键盘输入一个位置点，窗口内的曲线组被拉伸。

注：这里窗口的拾取必须从右向左拾取，即第二角点的位置必须位于第一角点的左侧，这一点至关重要，如果窗口不是从右向左选取，则不能实现曲线组的全部拾取。

② 单击立即菜单中的"2.给定偏移"，则此项内容被切换为"给定两点"，用窗口拾取曲线组确认后，操作提示变为"第一点"，用鼠标指定一点，提示又变为"第二点"，再移动鼠标时，曲线组被拉伸拖动，当确定第二点后，曲线组被拉伸，拉伸长度和方向由两点连线的长度和方向所决定。

注：拉伸快捷操作"左键单击拉伸对象，拾取夹点可任意拖动"。

十、镜像

"镜像"命令

1. 功能

"镜像"命令用于将拾取到的图素以某一条直线或两点为对称轴，进行对称镜像或对称复制。

2. 启动"镜像"命令的方法

(1) 菜单操作：修改→镜像；

(2) 工具栏操作：常用工具栏→修改→图标⚠；

(3) 键盘输入：mirror 或 mi。

3. 操作过程

执行"镜像"命令后，根据命令行提示即可进行镜像。

4. 菜单参数说明

CAXA CAD 电子图板 2021 提供了选择轴线和拾取两点 2 种方式。

1) 选择轴线

(1) 功能：将拾取到的对象以某一条直线为对称轴，进行对称镜像或对称复制。

(2) 启动"选择轴线"命令的方法：单击主菜单修改→拉伸→选择轴线；或者通过单击常用工具栏→修改→图标⚠弹出的立即菜单选择"选择轴线"命令。

(3) 操作过程：执行"选择轴线"命令后，立即菜单如图 2-64(a)所示。单击立即菜单"2.拷贝"，切换为"镜像"。"拷贝"后原图不消失，而"镜像"后原图立即消失。按系统提示拾取要镜像的对象，可单个拾取，也可用窗口拾取，拾取完成后单击右键确认，再选择轴线即可。

2) 拾取两点

(1) 功能：将拾取到的对象以两点为对称轴，进行对称镜像或对称复制。

(2) 启动"拾取两点"命令的方法：单击主菜单修改→拉伸→拾取两点；或者通过单击常用工具栏→修改→图标⚠弹出的立即菜单选择"拾取两点"命令。

(3) 操作过程：执行"拾取两点"命令后，立即菜单如图 2-64(b)所示。单击立即菜单

"2.拷贝",切换为"镜像"。按系统提示拾取要镜像的对象,拾取完成后单击右键确认,再选择两点即可。

💡 **注**:也可以先选中要镜像的对象,单击右键,在弹出的快捷菜单中点击"镜像"来完成。

　　(a) 选择轴线

　　(b) 拾取两点

图 2-64　镜像立即菜单

十一、撤销和恢复

撤销操作与恢复操作是相互关联的一对命令,用于将当前图纸的内容切换到编辑过程中的某一个状态。

1. 撤销

(1) 功能:用于取消最近一次发生的编辑动作。

当错误地操作了一个图形,即可使用本命令删除操作。"撤销"命令具有多级回退功能,可以回退至任意一次操作的状态。

在快速启动工具栏撤销按钮的右侧还有一个下拉菜单,下拉菜单中记录着当前全部可以撤销的操作步骤。利用该下拉菜单可以一步撤销到需要的操作步骤。

💡 **注**:当没有可撤销操作的状态时,撤销功能及其下拉菜单均不会被激活。

(2) 启动"撤销"命令的方法:

① 菜单操作:编辑→撤销;

② 快速启动工具栏:↩图标;

③ 键盘输入:undo;

④ 使用快捷键 Ctrl + Z。

2. 恢复

(1) 功能:用于取消最近一次的撤销操作。

在快速启动工具栏恢复功能按钮的右侧也有一个下拉菜单,记录着全部可以恢复的操作步骤,使用方法与撤销功能的下拉菜单类似。

💡 **注**:恢复是撤销的逆过程。只有与撤销操作相配合使用才有效。

(2) 启动"恢复"命令的方法:

① 菜单操作:编辑→恢复;

② 快速启动工具栏:↪图标;

③ 键盘输入:redo;

④ 使用快捷键 Ctrl + Y。

任务 2.3　复杂平面图形的绘制

本任务主要介绍圆弧 ⌐、平行线 ╱、椭圆 ◯、中心线 ╱、矩形 □、过渡 □、正多边形 ⬠、旋转 ⊙ 和阵列 ⊞ 等命令的功能及操作方法。

一、绘制思路

本任务要求绘制如图 2-65 所示的平面图形。

绘制比较复杂的平面图形时，应先分析图形的构成、各个几何图元的分布情况，从而确定出比较快捷、高效的绘图思路。以图 2-65 为例，该图包含了多种几何元素，如直线、圆、圆弧、多边形、椭圆等，而且有着矩形阵列和圆形阵列的分布图元。但此图没有对称的结构，因此不需要中心定位，可以将定位点放在左下角水平中心线与最左线段的交点处。

定位点确定后，先绘制外围大致轮廓线，然后利用"平行线"命令定位周围图元，定位之后，再分别绘制出图形。

绘制过渡圆弧时，可以根据个人绘图习惯在"过渡""圆弧"两种命令之中任意选取。绘制圆形阵列时，可以先不添加元素的中心线，而是在绘制完毕后，选择"圆形阵列中心线"功能进行添加，这样操作较为简单。

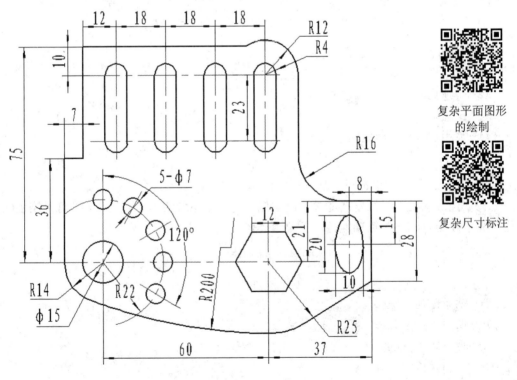

复杂平面图形的绘制

复杂尺寸标注

图 2-65　平面图形

二、绘图方法与步骤

(1) 单击属性工具栏的图层，选择图层为 0 层。

(2) 单击基本绘图子工具栏中的直线图标 ∕ ，立即菜单设置如图 2-66 所示。在状态行的状态显示区中设置"正交"，如图 2-67 所示。

图 2-66　绘制直线立即菜单

图 2-67　状态显示区

(3) 根据命令行提示完成以下操作，绘制图形轮廓直线，如图 2-68 所示。

第一点(切点、垂足点)：　　　　　　捕捉坐标系原点位置 A
第二点(切点、垂足点)：36　　　　　输入从 A 点向上的追踪距离，回车
第二点(切点、垂足点)：7　　　　　 输入从 B 点向右的追踪距离，回车
第二点(切点 、垂足点)：39　　　　 输入从 C 点向上的追踪距离，回车
第二点(切点、垂足点)：66　　　　　输入从 D 点向右的追踪距离，回车

(4) 单击基本绘图子工具栏中的平行线图标 ∕ ，设置立即菜单如图 2-69 所示。

(5) 根据命令行提示，单击左键拾取直线段 DE，向 DE 下方移动鼠标，当操作提示"输入距离或点(切点)"时，键盘输入 10，回车，绘制出一条平行线；键盘继续输入 33，回车，绘制出另一条平行线，单击右键确认。

重复执行绘制平行线命令，根据命令行提示，左键单击拾取直线段 CD，向 CD 右方移动鼠标，当操作提示"输入距离或点(切点)"时，键盘输入 12，回车，单击右键确认，绘制出一条平行线。从而确定出圆心位置 F、G，结果如图 2-70 所示。

图 2-68　绘制大体轮廓　　图 2-69　绘制平行线立即菜单　　图 2-70　绘制三段平行线

(6) 单击基本绘图子工具栏中的圆图标 ⊙ ，设置立即菜单，如图 2-71 所示。

图 2-71　绘制圆立即菜单

(7) 根据命令行提示,在绘图区单击左键捕捉圆心位置 F,再根据提示输入圆的直径 8,回车,单击右键确认;重复执行绘制圆命令,在绘图区单击左键捕捉圆心位置 G,再根据提示输入圆的直径 8,回车,单击右键确认。绘制完毕,删除上一步绘制的平行线,结果如图 2-72 所示。

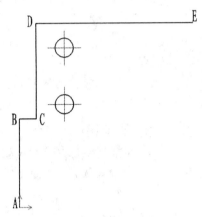

图 2-72　绘制 ø8 圆

(8) 单击基本绘图子工具栏中的直线图标 ╱,设置立即菜单如图 2-66 所示。

(9) 按键盘空格键,系统弹出如图 2-73 所示的工具点快捷菜单,选择切点,然后在上方圆周单击拾取一点;重复进行以上操作,在下方圆周拾取一点,即绘制出圆的公切线。

执行“裁剪”命令,裁剪掉多余线段,结果如图 2-74 所示。

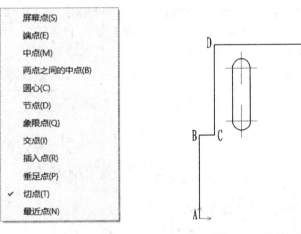

图 2-73　工具点快捷菜单　　　　　图 2-74　绘制切线并裁剪编辑

(10) 单击常用工具栏下的修改子工具栏中的阵列图标 ▦,设置立即菜单如图 2-75 所示。

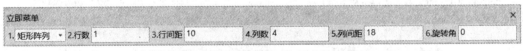

图 2-75　矩形阵列立即菜单

(11) 根据命令行提示完成以下操作,在绘图区左键框选上一步绘制的圆及公切线,单击右键确认,阵列结果如图 2-76 所示。

(12) 单击基本绘图子工具栏中的圆图标⊙，设置立即菜单如图 2-77 所示。

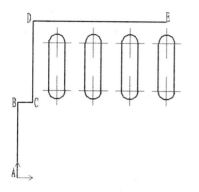

图 2-76　矩形阵列结果

图 2-77　绘制圆立即菜单

(13) 根据命令行提示，键盘输入圆心位置(14，0)，再根据提示输入圆的直径 15，回车确认；再继续输入圆的直径 28，回车，单击右键确认。重复执行绘制圆命令，将立即菜单 3 切换为"有中心线"，再根据提示输入圆的直径 44，回车，单击右键确认。绘制完毕，结果如图 2-78 所示。

(14) 单击基本绘图子工具栏中的圆图标⊙，立即菜单设置如图 2-77 所示。根据命令行提示，在绘图区单击左键捕捉圆心位置 H，再根据提示输入圆的直径 7，回车，单击右键确认，结果如图 2-79 所示。

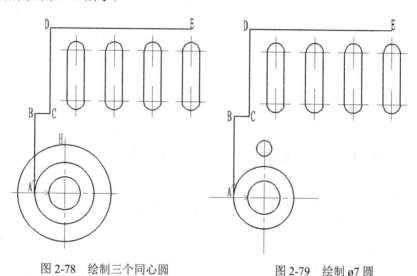

图 2-78　绘制三个同心圆　　　　　　　　图 2-79　绘制 ø7 圆

(15) 单击修改子工具栏中的阵列图标▦，立即菜单设置如图 2-80 所示。根据命令行提示"拾取元素"，选择已画的 ø7 圆，单击右键确认，此时操作提示变为"中心点"，选择 ø15 的圆心，完成阵列，结果如图 2-81 所示。

图 2-80　圆形阵列立即菜单

(16) 单击基本绘图子工具栏中的中心线图标 后的小三角符号，在下拉列表中选取 ，根据命令行提示"请拾取要创建环形中心线的圆形(不少于 3 个)"，左键依次选取圆形阵列的五个圆，单击右键确认；即对阵列的元素及阵列参数圆都添加了中心线，结果如图 2-82 所示。

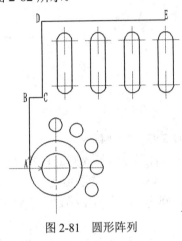
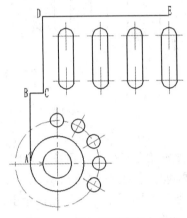

图 2-81　圆形阵列　　　　　图 2-82　添加圆形阵列中心线

(17) 单击常用工具栏下的高级绘图子工具栏中的正多边形图标 ，设置立即菜单如图 2-83 所示。

图 2-83　正多边形立即菜单

(18) 根据命令行提示"中心点"，键盘输入 74,0，再根据提示"圆上点或边长"输入六边形边长 12，回车确认，结果如图 2-84 所示。

(19) 单击基本绘图子工具栏中的圆图标 ，设置立即菜单如图 2-73 所示。根据命令行提示，在绘图区单击左键捕捉圆心位置 M，再根据提示输入圆的直径 24，回车，单击右键确认；重复圆命令，在绘图区单击左键捕捉正六边形中心位置，再根据提示输入圆的直径 50，回车，单击右键确认，结果如图 2-85 所示。

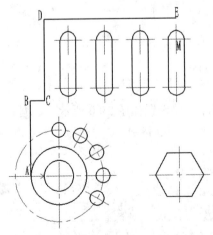
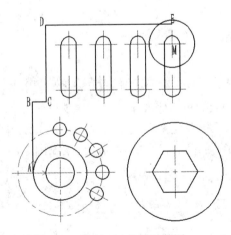

图 2-84　绘制边长 12 的正六边形　　　　　图 2-85　绘制 ø24 及 ø50 的圆

（20）单击基本绘图子工具栏中的矩形图标 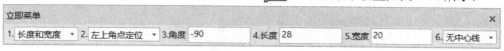，立即菜单设置如图2-86所示。

立即菜单					✕
1.长度和宽度 ▾	2.左上角点定位 ▾	3.角度 -90	4.长度 28	5.宽度 20	6.无中心线 ▾

图2-86　绘制矩形立即菜单

（21）根据命令行提示"定位点"，键盘输入111，21，回车，即完成28×20的矩形，结果如图2-87所示。

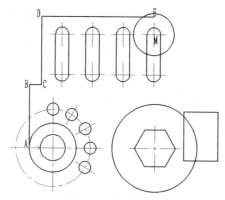

图2-87　绘制矩形

（22）单击基本绘图子工具栏中的直线图标 ╱，立即菜单设置如图2-88所示。

立即菜单			✕
1.切线/法线 ▾	2.切线 ▾	3.非对称 ▾	4.到线上 ▾

图2-88　绘制切线立即菜单

（23）根据命令行提示"拾取曲线"，拾取上方 ø24 的圆，再根据提示"输入点"，捕捉右半圆中间显示的切点，出现绿色线后，再根据提示"拾取曲线"，拾取下方 ø50 的圆，即绘制出 ø24 圆的切线 LN。

（24）重复执行绘制直线命令，修改立即菜单如图 2-89 所示。绘图区单击左键拾取 K 点，出现绿色线后，单击空格键，弹出工具点快捷菜单，选择切点模式后，在 ø50 的圆周右下方拾取，即绘制出圆的切线。选择"裁剪"命令，裁剪掉多余线段，结果如图 2-90 所示。

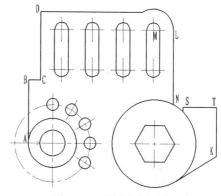

立即菜单		✕
1.两点线 ▾	2.单根 ▾	

图2-89　绘制直线立即菜单　　　　　　图2-90　绘制两条切线

(25) 单击修改子工具栏中的过渡图标 □，立即菜单设置如图 2-91 所示。

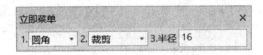

图 2-91　圆角过渡立即菜单

(26) 根据命令行提示"拾取第一条曲线"，选择一条边 LN，此时提示"拾取第二条曲线"时，选择另一条边 ST，即绘制出圆角 R16，结果如图 2-92 所示。

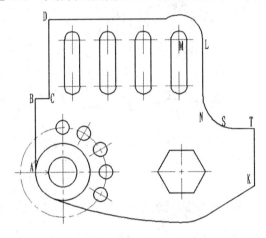

图 2-92　R16 圆角过渡结果

(27) 单击基本绘图子工具栏中的圆弧图标 ◠，设置立即菜单如图 2-93 所示。根据命令行提示完成以下操作。

第一点(切点)：按空格键，在弹出的工具点菜单中选择"切点"，在 ø28 圆周的适当位置单击；

第二点(切点)：按空格键，在弹出的工具点菜单中选择"切点"，在 ø50 圆周的适当位置单击；

第三点(半径)：键盘输入圆弧半径 200，回车。

(28) 单击修改子工具栏中的裁剪图标 ⊹，剪去多余作图线，结果如图 2-94 所示。

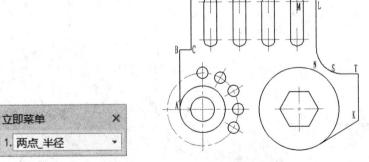

图 2-93　绘制圆弧立即菜单　　　　图 2-94　绘制 R200 圆弧

(29) 单击高级绘图子工具栏中的椭圆图标 ，设置立即菜单如图 2-95 所示。根据命令行提示"基准点"，键盘输入 103, 6，即可绘制出椭圆，结果如图 2-96 所示。

立即菜单

| 1. 给定长短轴 ▾ | 2. 长半轴 5 | 3. 短半轴 10 | 4. 旋转角 0 | 5. 起始角= 0 | 6. 终止角= 360 |

图 2-95　绘制椭圆立即菜单

(30) 单击基本绘图子工具栏中的中心线图标 ╱，立即菜单"延伸长度"设置为 3，单击上一步绘制的椭圆，绘制出中心线，结果如图 2-96 所示。

(31) 单击修改子工具栏中的裁剪和拉伸图标，调整中心线到合适位置，结果如图 2-97 所示。

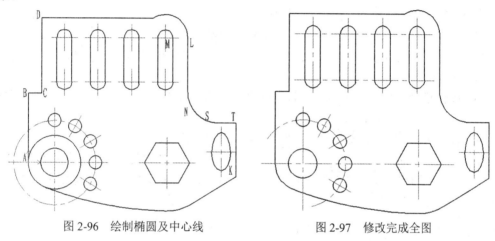

图 2-96　绘制椭圆及中心线　　　　图 2-97　修改完成全图

任务 2.4　绘制复杂平面图形时的有关命令

一、椭圆

1. 功能

"椭圆"命令用于绘制椭圆或椭圆弧。

2. 启动"椭圆"命令的方法

(1) 菜单操作：绘图→椭圆；

(2) 工具栏操作：常用工具栏→高级绘图→图标 ；

(3) 键盘输入：ellipse 或 el 。

椭圆的绘制

3. 操作过程

执行"椭圆"命令后，弹出如图 2-98 所示的立即菜单。设置立即菜单的参数，根据命令行提示，绘制出椭圆。

4. 菜单参数说明

CAXA CAD 电子图板 2021 提供了给定长短轴、轴上两点、中心点_起点 3 种绘制椭圆的方式。

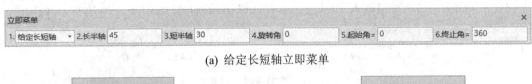

(a) 给定长短轴立即菜单

(b) 轴上两点立即菜单　　　　　　　(c) 中心点_起点立即菜单

图 2-98　绘制椭圆立即菜单

1) 给定长短轴

(1) 功能：根据给定的长半轴和短半轴数值绘制椭圆。

(2) 启动"给定长短轴"命令的方法：单击主菜单绘图→椭圆→给定长短轴；或者通过如图 2-98(a)所示椭圆立即菜单选择"给定长短轴"命令。

(3) 操作过程：执行"给定长短轴"命令后，按下面方法设置立即菜单的参数，根据命令行提示，绘制出椭圆。

① 单击立即菜单"2.长半轴"和"3.短半轴"右侧数值框，输入椭圆长、短轴半径值。

② 单击立即菜单"4.旋转角"右侧数值框，可输入旋转角度，以确定椭圆的方向。

③ 单击立即菜单中的"5.起始角"和"6.终止角" 右侧数值框，可输入椭圆的起始角和终止角。

💡 **注**：当起始角为 0°、终止角为 360° 时，所画的为整个椭圆；当改变起、终角时，所画的为一段从起始角开始，到终止角结束的椭圆弧。

2) 轴上两点

(1) 功能：根据给定两点，确定椭圆的一个半轴长度和另一半轴长度绘制椭圆。

(2) 启动"轴上两点"命令的方法：单击主菜单绘图→椭圆→轴上两点；或者通过如图 2-98(b)所示椭圆立即菜单选择"轴上两点"命令。

(3) 操作过程：执行"轴上两点"命令后，按提示要求依次输入"轴上第一点""轴上第二点"，当提示变为"另一半轴长度"时，可以直接由键盘输入所需半轴数值，并按回车键；也可用鼠标拖动来决定椭圆的形状。

3) 中心点_起点

(1) 功能：根据给定的中心点、椭圆轴上的一端点和另一半轴长度绘制椭圆。

(2) 启动"中心点_起点"命令的方法：单击主菜单绘图→椭圆→中心点_起点；或者通过如图 2-98(c)所示椭圆立即菜单选择"中心点_起点"命令。

(3) 操作过程：执行"中心点_起点"命令后，按提示要求依次输入"中心点""起点"，当提示变为"另一半轴长度"时，可以直接由键盘输入所需半轴数值，并按回车键；也可用鼠标拖动来决定椭圆的形状。

(4) 操作示例如图 2-99 所示。

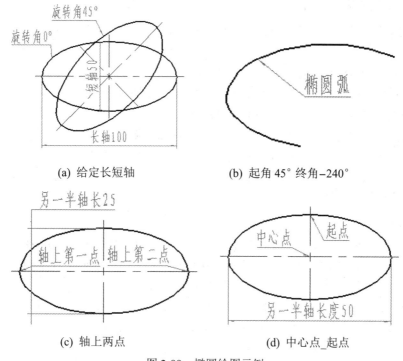

(a) 给定长短轴　　　　　　　　(b) 起角 45° 终角−240°

(c) 轴上两点　　　　　　　　　(d) 中心点_起点

图 2-99　椭圆绘图示例

二、矩形

1. 功能

"矩形"命令用于绘制矩形形状的闭合多段线。

2. 启动"矩形"命令的方法

(1) 菜单操作：绘图→矩形；

(2) 工具栏操作：常用工具栏→基本绘图→图标□；

(3) 键盘输入：rect。

矩形的绘制

3. 操作过程

执行"矩形"命令后，弹出如图 2-100 所示的立即菜单。设置立即菜单的参数，根据命令行提示，绘制出矩形。

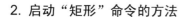

(a) 两角点立即菜单

(b) 长度和宽度立即菜单

图 2-100　矩形立即菜单

4. 菜单参数说明

CAXA CAD 电子图板 2021 提供了两角点、长度和宽度 2 种绘制矩形的方式。

1) 两角点

(1) 功能：根据给定的矩形两对角点位置绘制矩形。

(2) 启动"两角点"命令的方法：单击主菜单绘图→矩形→两角点；或者通过如图 2-100(a)所示矩形立即菜单选择"两角点"命令。

(3) 操作过程：执行"两角点"命令后，按提示要求用鼠标指定第一角点，在指定第二角点的过程中，出现一个跟随光标移动的矩形，单击左键选定位置即可绘制出矩形；也可直接从键盘输入两角点的绝对坐标或相对坐标。单击立即菜单"2.无中心线"可以切换到"有中心线"。

2) 长度和宽度

(1) 功能：根据预先设定的矩形长度、宽度和旋转角度等数值绘制矩形。

(2) 启动"长度和宽度"命令的方法：单击主菜单绘图→矩形→长度和宽度；或者通过如图 2-100 所示矩形立即菜单选择"长度和宽度"命令。

(3) 操作过程：执行"长度和宽度"命令后，立即菜单如图 2-100(b)所示。

① 单击立即菜单中的"2."，则该处的显示由"中心定位"可以切换为"顶边中点"或"左上角点"定位。"顶边中点"是指以矩形顶边的中点为定位点绘制矩形。

② 单击立即菜单中的"3.角度""4.长度""5.宽度"右侧数值框，按顺序分别输入倾斜角度、长度和宽度的参数值，以确定待画矩形的条件。还可单击选项"6."绘出带有中心线的矩形。

三、中心线

1. 功能

如果拾取一个圆、圆弧或椭圆，则直接生成一对相互正交的中心线。如果拾取两条相互平行或非平行线(如锥体)，则生成这两条直线的中心线。

中心线的绘制

2. 启动"中心线"命令的方法

(1) 菜单操作：绘图→中心线；

(2) 工具栏操作：常用工具栏→基本绘图→图标 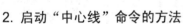；

(3) 键盘输入：centerl。

3. 操作过程

执行"中心线"命令后，弹出如图 2-101 所示的立即菜单。设置立即菜单的参数，根据命令行提示，绘制出中心线。

(1) 单击立即菜单 "1.指定延长线长度" ，则切换为"自由"，可随意确定长短。

(2) 立即菜单中的"2.快速生成"指单个元素的中心线生成；"批量生成"指框选元素的批量生成。

(3) 单击立即菜单中的"3.延伸长度"(延伸长度是指超过轮廓线的长度)右侧数值框，可通过键盘重新输入需要的数值。

图 2-101   中心线立即菜单

四、正多边形

1. 功能

"正多边形"命令用于绘制等边闭合的多边形。

2. 启动"正多边形"命令的方法

(1) 菜单操作：绘图→正多边形；

(2) 工具栏操作：常用工具栏→高级绘图→图标 ；

(3) 键盘输入：polygon 。

正多边形
的绘制

3. 操作过程

执行"正多边形"命令后，弹出如图 2-102 所示的立即菜单。设置立即菜单的参数，根据命令行提示，绘制出正多边形。

4. 菜单参数说明

CAXA CAD 电子图板 2021 提供了中心定位、底边定位 2 种绘制正多边形的方式。

1) 中心定位

(1) 功能：根据给定正多边形的中心点和预先设定的半径、边数等参数值绘制正多边形。

(2) 启动"中心定位"命令的方法：单击主菜单绘图→正多边形→中心定位；或者通过如图 2-102 所示正多边形立即菜单选择"中心定位"命令。

(3) 操作过程：执行"中心定位"命令后，立即菜单如图 2-102 所示。按提示要求输入一个中心点，则提示变为"圆上点或内接(外切)圆半径"，这时用鼠标(也可用键盘)输入圆上一个点(或输入半径值)，即可绘制正六边形。

图 2-102   正多边形立即菜单

(4) 菜单参数说明：

• 立即菜单 2：可切换为给定边长。

给定半径：根据提示输入正多边形的内切(或外接)圆半径；

给定边长：输入每一边的长度。

• 立即菜单 3：可切换为内接于圆。

外切于圆：所画的正多边形为某个圆的外切正多边形；

内接于圆：所画的正多边形为某个圆的内接正多边形。

• 立即菜单"4.边数"右侧数值框，可重新输入待画正多边形的边数，边数的范围是

3～36 之间的整数。

• 立即菜单"5. 旋转角"右侧数值框，可输入一个新的角度值，以决定正多边形的旋转角度。

(5) 操作示例如图 2-103 所示。

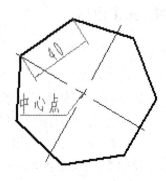

　　(a) 给定半径-内接、外切于圆　　(b) 给定半径-外切-旋转 85°　　(c) 给定边长-旋转 60°

图 2-103　中心定位绘图示例

2) 底边定位

(1) 功能：根据给定正多边形底边的端点和设定的边长、边数等参数值绘制正多边形。

(2) 启动"底边定位"命令的方法：单击主菜单绘图→正多边形→底边定位；或者通过如图 2-102 所示正多边形立即菜单选择"底边定位"命令。

(3) 操作过程：执行"底边定位"命令后，立即菜单如图 2-104 所示。设置完立即菜单中的数值后，按提示要求输入第一点，则提示变为输入"第二点或边长"，这时用鼠标输入第二点或用键盘输入边长值，即可绘制正六边形，旋转角为用户设定的角度。

图 2-104　底边定位立即菜单

五、等距线

1. 功能

"等距线"命令用于按指定距离绘制给定曲线的等距线。

2. 启动"等距线"命令的方法

(1) 菜单操作：绘图→等距线；

(2) 工具栏操作：常用工具栏→修改→图标 ；

(3) 键盘输入：offset 或 o 。

等距线的绘制

3. 操作过程

执行"等距线"命令后，弹出如图 2-105 所示的立即菜单。设置完立即菜单中的数值后，根据命令行提示，绘制出等距线。

立即菜单								×
1. 单个拾取 ▾	2. 指定距离 ▾	3. 单向 ▾	4. 空心 ▾	5.距离 28	6.份数 1		7. 保留源对象 ▾	8. 使用源对象属性 ▾

图 2-105 等距线立即菜单

4. 菜单参数说明

• 立即菜单 1：可切换为链拾取。

单个拾取：只拾取一个元素；

链拾取：拾取首尾相连的元素，它能把首尾相连的图形元素作为一个整体进行等距。

• 立即菜单 2：可切换为过点方式。

指定距离：选择箭头方向确定等距方向，按给定距离的数值来确定等距线的位置；

过点方式：过已知点绘制等距线。

• 立即菜单 3：可切换为双向。

单向：只在一侧绘制等距线；

双向：在直线两侧均绘制等距线。

• 立即菜单 4：可切换为实心。

空心：只画等距线，不进行填充；

实心：原曲线与等距线之间进行填充。

• 立即菜单"5. 距离" 右侧数值框，可输入等距线与原直线的距离。

• 立即菜单"6. 份数" 右侧数值框，可输入所需等距线的份数。

5. 操作示例

操作示例如图 2-106 所示。

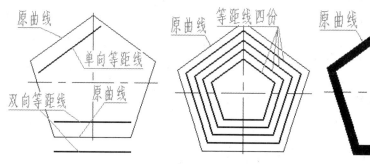

(a) 单个拾取-单向、双向等距线　　　(b) 链拾取-单向-4 份　　　(c) 链拾取-单向-实心

图 2-106 等距线绘图示例

六、过渡

1. 功能

"过渡"命令用于修改对象，使其以圆角、倒角等方式连接。

2. 启动"过渡"命令的方法

(1) 菜单操作：修改→过渡；

(2) 工具栏操作：常用工具栏→修改→图标 ☐ ；

"过渡"命令

(3) 键盘输入：corner 或 co。

3. 操作过程

执行"过渡"命令后，弹出如图 2-107 所示的立即菜单，设置完立即菜单中的数值后，根据命令行提示，进行过渡操作。

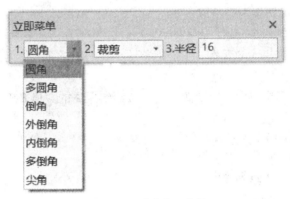

图 2-107　过渡立即菜单

4. 菜单参数说明

CAXA CAD 电子图板 2021 提供了圆角、多圆角、倒角、外倒角、内倒角、多倒角和尖角 7 种过渡方式。

1) 圆角

(1) 功能：在两直线(或圆弧)之间用圆角进行光滑过渡。

(2) 启动"圆角"命令的方法：单击主菜单绘图→过渡→圆角；或者通过如图 2-107 所示的过渡立即菜单选择"圆角"命令。

(3) 操作过程：执行"圆角"命令后，立即菜单如图 2-108 所示。按操作提示，用鼠标依次拾取"第一条曲线""第二条曲线"，即绘制出圆角。

图 2-108　圆角立即菜单

(4) 菜单参数说明：

• 立即菜单 2：可切换为裁剪始边或不裁剪。

裁剪：裁剪掉过渡后所有边的多余部分；

裁剪始边：只裁剪掉拾取的第一条曲线的多余部分；

不裁剪：执行过渡操作以后，原线段保留原样。

• 立即菜单"3. 半径" 右侧数值框，可输入过渡圆弧的半径值。

(5) 操作示例如图 2-110(a)所示。

2) 多圆角

(1) 功能：用给定半径过渡一系列首尾相连的直线段。

(2) 启动"多圆角"命令的方法：单击主菜单绘图→过渡→多圆角；或通过如图 2-107

所示的过渡立即菜单选择"多圆角"命令。

图 2-109 多圆角立即菜单

(3) 操作过程：执行"多圆角"命令后，单击如图 2-109 所示的立即菜单"2.半径"右侧数值框，输入数值，重新确定过渡圆弧的半径，按操作提示的要求，用鼠标拾取一系列首尾相连的直线，这一系列首尾相连的直线可以是封闭的，也可以是不封闭的。

(4) 操作示例如图 2-110(b)所示。

3) 倒角

(1) 功能：在两直线间进行倒角过渡。直线可被裁剪或向角的方向延伸。

(2) 启动"倒角"命令的方法：单击主菜单绘图→过渡→倒角；或者通过如图 2-107 所示的过渡立即菜单选择"倒角"命令。

(3) 操作过程：执行"倒角"命令后，立即菜单如图 2-111(a)所示。按操作提示，用鼠标依次拾取"第一条直线""第二条直曲线"，即绘制出倒角。

(4) 菜单参数说明：

• 立即菜单 2：可切换为长度和宽度方式，立即菜单如图 2-111(b)所示。

• 立即菜单 3：可切换为裁剪始边或不裁剪。

裁剪：裁剪掉过渡后所有边的多余部分；

裁剪始边：只裁剪掉拾取的第一条曲线的多余部分；

不裁剪：执行过渡操作以后，原线段保留原样。

• 立即菜单"4.长度"和"5.角度"右侧数值框，输入新值可改变倒角的长度与角度。

长度：从两直线的交点开始，沿所拾取的第一条直线方向的长度；

角度：倒角线与所拾取第一条直线的夹角，其范围是(0，180)。

(5) 操作示例如图 2-110(c)所示。

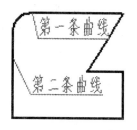

(a) 圆角绘图示例

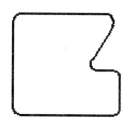

(b) 多圆角绘图示例

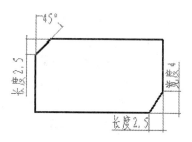

(c) 倒角绘图示例

图 2-110 过渡绘图示例

(a) 长度和角度方式立即菜单

(b) 长度和宽度方式立即菜单

图 2-111　倒角立即菜单

4) 内倒角

(1) 功能：以一对平行线作为两条母线，其垂线作为端面线生成内倒角。

(2) 启动"内倒角"命令的方法：单击主菜单绘图→过渡→内倒角；或通过如图 2-107 所示的过渡立即菜单选择"内倒角"命令，内倒角立即菜单如图 2-112 所示。

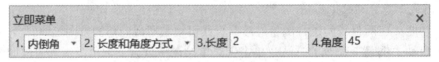

图 2-112　内倒角立即菜单

(3) 操作过程：执行"内倒角"命令，设置完立即菜单中的数值后，根据提示，选择三条相互垂直的直线，即可绘制出内倒角。内倒角的结果与三条直线拾取的顺序无关，只决定于三条直线的相互垂直关系。

(4) 操作示例如图 2-114 所示。

5) 外倒角

(1) 功能：以一对平行线作为两条母线，其垂线作为端面线生成外倒角。

(2) 启动"外倒角"命令的方法：单击主菜单绘图→过渡→外倒角；或通过如图 2-107 所示的过渡立即菜单选择"外倒角"命令，外倒角立即菜单如图 2-113 所示。

图 2-113　外倒角立即菜单

(3) 操作过程：执行"外倒角"命令，设置完立即菜单中的数值后，根据提示，选择三条相互垂直的直线，即可绘制出外倒角。外倒角的结果与三条直线拾取的顺序无关，只决定于三条直线的相互垂直关系。

(4) 操作示例如图 2-114 所示。

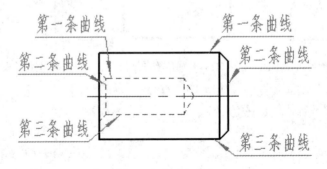

图 2-114　内、外倒角绘图示例

6) 多倒角

(1) 功能：倒角过渡一系列首尾相连的直线。

(2) 启动"多倒角"命令的方法：单击主菜单绘图→过渡→多倒角；或通过如图 2-107 所示的过渡立即菜单选择"多倒角"命令，多倒角立即菜单如图 2-115 所示。

图 2-115　多倒角立即菜单

(3) 操作过程：执行"多倒角"命令后，设置完立即菜单中的数值后，根据提示，选择首尾相连的直线，即可绘制出多倒角。操作方法与"多圆角"十分相似。

(4) 操作示例如图 2-116(a)、(b)所示。

7) 尖角

(1) 功能：在两条曲线(直线、圆弧、圆等)的交点处，形成尖角过渡。两曲线若有交点，则以交点为界，多余部分被裁剪掉；两曲线若无交点，则系统首先计算出两曲线的交点，再将两曲线延伸至交点处。

(2) 启动"尖角"命令的方法：单击主菜单绘图→过渡→尖角；或者通过如图 2-107 所示的过渡立即菜单选择"尖角"命令。

(3) 操作过程：执行"尖角"命令后，按提示要求连续拾取第一条曲线和第二条曲线，即可完成尖角过渡的操作。

(4) 操作示例如图 2-116(c)、(d)所示。

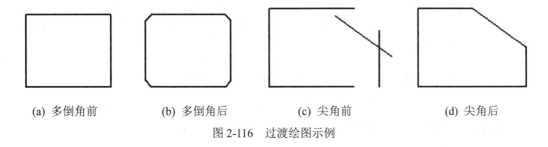

(a) 多倒角前　　　　(b) 多倒角后　　　　(c) 尖角前　　　　(d) 尖角后

图 2-116　过渡绘图示例

七、阵列

1. 功能

"阵列"命令通过一次操作可同时生成若干个相同的图形。

2. 启动"阵列"命令的方法

(1) 菜单操作：修改→阵列；

(2) 工具栏操作：常用工具栏→修改→图标；

(3) 键盘输入：array 或 ar。

"阵列"命令

3. 操作过程

执行"阵列"命令，设置完立即菜单中的数值后，根据命令行提示进行阵列操作。

4. 菜单参数说明

CAXA CAD 电子图板 2021 提供了圆形阵列、矩形阵列和曲线阵列 3 种阵列方式。

1) 圆形阵列

(1) 功能：对拾取到的对象，以某基点为圆心进行阵列复制。

(2) 启动"圆形阵列"命令的方法：单击主菜单绘图→阵列→圆形阵列；或者通过阵列立即菜单选择圆形阵列命令。

(3) 操作过程：执行"圆形阵列"命令后，立即菜单如图 2-117 所示。按操作提示"拾取元素"，单击右键确认，再按照提示，单击左键拾取阵列图形的中心点和基点，则阵列复制出多个相同的图形。

图 2-117　圆形阵列立即菜单

(4) 菜单参数说明：

• 立即菜单 2：可切换为不旋转。

旋转：在阵列时自动对图形进行旋转；

不旋转：在阵列时图形保持不变。

• 立即菜单 3：可切换为给定夹角。

均布：各阵列图形均匀地排列在同一圆周上；

给定夹角：被阵列的图形按相邻夹角值在阵列填角内复制。

• 立即菜单"4.相邻夹角"右侧数值框，可输入新值，为圆形阵列后相邻图形间的角度。

• 立即菜单"5.阵列填角"右侧数值框，可输入新值，为从拾取的实体所在位置起，绕中心点逆时针方向转过的夹角。

💡 注：其中阵列填角的含义为从拾取的实体所在位置起，绕中心点逆时针方向转过的夹角，相邻夹角和阵列填角都可以由键盘输入。

(5) 操作示例如图 2-118 所示。

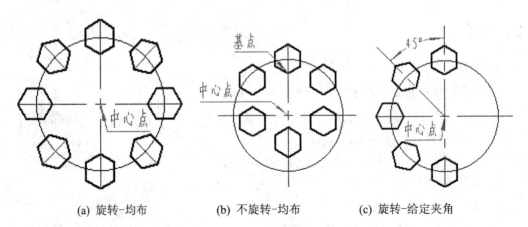

(a) 旋转-均布　　　　(b) 不旋转-均布　　　　(c) 旋转-给定夹角

图 2-118　圆形阵列绘图示例

2) 矩形阵列

(1) 功能：对拾取到的对象按给定的行、列以及行间距、列间距数值进行阵列复制。

(2) 启动"矩形阵列"命令的方法：单击主菜单绘图→阵列→矩形阵列；或者通过阵列立即菜单选择"矩形阵列"命令。

(3) 操作过程：执行"矩形阵列"命令后，立即菜单如图 2-119 所示。设置完立即菜单中的数值后，按操作提示"拾取元素"，单击右键确认，即可完成阵列。

图 2-119 矩形阵列立即菜单

(4) 菜单参数说明：

• 行、列间距：阵列后各元素基点之间的间距大小。

• 旋转角：与 X 轴正方向的夹角。

(5) 操作示例如图 2-120 所示。

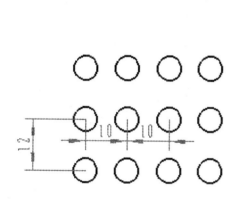

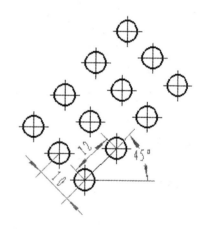

(a) 三行四列-不旋转　　　　　　　(b) 两行三列-旋转

图 2-120 矩形阵列绘图示例

3) 曲线阵列

(1) 功能：在一条或多条首尾相连的曲线上生成均布的图形选择集。各图形选择集的结构相同，位置不同。

(2) 启动"曲线阵列"命令的方法：单击主菜单绘图→阵列→曲线阵列；或者通过阵列立即菜单选择"曲线阵列"命令。

(3) 操作过程：执行"曲线阵列"命令后，立即菜单如图 2-121 所示。设置完立即菜单中的数值后，按操作提示"拾取元素"，单击右键确认，选择"基点"，再"拾取母线"，确定生成方向即可完成阵列。

图 2-121 曲线阵列立即菜单

(4) 菜单参数说明：

• 立即菜单 2：可切换为链拾取母线。

单个拾取母线：仅拾取单根母线；

链拾取母线：可拾取多根首尾相连的母线集，也可只拾取单根母线。

(5) 操作示例如图 2-122 所示。

(a) 单个拾取母线-旋转

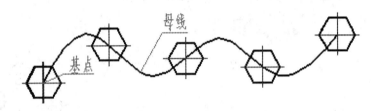

(b) 单个拾取母线-不旋转

图 2-122　曲线阵列绘图示例

注：也可以先选中要阵列的对象，单击右键，在弹出的快捷菜单中单击"阵列"来完成。

八、旋转

1. 功能

"旋转"命令用于对拾取到的图形进行旋转或旋转复制。

2. 启动"旋转"命令的方法

(1) 菜单操作：修改→旋转；

(2) 工具栏操作：常用工具栏→修改→图标 ⊙；

(3) 键盘输入：rotate 或 ro。

"旋转"命令

3. 操作过程

执行"旋转"命令后，根据命令行提示，进行旋转操作。

4. 菜单参数说明

CAXA CAD 电子图板 2021 提供了给定角度、起始终止点 2 种旋转方式。

1) 给定角度

(1) 功能：对拾取到的图形按给定角度进行旋转或旋转复制。

(2) 启动"给定角度"命令的方法：单击主菜单绘图→旋转→给定角度；或者通过旋转立即菜单选择"给定角度"命令。

(3) 操作过程：执行"给定角度"命令后，立即菜单如图 2-123 所示。按提示拾取要旋转的图形，可单个拾取，也可用窗口拾取，拾取完后单击右键确认。这时操作提示变为"输入基点"，用鼠标指定旋转基点；操作提示变为"旋转角"，此时通过键盘输入旋转角度，回车即可，也可以用鼠标移动来确定旋转角。

图 2-123　旋转立即菜单

(4) 菜单参数说明：

• 立即菜单 2：可切换为旋转。

拷贝：原图不消失。

旋转：原图立即消失；

(5) 操作示例如图 2-124(b) 、(c)所示。

2) 起始终止点

(1) 功能：对拾取到的图形按起始点、终止点分别与基点连线的夹角进行旋转或旋转复制。

(2) 启动"起始终止点"命令的方法：单击主菜单绘图→旋转→起始终止点；或者通过旋转立即菜单选择"起始终止点"命令。

(3) 操作过程：执行"起始终止点"命令后，按提示拾取要旋转的图形，单击右键确认。这时操作提示变为"基点"，用鼠标指定旋转基点，然后通过鼠标移动来确定起始点和终止点，完成图形的旋转操作。

注：也可以先选中要旋转的对象，单击右键，在弹出的快捷菜单中单击"旋转"来完成。

(4) 操作示例如图 2-124(d)所示。

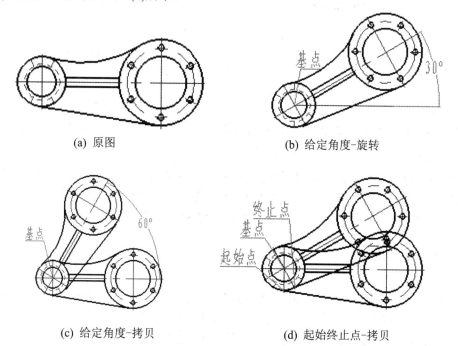

(a) 原图　　　　　　　　　　　　(b) 给定角度-旋转

(c) 给定角度-拷贝　　　　　　　　(d) 起始终止点-拷贝

图 2-124　旋转绘图示例

九、特性匹配

1. 功能

"特性匹配"命令可以将一个对象的某些或所有特性复制到其他对象。

2. 启动"特性匹配"命令的方法

(1) 菜单操作：修改→特性匹配；

(2) 工具栏操作：常用工具栏→常用→图标 ；

(3) 键盘输入：match 或 ro。

3. 操作过程

执行"特性匹配"命令后，根据提示先拾取源对象，然后再拾取要修改的目标对象。

4. 操作示例

操作示例如图 2-125 所示。

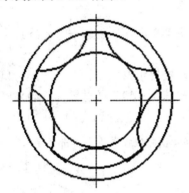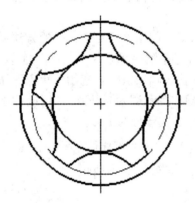

图 2-125 特性匹配操作示例

十、功能键 F4

1. 功能

功能键 F4 可指定一个当前点作为绘图的参考点，用于相对坐标的参考基准。

2. 操作过程

在当前命令的交互过程中，用户可以按 F4 键，根据提示"请指定参考点"，用鼠标拾取适当点，此时，键盘输入下一点相对于该参考点的相对坐标，回车即可。

示例见项目三→任务 3.1 绘图步骤→2.画左视图→(4) 。

【任务练习体会】

经过几十年来的工业带动和企业潜心研发，在本土工业软件产业中，除了少数如用友、金蝶、浙大中控等为数不多的大中型公司外，还涌现了一批活跃在细分市场的中小工业软件企业。比如：CAXA 软件在 CAD/CAM 方面已经取得了良好的市场业绩。尽管行业艰苦，竞争残酷，但这些年来，还是有一大批有情怀、有抱负的工业软件人坚守在研发与应用第一线，他们对中国工业怀有深深的感情，立志研发出本土的精品软件，助力中国制造走向强大，他们将工业软件作为自己一生的事业去奋斗。

习　题　二

一、思考题

1. 绘制直线的方式有哪几种？
2. 绘制圆弧的方式有哪几种？
3. 绘制正多边形的方式有哪几种？
4. 绘制椭圆的方式有哪几种？
5. 绘制圆的方式有哪几种？
6. 阵列的方式有哪几种？
7. 裁剪的方式有哪几种？
8. 拉伸的方式有哪几种？
9. 旋转的方式有哪几种？
10. 过渡的方式有哪几种？
11. 在中心线命令中，如何设置中心线超出轮廓长度？
12. 如何绘制单向平行线和双向平行线？
13. 启动"等距线"命令有哪几种方法？
14. 撤销与恢复有什么联系？各自功能是什么？
15. 特性匹配的功能是什么？

锥度的绘制

二、上机练习题

根据给定尺寸，按 1:1 抄画如图 2-126 所示各图。

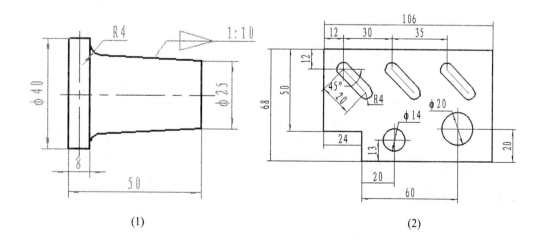

(1)　　　　　　　　　　　　　　(2)

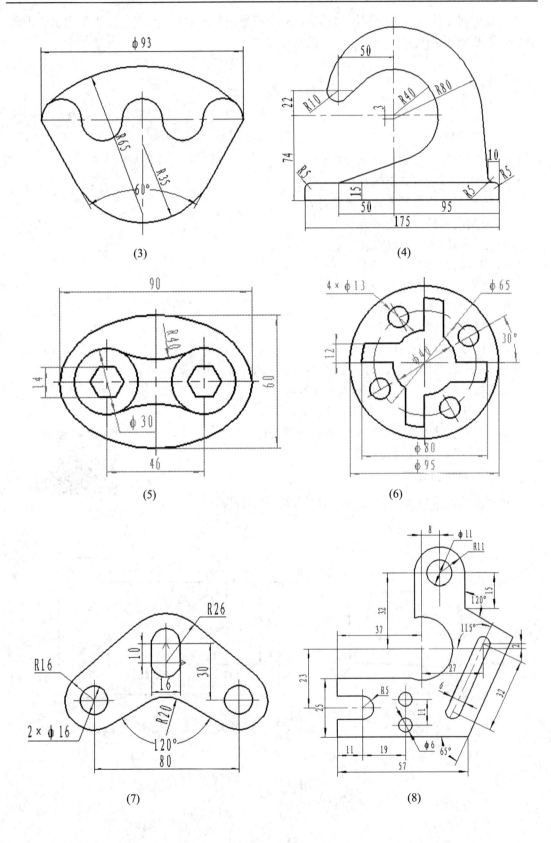

(3)

(4)

(5)

(6)

(7)

(8)

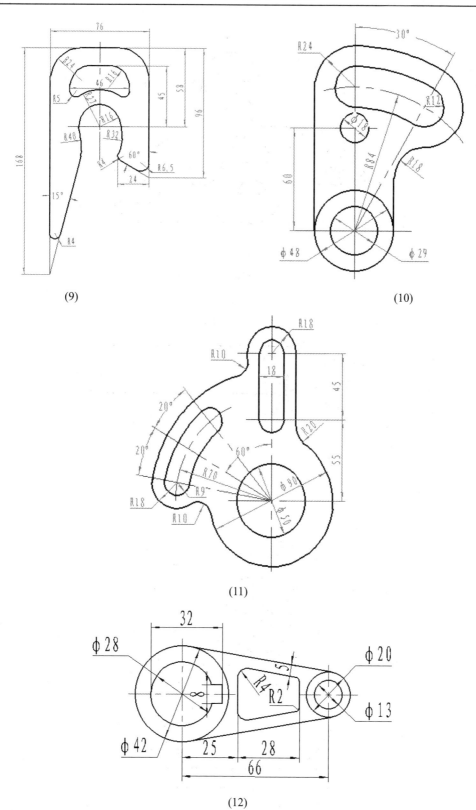

(9)

(10)

(11)

(12)

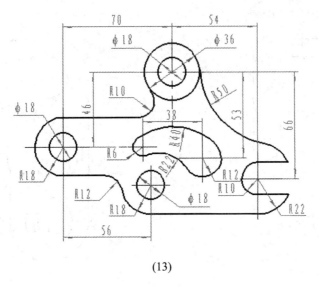

(13)

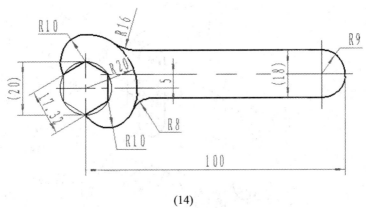

(14)

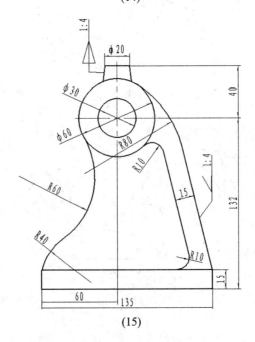

(15)

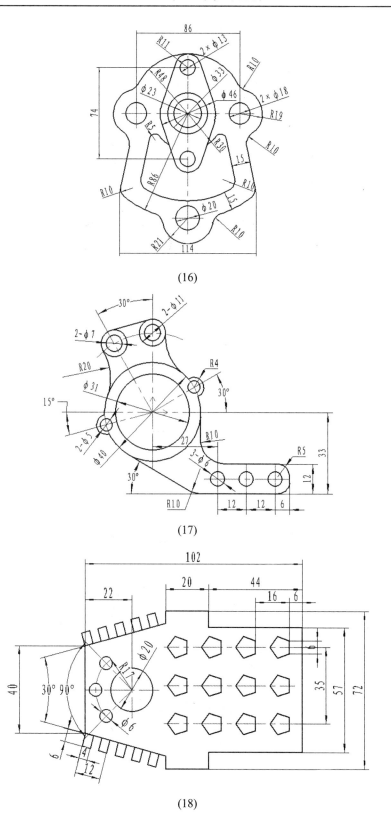

(16)

(17)

(18)

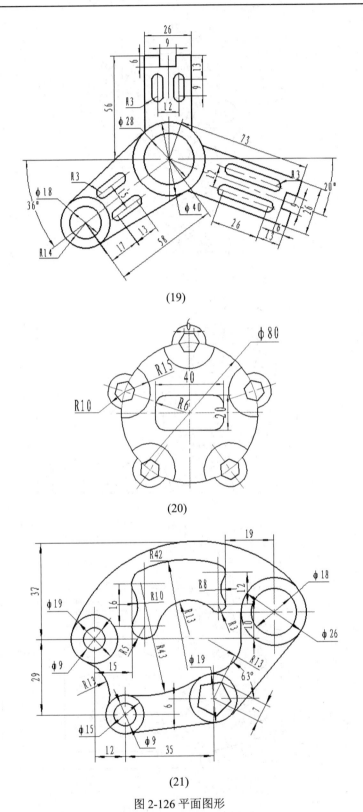

(19)

(20)

(21)

图 2-126 平面图形

项目三　视图的绘制

 【软件情况介绍】

　　在设计过程中，零件的形状是通过视图进行表达的，而其大小是由视图上所标注的尺寸决定的。本项目以三视图、其他视图和剖视图的绘制为例，介绍视图绘制、尺寸标注的思路、方法与步骤。

【课程思政】

　　2019 年，著名的 CAE 软件公司 Ansys 声称因美国禁令断供华为，使公众眼中一直完全"无感"的工业软件问题浮出水面。中美贸易战中媒体经常提到芯片，而芯片设计生产中的"必备神器" EDA 就是一个重要的工业软件，这些软件无一例外全部依靠进口。如果说芯片和操作系统华为尚有备胎计划能够缓一缓，但工业软件一旦被美国中止授权，华为和其子公司海思就要面临重大的冲击。其实何止芯片设计生产的工业软件领域，模具、钣金、数控机床、机械制造、机器人、汽车、激光、兵器、航空、航天等各个工业领域，企业用于设计、加工、分析的工业软件大都是欧美软件，国产工业软件仅在一些项目申报、教育等国家财政支持领域才偶尔露脸。从这一点看，工业软件是中国与欧美技术差距较大的一个行业。

任务 3.1　三视图的绘制

一、绘制思路

　　本任务要求绘制如图 3-1 所示的三视图。

　　绘制三视图时，应从某一个视图入手，这个视图一般情况下是主视图，但对于回转体的视图，应该是投影为圆的那个视图。对于平面立体的投影，它是直线型的，可以用"直线"命令去绘制；对于回转体的投影，它是曲线型的(比如：圆)，就要按照先圆后方的方法去绘制。

　　第一个视图，要给定一个定位点。这个定位点一般采用坐标系的原点，也可以是任意位置点，但它要方便图形的绘制。

　　绘制一个视图时，往往不是一下子就把这个视图全部绘制出来，而是先绘制主要部分，再绘制次要部分，先绘制反映形状特征部分的投影，再按照投影对应关系，利用导航和三视图导航关系绘制其他投影。

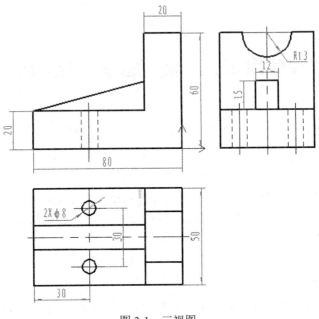

图 3-1　三视图

例如，对于图 3-1 所示的三视图，就应从主视图入手，定位点选在右下角，定在坐标系的原点上，先绘制反映形状特征的 L 形外形。对于 R13 的半圆孔和 2 × ø8 的通孔，要先绘制投影为圆的视图；对于筋板，要先绘制反映真实尺寸的左视图上的投影。绘制出这些投影后，再按照制图的三等规律，利用导航和三视图导航关系，绘制出其他投影。

二、绘图方法与步骤

1. 画主视图外形

(1) 单击属性工具栏的图层，选择图层为 0 层。

(2) 单击基本绘图工具栏的直线图标✏️，立即菜单设置为：两点线→连续，以坐标系的原点为主视图的定位点(右下角点)，通过鼠标引导，分别输入 60、20、40、60、20、80，画出主视图外形，如图 3-2 所示。

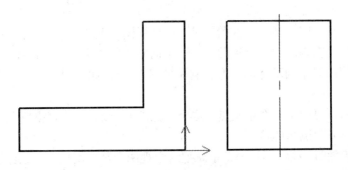

图 3-2　主、左视图外形

2. 画左视图

(1) 单击基本绘图工具栏的矩形图标▭，立即菜单设置为：两角点→有中心线→中心线延伸长度为 3，利用导航功能，从主视图右下点引导向右高平齐选择一点作为第一点，输入@50，60 作为第二点，画出矩形，单击删除图标✎，去掉图中水平中心线，如图 3-2 所示。

(2) 单击直线图标╱，立即菜单设置为：两点线→单根，利用导航功能在左视图上画出中间部位的水平线，如图 3-3 所示。

(3) 单击基本绘图工具栏的圆图标⊙，立即菜单设置为：圆心_半径→半径→有中心线，在左视图上方中心线的交点处单击确定圆心，输入半径 13，画出 R13 的圆。

(4) 单击直线图标╱，立即菜单设置为：两点线→连续，提示第一点时按 F4 键，然后选取左视图上的 A 点作为参考点，输入@-6，0，用鼠标向上引导输入 15，向右引导输入 12，最后向下在中间水平线上单击确定一点，如图 3-3 所示。

(5) 单击裁剪图标✂，去掉图中多余的图线，结果如图 3-4 所示。

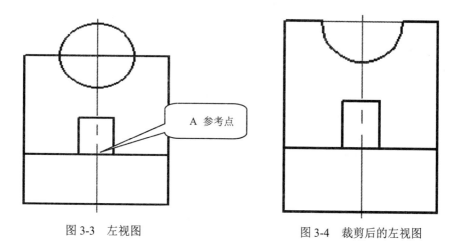

图 3-3 左视图   图 3-4 裁剪后的左视图

3. 补画俯视图

(1) 单击主菜单的工具→三视图导航，拾取主视图的右下角点作为第一点，拖动鼠标向右下画出导航线，如图 3-5 所示。

(2) 单击矩形图标▭，立即菜单设置为：两角点→有中心线→中心线延伸长度为 3，利用导航功能，以主视图的左下角点、左视图的左下角点为导航点，拾取一点为矩形的左上点；同样，以主视图的右下角点、左视图的右下角点为导航点，拾取一点为矩形的右下点，画出矩形。

(3) 单击删除图标✎，去掉图中竖直中心线，如图 3-5 所示。

(4) 单击直线图标╱，立即菜单设置为：两点线→单根，利用导航功能，画出右边竖板、半圆、筋板在俯视图上的对应投影线，如图 3-5 所示。

(5) 单击属性工具栏的图层，选择图层为中心线层。

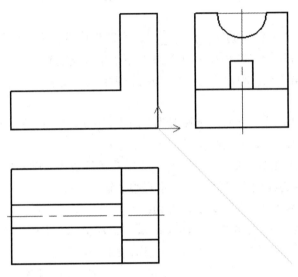

图 3-5　补画出的俯视图

(6) 单击等距线图标 ⚒，立即菜单设置为：单个拾取→指定距离→单向→空心→距离 30→分数 1，拾取主视图最左线，再拾取向右箭头，绘出主视图上竖直中心线；拾取俯视图中间竖直线，再拾取向左箭头，绘出俯视图上竖直中心线。

(7) 将立即菜单设置为：单个拾取→指定距离→双向→空心→距离 15→分数 1，拾取俯视图中心线，绘出两条水平中心线。

(8) 单击属性工具栏的图层，选择图层为 0 层。

(9) 单击基本绘图工具栏的圆图标 ⊙，立即菜单设置为：圆心_半径→直径→无中心线，在俯视图中心线的交点处分别单击确定圆心，输入直径 8，画出 2 个 ø8 的圆。

(10) 利用夹点功能，将主、俯视图上的中心线调整到合适长度，如图 3-6 所示。

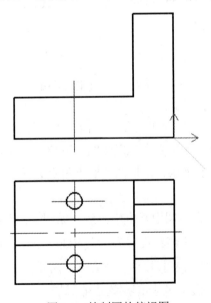

图 3-6　绘制圆的俯视图

4. 完成主、左视图

(1) 单击直线图标 ✎，立即菜单设置为：两点线→单根，选取主视图左上角点作为第一点，利用导航功能，选取筋板在左视图投影的水平线作为第二点的导航点，在主视图的竖线上单击，画出斜线。

(2) 单击属性工具栏的图层，选择图层为虚线层。

(3) 单击直线图标 ✎，利用导航功能，以俯视图上圆的左、右点为导航点，画出主视图上对应的两条虚线。

(4) 用同样的方法绘制出孔在左视图上投影的四条虚线，如图 3-7 所示。

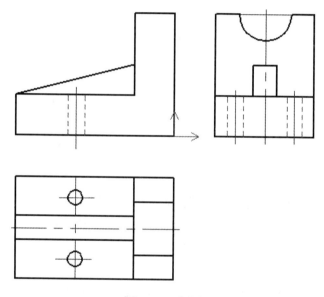

图 3-7　三视图

(5) 单击属性工具栏的图层，选择图层为中心线层。

(6) 单击基本绘图工具栏的中心线图标 ✎，分别选择左视图上的两条虚线，然后单击右键确认，即绘制出两条中心线，结果如图 3-7 所示。

5. 标注尺寸

(1) 单击标注工具栏的尺寸标注图标 ⊢⊣，立即菜单设置为：基本标注，拾取主视图最下方直线，移动鼠标到合适位置单击即标注出总长 80。

采用同样的方法，分别标注出其他线性尺寸。

(2) 拾取左视图半圆，将立即菜单的"3.文字平行"改为"3.文字水平"，移动鼠标到合适位置单击即标注出半径 R13。

如果想改变标注的尺寸数值高度，则单击标注工具栏的样式管理→文字，如图 3-8 所示，系统将弹出"文本风格设置"对话框，如图 3-9 所示，将缺省字高改为 5，单击"确定"按钮，结果如图 3-1 所示。

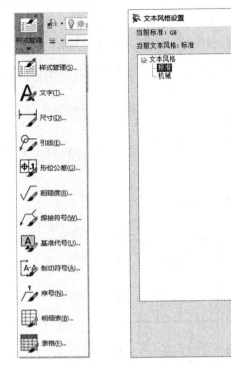

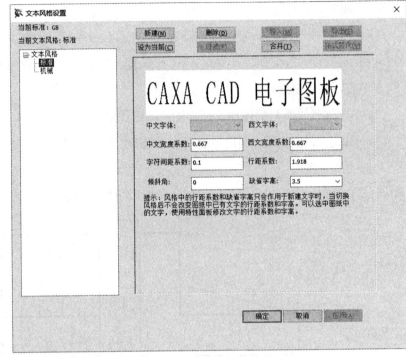

图 3-8　文字命令　　　　　　　　　图 3-9　"文本风格设置"对话框

6. 保存图形

单击快速启动工具栏的保存图标 ，或者单击主菜单文件→保存，系统弹出"另存文件"对话框，在"文件名"文本框中输入文件名"图 3-1"，单击"保存"按钮，系统将按照所起的文件名(图 3-1)保存这个图形文件。

任务 3.2　绘制三视图的有关命令

在绘制三视图的过程中，经常要利用三视图导航功能，以提高作图的效率；经常要改变图层，以在不同的图层上绘制不同的图线；经常要对图形进行编辑，以达到设计的要求。下面就介绍有关的命令。

一、三视图导航

1. 功能

"三视图导航"命令用于满足三视图的投影对应要求。

2. 启动"三视图导航"命令的方法

(1) 菜单操作：工具→三视图导航；

(2) 功能键：F7；

(3) 键盘输入：guide。

"三视图导航"
和"平移"命令

3. 操作过程

执行"三视图导航"命令后，按照提示指定第一点，系统又提示指定第二点，指定完后在绘图区即可画出一条45°的黄色导航线。

如果当前已经有了导航线，执行"三视图导航"命令将删除导航线。再次执行"三视图导航"命令时，系统提示"第一点＜右键恢复上一次导航线＞:"，右击就能恢复上一次的导航线。

二、平移

1. 功能

"平移"命令用于以指定的角度和方向移动拾取到的图形对象。

2. 启动"平移"命令的方法

(1) 菜单操作：修改→平移；

(2) 工具栏操作：修改工具栏→图标 ✛；

(3) 键盘输入：move。

3. 操作过程

执行"平移"命令后，弹出如图3-10所示的平移立即菜单，拾取要平移的图形对象、设置立即菜单的参数并确认，即可完成对图形对象的平移。

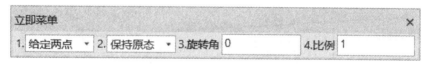

图3-10 平移立即菜单

4. 菜单参数说明

(1) 立即菜单1：给定两点或给定偏移。给定两点是指通过两点的定位方式完成图形移动，拾取图形后，通过键盘输入或鼠标单击确定第一点和第二点位置，完成平移操作；给定偏移是用给定偏移量的方式进行平移。拾取图形后，系统自动给出一个基准点(一般来说，直线的基准点定在中点处，圆、圆弧、矩形的基准点定在中心处)，此时输入X和Y方向偏移量或位置点，即按平移量完成平移操作。

(2) 立即菜单2：保持原态和平移为块，即按原态或块的形式将图素移动到一个指定位置上。

(3) 立即菜单3：旋转角，图形在进行平移时，可以给定图形的旋转角度，以改变图形的方位。

(4) 立即菜单4：比例，进行平移操作之前，允许用户指定被平移图形的缩放系数。

三、延伸

1. 功能

"延伸"命令用于以一条曲线为边界对一系列曲线进行裁剪或延伸。

"延伸"和"打
断"命令

2. 启动"延伸"命令的方法

(1) 菜单操作：修改→延伸；

(2) 工具栏操作：修改工具栏→图标 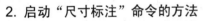；

(3) 键盘输入：edge。

3. 操作过程

执行"延伸"命令后，按操作提示拾取剪刀线作为边界，则提示改为"拾取要编辑的曲线"。根据作图需要可以拾取一系列曲线进行编辑修改。

如果拾取的曲线与边界曲线有交点，则系统将裁剪所拾取的曲线至边界为止；如果被拾取的曲线与边界曲线没有交点，那么系统将把曲线按其本身的趋势(如：直线的延伸方向、圆弧的圆心位置和半径的尺寸大小均不发生改变)延伸至边界。

四、打断

1. 功能

"打断"命令用于将一条指定曲线在指定点处打断成两条曲线，以便于其他操作。

2. 启动"打断"命令的方法

(1) 菜单操作：修改→打断；

(2) 工具栏操作：修改工具栏→图标 ；

(3) 键盘输入：break。

3. 操作过程

执行"打断"命令后，按操作提示先拾取要打断的曲线，再拾取曲线上要打断的点即完成。打断有一点打断和两点打断两种形式。

五、尺寸标注

编辑尺寸标注

1. 功能

"尺寸标注"命令用于对当前图形中的对象添加尺寸。

2. 启动"尺寸标注"命令的方法

(1) 菜单操作：标注→尺寸标注；

(2) 工具栏操作：标注工具栏→图标 ；

(3) 键盘输入：dim。

3. 操作过程

执行"尺寸标注"命令后，弹出尺寸标注立即菜单，如图 3-11 所示。单击立即菜单"1.基本标注"选择标注方式，然后选择要标注的对象，再确定标注的位置即可。

4. 菜单参数说明

尺寸标注包括基本标注、基线标注、连续标注、三点角度标注、角度连续标注、半标注、大圆弧标注、射线标

图 3-11　尺寸标注立即菜单

注、锥度/斜度标注、曲率半径标注、线性标注、对齐标注、角度标注、弧长标注、半径标注和直径标注 16 种方式。这些标注命令均可以通过调用尺寸标注命令并在立即菜单切换选择，也可以单独执行。

1）基本标注

（1）功能：快速生成线性尺寸、直径尺寸、半径尺寸、角度尺寸等基本类型的标注。它可以根据所拾取对象自动判别要标注的尺寸类型，智能而又方便。

（2）启动"基本标注"命令的方法：

① 菜单操作：标注→尺寸标注→基本；

② 工具栏操作：标注工具栏→图标 ⊢⊣ ；

③ 键盘输入：powerdim。

（3）操作过程：执行基本标注命令后，选择要标注的对象，再确定标注的位置即可。

① 一个对象的标注。

a. 直线的标注。执行"基本标注"命令后，拾取直线则弹出如图 3-12 所示的标注直线立即菜单，按照提示，在合适位置指定尺寸线的位置即标注出该直线的长度 60，如图 3-13 所示，标注位置可随标注点动态确定。

图 3-12　标注直线立即菜单

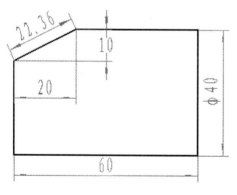

图 3-13　直线尺寸标注

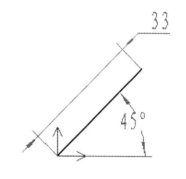

图 3-14　角度尺寸标注

立即菜单选项为：

• 立即菜单 1：可以选择其他尺寸标注方式，见图 3-11。

• 立即菜单 2：设置标注文字与尺寸线位置关系，分为文字平行、文字水平和 ISO 标准。

文字平行：标注的尺寸数值与尺寸线平行，如图 3-13 中的 60、20 等；

文字水平：标注的尺寸数值始终保持水平，如图 3-14 中的 33；

ISO 标准：标注的尺寸数值若在尺寸界线之内，则与尺寸线平行；若在尺寸界线之外，则保持水平。

• 立即菜单 3：可切换为长度、标注直径或标注螺纹。

长度：标注的尺寸数值为直线的长度，如图 3-13 中的 60、20 等；

标注直径：标注的尺寸数值前有 ϕ，代表标注直径，如图 3-13 中的 $\phi40$；

标注螺纹：标注的尺寸数值前有 M，代表标注螺纹，如图 3-14 中的 M5。

• 立即菜单 4：可切换为智能、正交或平行。

智能：标注时可根据图形，自动判断是正交标注还是平行标注；

正交：标注的是该直线沿水平方向或垂直方向的长度，如图 3-13 中的 20；

平行：标注的是该直线的长度(尺寸线与标注的直线平行)，如图 3-13 中的 22.36。

• 立即菜单 5：可切换为文字居中或文字拖动。

文字居中：将标注的尺寸数值放置在尺寸线的中间；

文字拖动：标注的尺寸数值跟随光标的移动而移动。

• 立即菜单 6：前缀，为尺寸文字前面加内容，如 R、ϕ 等。

• 立即菜单 7：后缀，为尺寸文字后面加内容。

• 立即菜单 8：基本尺寸，为直线的测量值。编辑框中的数字是默认值，可以通过键盘输入尺寸值。

b. 圆的标注。执行" 基本标注"命令后，拾取圆后弹出如图 3-15 所示的标注圆立即菜单，根据标注的需要改变立即菜单项目，在合适位置指定尺寸线的位置即标注出该圆的尺寸，如图 3-16 所示。

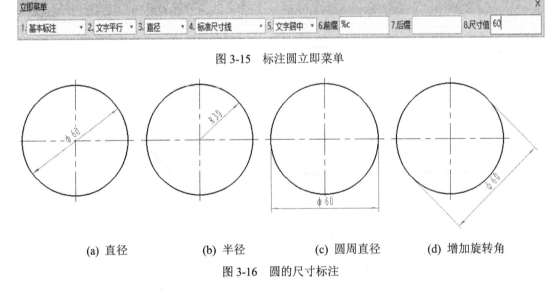

图 3-15　标注圆立即菜单

(a) 直径　　　　　(b) 半径　　　　　(c) 圆周直径　　　　　(d) 增加旋转角

图 3-16　圆的尺寸标注

立即菜单选项为：

立即菜单 1、2、5、6、7、8 项同前，不再介绍。

立即菜单 3：可切换为直径、半径和圆周直径。

• 直径：标注出的尺寸数值为圆的直径，如图 3-16(a) 所示；

• 半径：标注出的尺寸数值为圆的半径，如图 3-16(b) 所示；

• 圆周直径：标注出的尺寸数值为圆周直径，如图 3-16(c)所示。

当立即菜单 3 切换为圆周直径时，立即菜单变化为图 3-17 所示的内容。

图 3-17　立即菜单的变化

立即菜单 5：可切换为平行、正交。

· 正交：标注出的尺寸处于水平或垂直方向；

· 平行：选择平行时，立即菜单增加了一项旋转角，给定旋转角则指定了尺寸线的倾斜角度，如图 3-16(d)所示。

c. 圆弧的标注。执行"基本标注"命令后，拾取圆弧则弹出如图 3-18 所示的标注圆弧立即菜单，根据标注的需要改变立即菜单项目，在合适位置指定尺寸线的位置即可标注出该圆弧的尺寸。

图 3-18　标注圆弧立即菜单

立即菜单选项为：

立即菜单 1、3、4、5、6、7 项同前，不再介绍。

立即菜单 2：可切换为直径、半径、圆心角、弦长和弧长，如图 3-19 所示。

图 3-19　立即菜单 2 的选项

· 直径：标注出的尺寸为圆弧的直径，如图 3-20(a)所示；

· 半径：标注出的尺寸为圆弧的半径，如图 3-20(b)所示；

· 圆心角：标注出的尺寸为圆弧的圆心角，如图 3-20(c)所示；

· 弦长：标注出的尺寸为圆弧的弦长，如图 3-20(d)所示；

· 弧长：标注出的尺寸为圆弧的弧长，如图 3-20(e)所示。

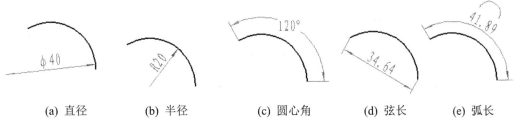

(a) 直径　　　　(b) 半径　　　　(c) 圆心角　　　　(d) 弦长　　　　(e) 弧长

图 3-20　圆弧的尺寸标注

② 两个对象之间的标注。

a. 点与点的标注。执行"基本标注"命令后，在提示为"拾取标注元素或点取第一点："时，拾取图中大圆的圆心；在提示为"拾取另一个标注元素或点取第二点："时，拾取小圆的圆心，立即菜单 4 设置为不同的选项，可标注出不同的效果，如图 3-21 所示。

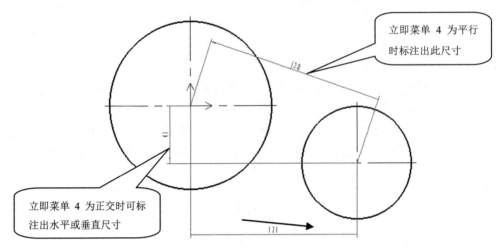

图 3-21　点与点的标注

　　b. 点与线的标注。执行" 基本标注"命令后，在提示下分别拾取点和直线，可标注出不同的效果，如图 3-22 所示。

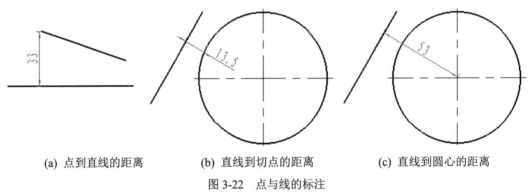

(a) 点到直线的距离　　　(b) 直线到切点的距离　　　(c) 直线到圆心的距离

图 3-22　点与线的标注

　　c. 线与线的标注。执行 "基本标注"命令后，在提示下分别拾取两直线，可标注出不同的效果，如图 3-23 所示。

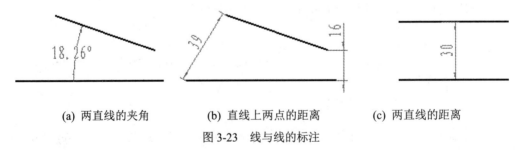

(a) 两直线的夹角　　　(b) 直线上两点的距离　　　(c) 两直线的距离

图 3-23　线与线的标注

2) 基线标注

(1) 功能：从同一基点处引出标注多个尺寸。

(2) 启动"基线标注"命令的方法：

① 菜单操作：标注→尺寸标注→基线；

② 工具栏操作：标注工具栏→尺寸标注→图标 ⊢⊣；

③ 键盘输入：basdim。

(3) 操作过程：执行"基线标注"命令后，拾取第一引出点，弹出如图 3-24 所示的立即菜单，再拾取第二引出点，在合适位置指定尺寸线的位置后即可标注出两点之间的尺寸，连续拾取多个点可以标注出多个尺寸，如图 3-25 所示。

立即菜单 3"正交"，指尺寸线平行于坐标轴；可切换为平行，此时尺寸线平行于两点连线方向。

图 3-24　基线标注的立即菜单一

如果拾取一个已标注的线性尺寸(如 16)，则此尺寸的第二点作为尺寸界线引出点，再拾取第二引出点，指定尺寸线位置后即可标注出两个引出点间的第一个尺寸。按照提示可以反复拾取第二引出点，即可标注出一组基线尺寸，如图 3-26 所示，对应的立即菜单如图 3-27 所示。

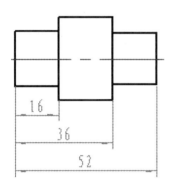

图 3-25　基线标注一

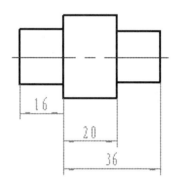

图 3-26　基线标注二

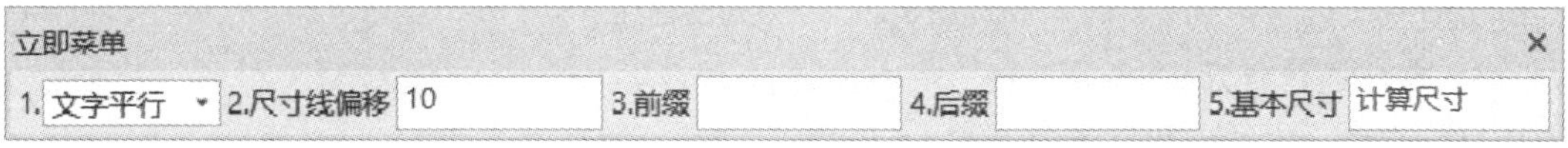

立即菜单

1. 文字平行　2.尺寸线偏移 10　3.前缀　4.后缀　5.基本尺寸 计算尺寸

图 3-27　基线标注的立即菜单二

3) 连续标注

(1) 功能：生成一系列首尾相连的线性尺寸。

(2) 启动"连续标注"命令的方法：

① 菜单操作：标注→尺寸标注→连续；

② 工具栏操作：标注工具栏→尺寸标注→图标 ⊢⊢⊣；

③ 键盘输入：contdim。

(3) 操作过程：执行"连续标注"命令后，根据提示拾取第一引出点，再拾取第二点，在合适位置指定尺寸线的位置后即可标注出两点之间的尺寸，连续拾取多个点可以标注出多个尺寸，如图 3-28 所示。

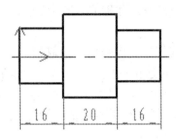

图 3-28　连续标注

4）三点角度标注

(1) 功能：生成三点之间的角度尺寸。

(2) 启动"三点角度标注"命令的方法：

① 菜单操作：标注→尺寸标注→三点角度；

② 工具栏操作：标注工具栏→尺寸标注→图标💢；

③ 键盘输入：3parcdim。

(3) 操作过程：执行"三点角度标注"命令后，根据提示拾取顶点、第二点、第三点，指定尺寸线的位置后即可标注出三点之间的角度尺寸，如图 3-29 所示。

尺寸线的位置不同，则标注出的结果不同，如图 3-29 所示的 45°和 315°。立即菜单2 的度可以选择为度分秒、百分度和弧度。

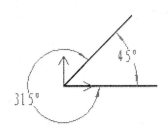

图 3-29　三点角度标注

5）角度连续标注

(1) 功能：连续生成一系列角度尺寸。

(2) 启动"角度连续标注"命令的方法：

① 菜单操作：标注→尺寸标注→角度连续；

② 工具栏操作：标注工具栏→尺寸标注→图标💢；

③ 键盘输入：continuearcdim。

(3) 操作过程：执行"角度连续标注"命令后，系统提示"拾取第一个标注元素或角度尺寸"。如果选择的是线段，则系统又提示"拾取另一条直线"。拾取第二条线段后，系统又提示"尺寸线位置"，给定位置后，则标注出第一个角度尺寸。系统继续提示"尺寸线位置"，并弹出立即菜单，如图 3-30 所示，此时移动鼠标会出现一个动态拖曳的角度尺寸，单击右键弹出"角度公差"对话框，如图 3-31 所示。在该对话框的"基本尺寸"文本框中可以修改角度数值，最后单击"确定"按钮，即标注出第二个角度尺寸。系统一直提示"尺寸线位置"。用同样方法标注出其他角度尺寸,最后单击"角度公差"对话框中的"退出"按钮结束,结果如图 3-32 所示。

在系统提示"拾取第一个标注元素或角度尺寸"时,如果选择的是角度尺寸,则后边的操作与第二个角度尺寸的标注相同。

立即菜单 2 的选项可设置为逆时针和顺时针,图 3-32 所示为逆时针标注。

图 3-30 角度连续标注的立即菜单

图 3-31 "角度公差"对话框

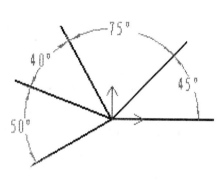

图 3-32 角度连续标注

6) 半标注

(1) 功能:生成半标注形式的尺寸。

(2) 启动"半标注"命令的方法:

① 菜单操作:标注→尺寸标注→半标注;

② 工具栏操作:标注工具栏→尺寸标注→图标├──;

③ 键盘输入:halfdim。

(3) 操作过程:执行"半标注"命令后,在系统提示为"拾取直线或第一点"时,拾取中心线;提示为"拾取与第一条直线平行的直线或第二点"时,拾取轮廓线;然后确定尺寸线位置,则按照拾取元素距离的 2 倍注出尺寸。立即菜单如图 3-33 所示,结果如图 3-34 所示。

图 3-33 半标注的立即菜单

立即菜单 1 可切换为直径或长度;立即菜单 2 可以设置半标注的尺寸线延伸长度,默认为 3 mm。

7) 大圆弧标注

(1) 功能：生成大圆弧标注形式的尺寸。

(2) 启动"大圆弧标注"命令的方法：

① 菜单操作：标注→尺寸标注→大圆弧；

② 工具栏操作：标注工具栏→尺寸标注→图标 ；

③ 键盘输入：arcdim。

(3) 操作过程：执行"大圆弧标注"命令后，按照系统提示，依次拾取圆弧、第一引出点、第二引出点、定位点后，即可标注出尺寸，结果如图 3-35 所示。

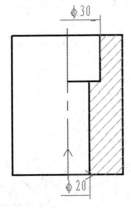

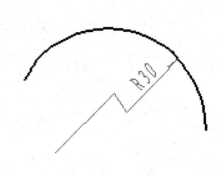

图 3-34　半标注　　　　　　　　　　图 3-35　大圆弧标注

8) 射线标注

(1) 功能：生成射线形式的尺寸。

(2) 启动"射线标注"命令的方法：

① 菜单操作：标注→尺寸标注→射线；

② 工具栏操作：标注工具栏→尺寸标注→图标 ；

③ 键盘输入：radialdim。

(3) 操作过程：执行"射线标注"命令后，按照系统提示，依次拾取第一点、第二点、定位点后，即可标注出尺寸，结果如图 3-36 所示。

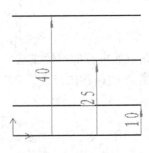

图 3-36　射线标注

9) 锥度/斜度标注

(1) 功能：生成锥度或斜度形式的尺寸。

(2) 启动"锥度/斜度标注"命令的方法：

① 菜单操作：标注→尺寸标注→锥度/斜度；
② 工具栏操作：标注工具栏→尺寸标注→图标 ；
③ 键盘输入：gradientdim。

(3) 操作过程：执行"锥度/斜度标注"命令后，按照系统提示，依次拾取中心线、直线、定位点后，即可标注出锥度尺寸，其立即菜单如图 3-37 所示，结果如图 3-38 所示。

立即菜单 1 可以切换为锥度或斜度，斜度是锥度的 2 倍；如果锥度/斜度的方向不对，可以通过立即菜单 3 切换为反向。

图 3-37　锥度标注的立即菜单

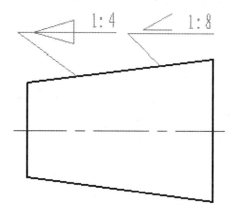

图 3-38　锥度/斜度标注

10) 曲率半径标注

(1) 功能：对样条线标注出曲率半径尺寸。

(2) 启动"曲率半径标注"命令的方法：

① 菜单操作：标注→尺寸标注→曲率半径；
② 工具栏操作：标注工具栏→尺寸标注→图标 ；
③ 键盘输入：curvradiusdim。

(3) 操作过程：执行"曲率半径标注"命令后，按照系统提示，拾取标注元素或第一点，再选取尺寸线的位置即可标注，其结果如图 3-39 所示。立即菜单如图 3-40 所示，其中立即菜单 1 可以切换为文字平行、文字水平或 ISO 标准，文字水平的效果如图 3-39 的 R19.59 所示。

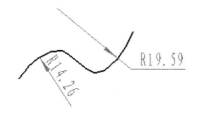

图 3-39　曲率半径标注

图 3-40　曲率半径标注的立即菜单

除了以上介绍的这 10 种标注以外，CAXA CAD 电子图板 2021 还增加了线性标注、对齐标注、直径标注、半径标注、角度标注和弧长标注这 6 种标注方法。而这 6 种标注方法在前面介绍的基本标注中已经包含了，这里不再赘述。

六、标注编辑

1. 功能

"标注编辑"命令用于拾取要编辑的标注对象，并进入对应的编辑状态。

2. 启动"标注编辑"命令的方法

(1) 菜单操作：修改→标注编辑；

(2) 工具栏操作：标注工具栏→标注编辑→图标 ；

(3) 键盘输入：dimedit。

3. 操作过程

执行"标注编辑"命令后，系统提示拾取要编辑的标注，拾取尺寸后即进入该标注对象的编辑状态，设置立即菜单参数，按照提示进行操作即可。编辑前的尺寸如图 3-41 所示，编辑后的尺寸如图 3-42 所示。立即菜单如图 3-43 所示。

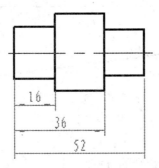

图 3-41　编辑前的尺寸

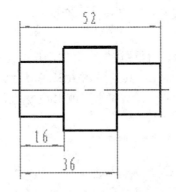

图 3-42　编辑后的尺寸

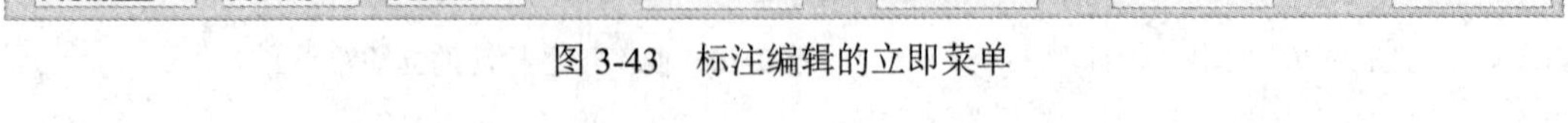

立即菜单							✕
1. 尺寸线位置 ▾	2. 文字平行 ▾	3. 文字居中 ▾	4.界限角度 90	5.前缀	6.后缀	7.基本尺寸 60	

图 3-43　标注编辑的立即菜单

对于大多数标注对象，双击时将弹出"尺寸标注属性设置"对话框，如图 3-44 所示。在该对话框中可以对基本信息、标注风格、公差与配合等项目进行编辑，最后单击"确定"按钮即确定修改。

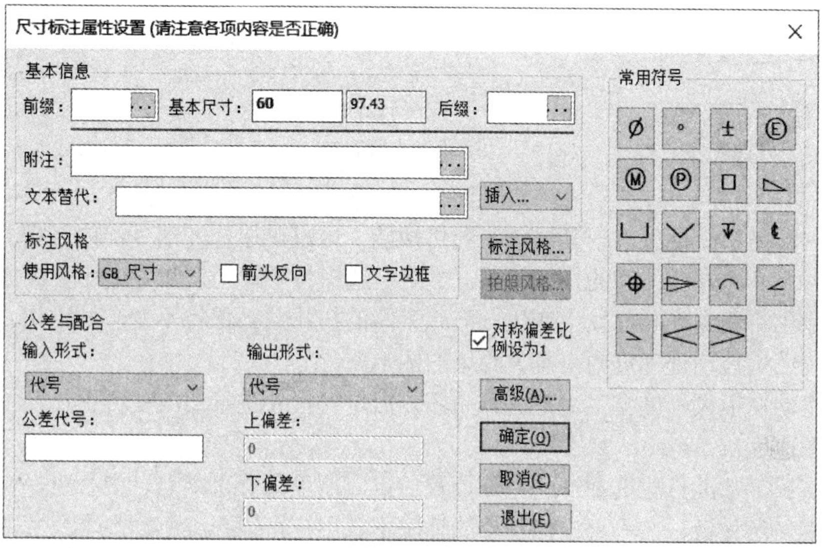

图 3-44　"尺寸标注属性设置"对话框

七、尺寸驱动

1. 功能

"尺寸驱动"命令通过改变图形中标注的尺寸，对已有图形进行修改。

2. 启动"尺寸驱动"命令的方法

(1) 菜单操作：修改→尺寸驱动；

(2) 工具栏操作：标注工具栏→标注编辑→图标 ；

(3) 键盘输入：drive。

3. 操作过程

执行"尺寸驱动"命令后，系统提示拾取元素，拾取元素为整个图形及尺寸，单击右键确认。再拾取小圆圆心作为参考点(基准点)，然后拾取欲驱动的尺寸，弹出"新的尺寸值"对话框，如图 3-45 所示，修改尺寸数值后，单击对话框中"确定"按钮即进行了驱动。如图 3-46 所示，图 3-46(a)为原图，将定位尺寸 80 改为 60，单击"确定"按钮，即改变了该定位尺寸。图 3-46(b)为驱动大圆直径为 80 后的图形，图 3-46(c)为驱动定位尺寸为 60 后的图形。

图 3-45　新的尺寸值对话框

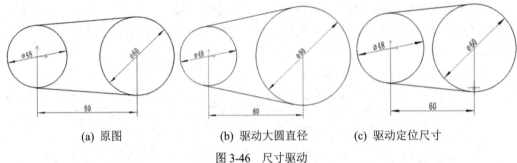

(a) 原图   (b) 驱动大圆直径   (c) 驱动定位尺寸

图 3-46　尺寸驱动

尺寸驱动是系统提供的一套局部参数化功能。用户在选择一部分实体及相关尺寸后，系统将根据尺寸建立实体间的拓扑关系，当用户选择想要改动尺寸并改变其数值时，相关实体及尺寸也将受到影响而发生变化，但元素间的拓扑关系保持不变，如相切、相连等。另外，系统还可自动处理过约束及欠约束的图形。

尺寸驱动在很大程度上使用户在画完图以后，对尺寸进行修改变得更加简单、容易，提高了作图速度。

一般情况下基准点应选择一些特殊位置的点，例如圆心、端点、中心点、交点等。

驱动某一尺寸后，在不退出该状态的情况下，用户可以连续驱动多个尺寸。

任务 3.3　其他视图的绘制

在表达零件的结构形状时，除了用一般的主、俯、左视图之外，往往还需要采用局部视图、斜视图等表达方法来配合，本任务将介绍这些视图的绘制思路和方法。

一、绘制思路

本任务要求绘制如图 3-47 所示的三视图。

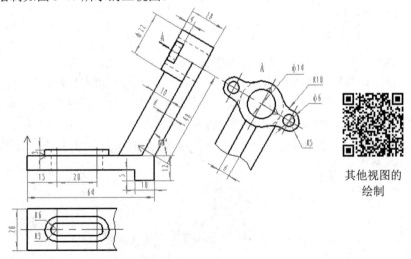

其他视图的
绘制

图 3-47　其他视图的绘制

　　主视图是三视图中最主要的视图,此实例仍然从主视图入手绘制。由于此实例中有斜视图,用斜视图来表达零件倾斜部位,反映倾斜部位真实形状的投影。而绘制这些投影时往往需要创建用户坐标系,因为在新的坐标系下绘制这些投影会比较方便。

　　用户可以创建多个用户坐标系,此实例就创建了两个用户坐标系,不同的坐标系之间可以进行切换,不同的图形在不同的坐标系下绘制起来会更为方便。

　　按照先圆后方的绘制原则,对于倾斜部位先绘制投影为圆的斜视图,再按照投影对应关系,绘制主视图上的投影。对于条形柱和条形孔也是先绘制投影为圆的俯视图,再按照投影对应关系,绘制主视图上的投影。

二、绘制方法与步骤

1. 绘制主视图外形

(1) 单击属性工具栏的图层,选择图层为 0 层。

(2) 单击基本绘图工具栏的矩形图标，立即菜单设置如图 3-48 所示,以坐标原点为主视图的定位点(左上角点),绘出矩形。

图 3-48　矩形的立即菜单

(3) 选择绘制的矩形,单击分解图标，将矩形分解为 4 条线段。

(4) 单击等距线图标，立即菜单设置如图 3-49 所示,拾取主视图最下方线段,再选择向上的箭头;距离改变为 10,拾取主视图最右线段,再选择向左的箭头。

图 3-49　等距线的立即菜单

(5) 单击裁剪图标，裁剪掉多余的图线,结果如图 3-50 所示。

(6) 单击视图工具栏→用户坐标系→新建原点坐标系图标，系统弹出新建坐标系的立即菜单,在"坐标系名称"文本框中输入"坐标系 1",根据系统提示"请确定坐标系基点",选择主视图右上角点作为基点,在提示下输入旋转角为 60,单击回车键,即创建了坐标系 1,如图 3-51 所示。

(7) 单击直线图标，立即菜单设置为:两点线→单根,选择坐标系 1 原点,鼠标向上引导,输入长度 48,绘制出一条线段 B。

(8) 单击属性工具栏的图层,选择图层为中心线层。

(9) 单击直线图标，立即菜单设置为:切线/法线→法线→非对称→到点,选择步骤(7) 中刚绘制出的线段,利用导航模式,给定两点,绘制出一条中心线。

(10) 单击属性工具栏的图层,选择图层为 0 层。

(11) 单击平行线图标，立即菜单设置为:偏移方式→单向,选择步骤(7) 中绘制出的线段 B，鼠标向上引导，输入距离 6，绘制出平行线 C。

(12) 选择平行线 C，单击修改工具栏的延伸图标 --\，在提示下选择图 3-51 的线段 A，再选择平行线 C，将其延伸到相交。

(13) 单击裁剪图标 ⼂--，裁剪掉多余的图线，结果如图 3-51 所示。

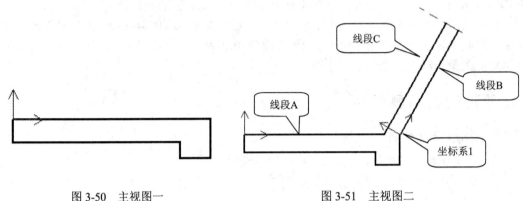

图 3-50　主视图一　　　　　　　　　　　　图 3-51　主视图二

2. 绘制俯视图

(1) 单击视图工具栏→用户坐标系→管理用户坐标系图标 ✐，系统弹出"坐标系"对话框，如图 3-52 所示。在对话框中选择"世界"坐标系，单击"设为当前"→"确定"按钮。

此步操作用于在多个坐标系之间进行切换。

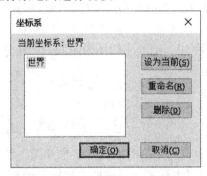

图 3-52　"坐标系"对话框

(2) 单击基本绘图工具栏的矩形图标 ☐，立即菜单设置为：两角点→有中心线，捕捉方式设置为导航，以坐标原点为导航点，移动光标到主视图下面，单击确定矩形第一点，输入相对坐标@45，-20，按回车键确定矩形第二点，画出矩形。单击删除图标 ✎，去掉图中竖直中心线，如图 3-53 所示。

(3) 选择绘制的矩形，单击分解图标 ⌐，将矩形分解成 4 条线段。

(4) 单击属性工具栏的图层，选择图层为中心线层，在"层设置"对话框中单击"设为当前"→"确定"按钮。

(5) 单击等距线图标 ⍊，立即菜单设置如图 3-49 所示，距离改变为 15，拾取主视图最左线段，再选择向右的箭头；距离改变为 35，拾取主视图最左线段，再选择向右的箭头。

(6) 单击属性工具栏的图层，选择图层为 0 层，在"层设置"对话框中单击"设为当前"→"确定"按钮。

(7) 单击圆图标（⊙），立即菜单设置为：圆心_半径→直径→无中心线，拾取如图 3-53 所示中心线的交点 1，输入直径 6、12，绘制出两个圆。用同样的方法，在交点 2 处绘制出另外两个圆。

(8) 单击直线图标✐，立即菜单设置为：两点线→单根，在四个圆的上、下分别绘制出对应切线。

(9) 单击裁剪图标✕、删除图标✎，去掉多余的图线，结果如图 3-54 所示。

(10) 单击属性工具栏的图层，选择图层为细实线层，在"层设置"对话框中单击"设为当前"→"确定"按钮。

(11) 单击高级绘图工具栏的样条线图标⌒，在俯视图右边绘制出样条线。

(12) 单击裁剪图标✕，裁剪掉多余的图线，结果如图 3-54 所示。

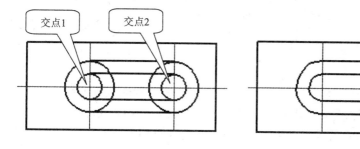

　　图 3-53　俯视图一　　　　　　　　图 3-54　俯视图二

3. 绘制斜视图

(1) 单击属性工具栏的图层，选择图层为 0 层，在"层设置"对话框中单击"设为当前"→"确定"按钮。

(2) 单击视图工具栏→用户坐标系→新建原点坐标系图标∟，系统弹出新建坐标系的立即菜单，在菜单的"坐标系名称"文本框中输入"坐标系 2"，根据系统提示"请确定坐标系基点"，利用导航，以主视图上

斜视图的绘制

部的中心线为导航点，将主视图右下方给定一点作为坐标系原点，在提示旋转角下输入 −30，单击回车键，即创建了坐标系 2，如图 3-55 所示。

(3) 单击圆图标（⊙），立即菜单设置为：圆心_半径→直径→有中心线，拾取上面坐标系 2 的原点作为圆心，输入直径 14、22，分别绘制出两个圆。

(4) 单击属性工具栏的图层，选择图层为中心线层。

(5) 单击平行线图标✐，立即菜单设置为：偏移方式→双向，选择圆的竖向中心线 A 为对象，输入距离 16，绘制出两条平行的中心线。利用夹点功能，将水平向的中心线拉长，使其超出刚绘制的两条平行的中心线。

(6) 单击属性工具栏的图层，选择图层为 0 层。单击圆图标（⊙），立即菜单设置为：圆心_半径→直径→无中心线，拾取中心线的交点 1 作为圆心，输入直径 6、10，分别绘制出两个圆。

(7) 单击修改工具栏的过渡图标⌐，立即菜单设置为：圆角→裁剪→半径 10，分别拾取上、下两处的大圆，分别绘制出两个 R10 的圆角，如图 3-55 所示。

(8) 单击裁剪图标 ，去掉多余的图线。

(9) 选择图 3-55 中左边的圆弧、圆和 2 个圆角，单击修改工具栏的镜像图标 ，拾取中心线 A，镜像出另一边的图形。利用夹点功能，将中心线处理到合适长度，结果如图 3-56 所示。

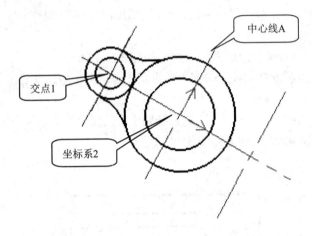

图 3-55　斜视图一　　　　　　　　　　图 3-56　斜视图二

(10) 单击平行线图标 ，立即菜单设置为：偏移方式→双向，选择中心线 A 为对象，输入距离 3、11，绘制出 4 条线段。利用夹点功能，将 4 条线段下部拉长。

(11) 单击裁剪图标 、删除图标 ，去掉多余的图线，结果如图 3-57 所示。

(12) 单击属性工具栏的图层，选择图层为细实线层。单击样条线图标 ，在斜视图下部绘制出样条线，结果如图 3-57 所示。

(13) 单击修改工具栏的打断图标 ，立即菜单设置为：一点打断，拾取如图 3-58 所示斜视图上的斜线 A，然后在斜线与圆弧的交点 A 处单击，则将该斜线从交点 A 处打断成 2 段。

(14) 用同样的方法，将右边斜线从交点处也打断成 2 段，将 ø22 圆在切点处打断成 4 段。

(15) 选择打断后的 2 段直线和 2 段圆弧，将鼠标移动到左边动态显示的特性工具选项板上，则特性工具选项板弹出，在其中将图层由 0 层修改为虚线层，即将该 4 条线段改为虚线，结果如图 3-58 所示。

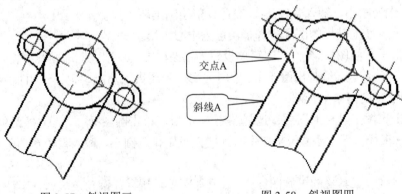

图 3-57　斜视图三　　　　　　　　　　图 3-58　斜视图四

4. 补全主视图

(1) 单击视图工具栏→用户坐标系→管理用户坐标系图标 ∠，系统弹出"坐标系"对话框，如图 3-59 所示。

(2) 在"坐标系"对话框中选择"世界"坐标系，单击"设为当前"→"确定"按钮，则将世界坐标系切换为当前坐标系。

(3) 单击属性工具栏的图层，选择图层为中心线层。

(4) 单击直线图标 ∕，立即菜单设置为：两点线→单根，利用导航功能，画出条形孔轴线在主视图上投影的中心线，如图 3-60 所示。

(5) 单击属性工具栏的图层，选择图层为 0 层。

(6) 单击直线图标 ∕，立即菜单设置为：两点线→连续，利用导航功能，从俯视图的左边 R6 半圆的最左点向上引导，在主视图的水平线 A 上单击给定起点，鼠标向上引导，输入尺寸 3 给定第二点；鼠标向右引导，再利用导航功能，从俯视图的右边 R6 半圆的最右点向上引导，在交点处单击；然后向下，再回到水平线 A 上单击，绘制出三条线段，如图 3-60 所示。

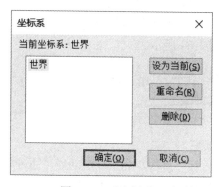

图 3-59 "坐标系"对话框

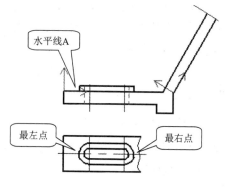

图 3-60 主视图三

(7) 单击属性工具栏的图层，选择图层为虚线层。

(8) 单击直线图标 ∕，立即菜单设置为：两点线→单根，利用导航功能，画出条形孔在主视图上投影的两条虚线，如图 3-60 所示。

(9) 单击视图工具栏→用户坐标系→管理用户坐标系图标 ∠，在弹出的"坐标系"对话框中选择"坐标系 1"，单击"设为当前"→"确定"按钮，则将坐标系 1 切换为当前坐标系。

(10) 单击属性工具栏的图层，选择图层为 0 层。

(11) 单击直线图标 ∕，立即菜单设置为：两点线→连续，利用导航功能，通过主视图右边斜线 A 的端点向上引导，再通过斜视图上 ⌀22 与中心线的上边交点 A 引导，在两引导线的交点处单击给定起点，鼠标向上引导，输入长度 18；鼠标向左下引导，通过斜视图上 ⌀22 与中心线的下边交点 B 引导，在两引导线的交点处单击给定一点；鼠标向右下引导，在主视图右边第二条斜线 B 上单击给定一点，绘制出三条线，如图 3-61 所示。

(12) 单击修改工具栏的延伸图标 ⌐\，在提示下选择图 3-61 的斜线 C，再选择斜线 A，将其延伸到相交。

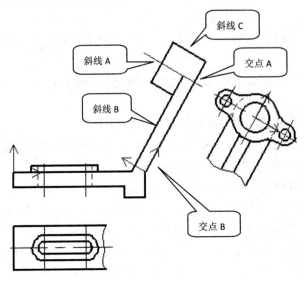

图 3-61 主视图四

(13) 单击高级绘图工具栏的孔/轴图标 ⌐\，立即菜单设置如图 3-62 所示。在主视图上右上中心线与其左边斜线的交点 A 处单击，立即菜单设置如图 3-63 所示。鼠标向右引导，输入长度 4，右击结束，绘制出耳板的投影，如图 3-64 所示。

图 3-62 孔/轴的立即菜单一   图 3-63 孔/轴的立即菜单二

(14) 单击属性工具栏的图层，选择图层为虚线层。

(15) 单击直线图标 ╱，立即菜单设置为：两点线→单根，利用导航功能，通过与斜视图的投影对应关系，绘制出 ø14 孔和 ø6 孔在主视图上投影的 4 条虚线，如图 3-64 所示。

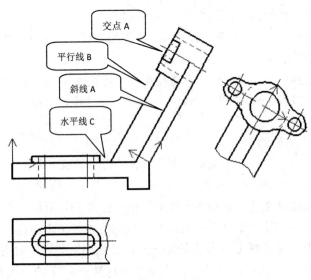

图 3-64 三视图

(16) 单击属性工具栏的图层，选择图层为 0 层。

(17) 单击平行线图标 ⁄ ，立即菜单设置为：偏移方式→单向，选择右边第二条斜线 A，鼠标向上引导，输入距离 10，绘制出平行线 B。

(18) 选择刚绘制的平行线 B，单击修改工具栏的延伸图标 ⊣，在提示下选择水平线 C，再选择刚绘制的平行线 B，将其延伸到相交。

(19) 单击裁剪图标 ⊣⊢，裁剪掉多余的图线，结果如图 3-64 所示。

5. 斜视图的标注

(1) 单击标注工具栏→图标 ，立即菜单设置为：标注文本 A→字高 5→箭头大小 4→不旋转。

(2) 根据提示"请确定方向符号的起点位置"，在主视图右上方给定两点，以确定箭头的位置。此时，出现动态拖曳的字母 A。

(3) 在箭头的上方单击，则注出了字母 A；再在斜视图的上方单击，则再次注出字母 A。结果如图 3-65 所示.

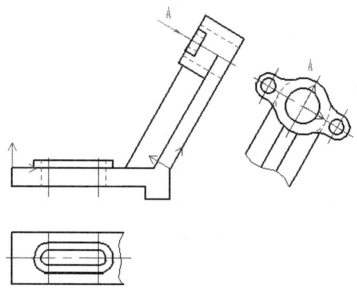

图 3-65 斜视图的标注

6. 标注三视图的尺寸

(1) 单击标注工具栏的尺寸标注图标 ，立即菜单设置为：基本标注，拾取俯视图最左竖线，移动鼠标到合适位置单击，即标注出宽度 20。

(2) 采用同样的方法，分别标注出其他线性尺寸，如图 3-47 所示。

(3) 拾取斜视图上的圆，将立即菜单的"3.文字平行"改为"3.文字水平"，移动鼠标到合适位置单击，即标注出图中的 ø14。

(4) 拾取主视图上水的平线和斜线,移动鼠标到两条线夹角处单击,即标注出图中的 60°。其他尺寸标注方法相同，此处不再一一介绍，结果如图 3-47 所示。

任务 3.4　绘制其他视图的有关命令

在绘制其他视图的过程中，要绘制样条线，以绘制出局部视图；要建立用户坐标系，以方便绘制图形时坐标的确定；要绘制箭头和文字，以便对图形进行标注。下面就介绍有关的命令。

一、样条线

1. 功能

"样条线"命令用于通过给定点绘制出平滑的曲线。

2. 启动"样条线"命令的方法

(1) 菜单操作：绘图→样条；

(2) 工具栏操作：高级绘图工具栏→图标⌒；

(3) 键盘输入：spline。

3. 操作过程

执行"样条线"命令后，立即菜单如图 3-66 所示，设置参数，在图中需要位置给定一系列点，即绘制出需要的样条线。

- 立即菜单 1：可以切换为直接作图、从文件读入；
- 立即菜单 2：可以切换为缺省切矢、给定切矢；
- 立即菜单 3：可以切换为开曲线、闭合曲线。

图 3-66　样条线的立即菜单

二、波浪线

1. 功能

"波浪线"命令用于按给定方式生成波浪曲线，改变波峰高度可以调整波浪曲线各曲线段的曲率和方向。

2. 启动"波浪线"命令的方法

(1) 菜单操作：绘图→波浪线；

(2) 工具栏操作：常用→高级绘图→图标〰；

(3) 键盘输入：wavel。

3. 操作过程

执行"波浪线"命令后，弹出的立即菜单如图 3-67 所示。用户可输入波峰的数值，以确定波峰的高度。按系统提示，用鼠标在画面上连续指定几个点，一条波浪线随即显示出来，在每两点之间绘制出一个波峰和一个波谷，右击即结束。

图 3-67 波浪线的立即菜单

4. 菜单参数说明

• 立即菜单 1：波峰数值，用户可在(−100，100)范围内输入波峰的数值，以确定波峰的高度。

• 立即菜单 2：波浪线段数，为一次绘制时对应的波浪个数。图 3-68 所示分别为波浪个数是 1、2、3 时所绘制出的波浪线。

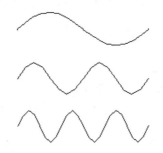

图 3-68 三种参数下绘制出的波浪线

三、双折线

1. 功能

由于图幅限制，有些图形无法按比例画出，可以用双折线表示。

2. 启动"双折线"命令的方法

(1) 菜单操作：绘图→双折线；

(2) 工具栏操作：常用→高级绘图→图标 ⋀ ；

(3) 键盘输入：condup。

3. 操作过程

执行"双折线"命令后，弹出立即菜单如图 3-69 所示。用户设置好参数后，按照系统提示，用鼠标拾取两个点，一条双折线随即绘制出来。

图 3-69 双折线的立即菜单

4. 菜单参数说明

(1) 立即菜单 1：折线方式的选择，可以切换为折点个数、折点距离。

① 折点个数：输入折点的个数值，拾取直线或者点，则生成给定折点个数的双折线。

② 折点距离：输入距离值，拾取直线或点，则生成给定折点距离的双折线。

(2) 立即菜单 2：数值的输入，与立即菜单 1 配合使用。当立即菜单 1 为折点个数时，输入的是折点的个数值；当立即菜单 1 为折点距离值时，输入的是距离值。

(3) 立即菜单 3：峰值，该数值用以确定波峰的高度。

四、箭头

1. 功能

"箭头"命令用于在指定点绘制一个实心箭头。

2. 启动"箭头"命令的方法

(1) 菜单操作：绘图→箭头；

(2) 工具栏操作：高级绘图工具栏→图标 ↗；

(3) 键盘输入：arrow。

3. 操作过程

执行"箭头"命令后，弹出如图 3-70 所示的立即菜单，用鼠标拾取直线、圆弧或某一点后，操作提示变为"箭头位置"，这时再移动鼠标，一个绿色的箭头已经显示出来，且随光标的移动而在直线或圆弧上滑动，待选好位置后，箭头即被画出。

图 3-70　箭头的立即菜单

其中：

• 立即菜单 1：可进行正向、反向切换；

• 立即菜单 2：可进行箭头大小的设置。

系统对箭头方向的定义为：

直线：当箭头指向与 X 正半轴的夹角大于等于 0°、小于 180° 时为正向，大于等于 180° 小于 360° 时为反向。

圆弧：逆时针方向为箭头的正方向，顺时针方向为箭头的反方向。

样条：逆时针方向为箭头的正方向，顺时针方向为箭头的反方向。

指定点：指定点的箭头无正、反方向之分，它总是指向该点。

五、用户坐标系

1. 新建原点坐标系

1) 功能

"新建原点坐标系"命令用于创建一个用户坐标系。

2) 启动"新建原点坐标系"命令的方法

(1) 菜单操作：工具→新建坐标系→原点坐标系；

（2）工具栏操作：视图工具栏→用户坐标系→图标 ；
（3）键盘输入：newucs。

3）操作过程

执行"新建原点坐标系"命令后，立即菜单如图 3-71 所示，在立即菜单 1 中可以输入坐标系名称。在图中需要位置给定坐标系基点，再根据提示给定旋转角度，即可绘制出一个用户坐标系，并将新坐标系设为当前坐标系。

图 3-71　新建原点坐标系的立即菜单

2. 新建对象坐标系

1）功能

"新建对象坐标系"命令用于创建一个用户坐标系。

2）启动"新建对象坐标系"命令的方法

（1）菜单操作：工具→新建坐标系→对象坐标系；
（2）工具栏操作：视图工具栏→用户坐标系→图标 ；
（3）键盘输入：newucs。

3）操作过程

执行"新建对象坐标系"命令后，在图中拾取对象，系统会根据拾取对象的特征建立新用户坐标系，并将新坐标系设为当前坐标系。

新建对象坐标系只能拾取基本曲线及块，以下为拾取不同曲线生成坐标系的准则：

- 点：以点本身为原点，以世界坐标系 X 轴方向为 X 轴方向。
- 直线：以距离拾取点较近的一个端点为原点，以直线走向为 X 轴方向。
- 圆：以圆心为原点，以圆心到拾取点方向为 X 轴方向。
- 圆弧：以圆心为原点，以圆心到距离拾取点较近的一个端点的方向为 X 轴方向。
- 样条：以距离拾取点较近的一个端点为原点，以原点到另一个端点的方向为 X 轴方向。
- 多段线：拾取多段线中的圆弧或直线时按普通直线或圆弧生成。
- 块：以块基点为原点，以世界坐标系 X 轴方向为 X 轴方向。
- 射线及构造线：无效。

3. 管理用户坐标系

1）功能

"管理用户坐标系"命令用于管理系统当前的所有用户坐标系。

2）启动"管理用户坐标系"命令的方法

（1）菜单操作：工具→管理坐标系；
（2）工具栏操作：视图工具栏→用户坐标系→图标 ；
（3）键盘输入：switch。

3) 操作过程

执行"管理用户坐标系"命令后,弹出如图 3-72 所示的"坐标系"对话框,可以进行坐标系的操作及管理。

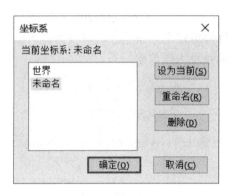

图 3-72　"坐标系"对话框

"坐标系"对话框中各项的含义和使用方法如下:

· 设为当前:选择一个坐标系后,单击"设为当前"按钮即可以将该坐标系设为当前坐标系。被设为当前坐标系的坐标系显示为洋红色,其余坐标系显示为红色。

· 重命名:选择一个坐标系后,单击"重命名"按钮重新输入一个名称并确定即可重命名一个坐标系。

· 删除:选择一个用户坐标系,单击"删除"按钮即可直接将该坐标系删除。

4. 坐标系显示

1) 功能

"坐标系显示"命令用于设置坐标系是否显示在绘图区以及其显示形式。

2) 启动"坐标系显示"命令的方法

(1) 菜单操作:视图→坐标系显示;

(2) 工具栏操作:视图工具栏→用户坐标系→图标 ▯;

(3) 键盘输入:ucsdisplay。

3) 操作过程

执行"坐标系显示"命令后,弹出如图 3-73 所示的"坐标系显示设置"对话框,可以进行坐标系显示的设置。

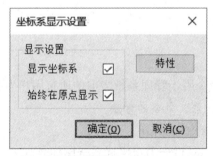

图 3-73　"坐标系显示设置"对话框

"坐标系显示设置"对话框中各项的含义和使用方法如下：

・显示坐标系：用于设置坐标系是否在绘图区内显示。

・始终在原点显示：如果勾选，则坐标系原点始终处于图纸绝对坐标的坐标原点，会随图纸的视图操作移动；如果取消勾选，则坐标原点始终处于绘图区的左下方，不跟随图纸的视图操作移动。

・特性：单击该按钮后，弹出如图 3-74 所示的"坐标系设置"对话框。

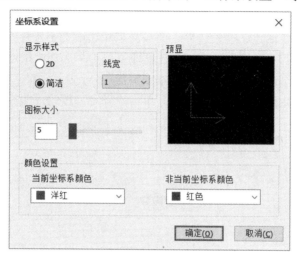

图 3-74 "坐标系设置"对话框

"坐标系设置"对话框中各项的含义和使用方法如下：

・显示样式：用于调整坐标系样式及线宽，有 2D 形式和 3D 形式两种样式可供选择，应注意线宽项目应填写 1、2、3 三个整数之一。

・图标大小：用于调整坐标系图标的大小，可以拖动滚动条调节，也可以直接填写 5～95 之间的整数作为图标大小的参数。

・颜色设置：两个下拉菜单分别显示出各种颜色，用于调整当前坐标系及非当前坐标系的显示颜色。

六、文字标注

1. 功能

"文字"命令用于在图上各种文字和技术要求等。

2. 启动"文字"命令的方法

(1) 菜单操作：绘图→文字→文字；

(2) 工具栏操作：标注工具栏→图标 A；

(3) 键盘输入：text。

3. 操作过程

执行"文字"命令后，弹出如图 3-75 所示的立即菜单，选择不同的项目，按照提示进行操作，注写出对应文字。

图 3-75　文字的立即菜单

立即菜单 1 有指定两点、搜索边界、曲线文字和递增文字 4 种方式，下面分别介绍。

· 指定两点：执行"文字"命令后，在立即菜单 1 中选择"指定两点"方式，根据提示给定两点，拖出一个矩形框，弹出"文本编辑器-多行文字"对话框，如图 3-76 所示。设置对应的参数，在矩形框内输入字母 A，单击"确定"按钮，即标注出字母 A。

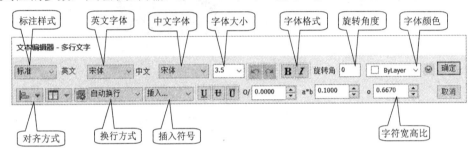

图 3-76　"文本编辑器-多行文字"对话框

在"文本编辑器-多行文字"对话框中可以对标注样式、字体、字体大小、字体格式、旋转角度、字体颜色、对齐方式、换行方式、插入符号和字体宽高比等进行设置。

· 搜索边界：执行"文字"命令后，在立即菜单 1 中选择"搜索边界"方式，根据提示拾取图形中的一点，系统按照边界自动搜索出一矩形，设置对应的参数，在矩形框内输入字母 A，单击"确定"按钮，即标注出字母 A，如图 3-77 所示。

· 曲线文字：执行"文字"命令后，在立即菜单 1 中选择"曲线文字"方式，根据提示拾取图中的半圆，拾取方向向外，起点为左端点，终点为右端点，如图 3-78 所示，系统弹出如图 3-79 所示的"曲线文字参数"对话框，设置字高为 7，在"文字内容"文本框内输入文字，单击"确定"按钮，即标注出相应文字，如图 3-78 所示。

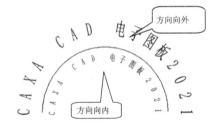

图 3-77　搜索边界方式的文字　　　　　图 3-78　曲线文字方式的文字

· 递增文字：执行"文字"命令后，在立即菜单 1 中选择"递增文字"方式，根据提示拾取单行文字"CAXA CAD 电子图板 2021"，如图 3-80 所示。系统弹出如图 3-81 所示的立即菜单，设置距离 10，数量 2，增量 1，递增部分 2021，即标注出相应文字，如图 3-82

所示。

图 3-79　"曲线文字参数"对话框 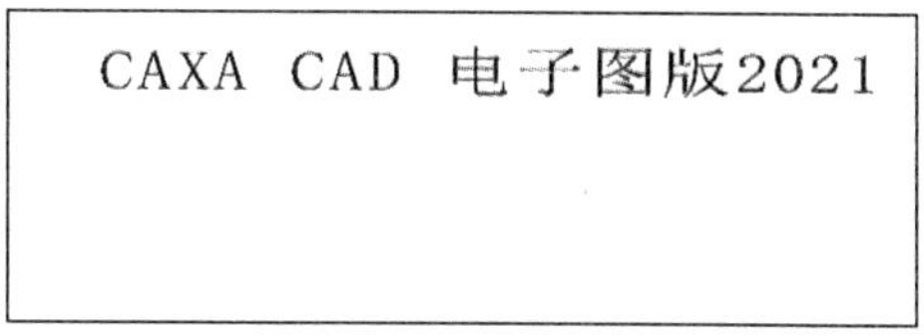　　　　　　　图 3-80　单行文字

图 3-81　递增文字的立即菜单

CAXA CAD 电子图版2021

CAXA CAD 电子图版2022

CAXA CAD 电子图版2023

图 3-82　递增文字方式的文字

七、向视符号

1. 功能

"向视符号"命令用于对向视图进行标注。

2. 启动"向视符号"命令的方法

(1) 菜单操作：标注→向视符号；

(2) 工具栏操作：标注工具栏→ A 图标；

(3) 键盘输入：drectionsym。

3. 操作过程

执行"向视符号"命令后，弹出如图 3-83 所示的立即菜单，给定不同的参数，按照提示进行操作，即进行向视图的标注。

• 立即菜单 1：标注文本，确定标注文字的字母。

• 立即菜单 2：字高，给定标注文字的高度。

• 立即菜单 3：箭头大小，给定标注的箭头长度。

• 立即菜单 4：分为不旋转/旋转。不旋转：用于生成正视向视图；旋转：用于生成旋转向视图。

如果选择旋转，则立即菜单如图 3-84 所示。

左旋转/右旋转：确定旋转箭头标志指向方向。

旋转角度：决定向视图名称标注的旋转角度。

　　给定了立即菜单的参数后即可在绘图区拾取两点，确定向视符号箭头方向，然后决定向视符号字母编号的插入位置。此时如果选择"旋转"，则还要在确定字母位置后确定旋转箭头符号标志的位置。最后，确定向视图名称的位置，即完成标注，标注的结果如图 3-85 所示。

图 3-83　向视图符号立即菜单一

图 3-84　向视符号的立即菜单二

图 3-85　向视图的标注结果

任务 3.5　剖视图的绘制

　　当表达零件的内部结构时，在视图上就会出现较多的虚线，这给绘图、读图带来了不便。国标中规定用剖视的方法来解决内部结构的表达问题，本任务通过将介绍剖视图的绘制思路和方法。

一、绘制思路

　　本任务要求绘制如图 3-86 所示的剖视图。

剖视图的绘制

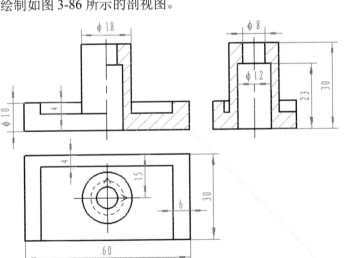

图 3-86　剖视图的绘制

绘制剖视图时，首先要搞清表达方案，确定采用哪一种剖视图，不同剖视图的绘制方法有所不同。

本实例根据零件的结构特点，从俯视图入手，定位点取在圆心上，也是坐标系的原点。考虑到图形左右、上下的对称性，外形用矩形命令来绘制就比较简单。主、左视图则根据导航和三视图导航关系用矩形命令、直线命令等配合来绘制。

在绘制剖视图时，要考虑到哪里是实体，哪里是空心。实体部分要打剖面线，空心部分则不打剖面线。

二、绘制方法与步骤

1. 绘制俯视图

(1) 单击属性工具栏的图层，选择图层为 0 层。

(2) 单击基本绘图工具栏的圆图标（·），立即菜单设置为：圆心_半径→直径→有中心线，拾取坐标系的原点为圆心，输入直径 8、18，绘制出两个圆，如图 3-87 所示。

(3) 单击矩形图标□，立即菜单设置为：长度和宽度→中心定位→角度 0→长度 60→宽度 30→无中心线，单击坐标原点为中心点，绘制出矩形。

(4) 单击平行线图标／，立即菜单设置为：偏移方式→单向，拾取左边线，输入距离 6，绘制出一条平行线，如图 3-87 所示。用同样的方法，绘制出右边的平行线、上边的平行线(距离为 4)。

(5) 单击裁剪图标⊬，裁剪掉多余的图线，结果如图 3-88 所示。

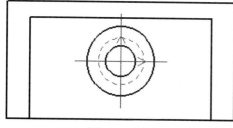

图 3-87　俯视图一

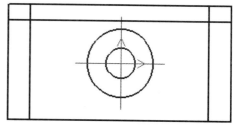

图 3-88　俯视图二

(6) 单击属性工具栏的图层，选择图层为虚线层。

(7) 单击圆图标（·），立即菜单设置为：圆心_半径→直径→无中心线，拾取坐标系的原点为圆心，输入直径 12，绘制出 ø12 的虚线圆，如图 3-88 所示。

2. 绘制主视图

(1) 单击属性工具栏的图层，选择图层为 0 层。

(2) 单击矩形图标□，立即菜单设置为：长度和宽度→中心定位→角度 0→长度 60→宽度 10→有中心线，利用导航功能，以俯视图的圆心为导航点，在合适位置拾取一点为主视图矩形的中心点，绘制出矩形。

(3) 选择水平中心线，单击 Delete 键，删除水平中心线，如图 3-89 所示。

(4) 单击平行线图标／，立即菜单设置为：偏移方式→单向，拾取主视图顶上边线，输入距离 4，绘制出一条平行线。用同样的方法，立即菜单设置为：偏移方式→双向，拾取主视图中心线，输入距离 24，绘制出两条平行线，如图 3-89 所示。

(5) 单击裁剪图标 ，裁剪掉多余的图线，结果如图 3-90 所示。

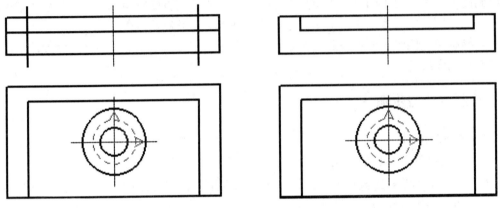

图 3-89　主视图一　　　　　　　　　　　图 3-90　主视图二

(6) 单击直线图标 ，立即菜单设置为：两点线→连续，利用导航功能，以俯视图上 ø18 圆的最右点为导航点，在主视图中间水平线上单击确定直线的第一点，输入@0，24 确定直线的第二点，绘制出对应右边竖线；再利用导航功能，以 ø18 圆的最左点为导航点，单击左键确定水平线的第二点；向下移动光标到中间水平线上，单击确定左边竖线的第二点。用同样的方法绘制出主视图中间的 3 条线，结果如图 3-91 所示。

(7) 单击裁剪图标 及删除图标 ，去掉多余的图线，结果如图 3-92 所示。

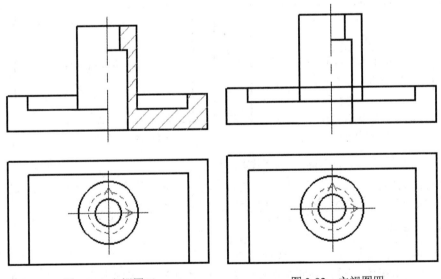

图 3-91　主视图三　　　　　　　　　　　图 3-92　主视图四

(8) 单击基本绘图工具栏的剖面线图标 ，立即菜单设置为：拾取点→不选择剖面图案→比例 3→角度 45→间距错开 0，拾取主视图右边的封闭区域，该封闭区域以虚线显示，右击则绘制出剖面线，如图 3-92 所示。

3. 绘制左视图

(1) 单击主菜单的工具→三视图导航，拾取主视图的右下角点作为第一点，拖动鼠标向右下画出导航线，如图 3-93 所示。

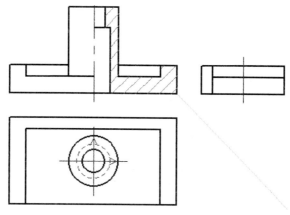

图 3-93 左视图一

(2) 单击矩形图标 ▭，立即菜单设置为：两角点→有中心线，利用导航功能，以主、俯视图的对应点为导航点，在左视图上拾取一点为左视图矩形的第一点；再利用导航功能，确定矩形的第二点，绘制出矩形。删除水平中心线，如图 3-93 所示。

(3) 单击平行线图标 ╱，立即菜单设置为：偏移方式→单向，拾取左视图左边线，输入距离 4，绘制出一条平行线。

(4) 单击直线图标 ╱，立即菜单设置为：两点线→单根，利用导航功能，绘制出一条水平线，如图 3-93 所示。

(5) 利用夹点功能，将左视图中心线拉长。

(6) 单击高级绘图工具栏的孔/轴图标 ⬚，立即菜单设置为：轴→直接给出角度→中心线角度，将角度值 0 改为 90；选择图中的 A 点作为定位点，将立即菜单的起始直径改为 12(终止直径自动更改为 12)，立即菜单改为无中心线，利用导航功能，向上拖动鼠标使左视图的第二点与主视图中对应线高平齐，再单击输入一点(也可通过键盘输入高度 23，按回车键)；将起始直径改为 8，向上拖动鼠标，通过键盘输入高度，按回车键；将起始直径改为 18，向下拖动鼠标使左视图的第二点与主视图中对应线高平齐再单击输入一点，结果如图 3-94 所示。

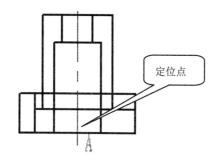

图 3-94 左视图二

(7) 单击裁剪图标 ⤬ 及删除图标 ✎，去掉多余的图线，结果如图 3-95 所示。

(8) 单击基本绘图工具栏的剖面线图标 ▨，立即菜单设置为：拾取点→不选择剖面图案→比例 3→角度 45→间距错开 0，拾取左视图左、右的封闭区域，该封闭区域以虚线显示，右击则绘制出剖面线，如图 3-95 所示。

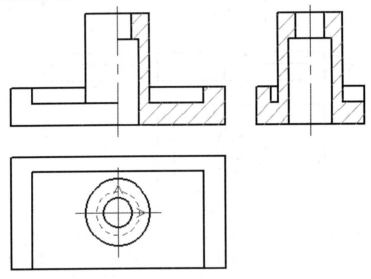

图 3-95　左视图三

4. 标注剖视图的尺寸

(1) 单击标注工具栏的尺寸标注图标 ⊢⊣，立即菜单设置为：基本标注，拾取主视图最上方的线，将立即菜单 4 的长度改为直径，移动鼠标到合适位置，单击左键即标注出 ø18。

(2) 采用同样的方法，分别拾取左视图 ø8 的两条轮廓线，标注出 ø8；同理，标注出 ø12，如图 3-86 所示。

(3) 拾取主视图上最左边的直线，将立即菜单 2 设置为文字平行，立即菜单 4 设置为长度，移动鼠标到合适位置单击即标注出高度 10。

采用同样的方法，标注出其他线性尺寸，结果如图 3-86 所示。

任务 3.6　绘制剖视图的有关命令

在绘制剖视图的过程中，要使用"剖面线"命令，以绘制出剖视图中的实体部分的剖面线；要对图形及其属性进行修改，以方便绘制图形。下面介绍有关的命令。

一、剖面线

1. 功能

"剖面线"命令用于使用填充图案对封闭区域或选定对象进行填充，生成剖面线。

2. 启动"剖面线"命令的方法

(1) 菜单操作：绘图→剖面线；

(2) 工具栏操作：基本绘图工具栏→ ▨ 图标；

(3) 键盘输入：hatch。

3. 操作过程

执行"剖面线"命令后，立即菜单如图 3-96 所示，按操作提示拾取环内点或边界，则可绘制出封闭区域的剖面线。

图 3-96　拾取点剖面线的立即菜单

生成剖面线的方式分为"拾取点"和"拾取边界"两种方式。

1) 拾取点

根据拾取点的位置，从右向左搜索最小内环，根据环生成剖面线。如果拾取点在环外，则操作无效。其立即菜单如图 3-96 所示。

(1) 立即菜单 1：可切换为拾取点、拾取边界。

(2) 立即菜单 2：可切换为不选择剖面图案、选择剖面图案。如果是不选择剖面图案，将按默认图案生成剖面线；如果是选择剖面图案，则无立即菜单 4、5、6 选项。

(3) 立即菜单 3：可切换为独立和非独立。若是独立，说明剖面线彼此没有联系，可单独编辑；若是非独立，说明剖面线彼此有联系，可整体编辑。

(4) 立即菜单 4：比例可改变剖面线的间距。

(5) 立即菜单 5：角度可改变剖面线的倾斜角度，默认值为 45°。

(6) 立即菜单 6：间距错开可使不同的剖面线错开，常应用于装配图零件间的关系表达。

(7) 立即菜单 7：允许的间隙公差用来微调剖面线之间的间距值，一般使用默认值。

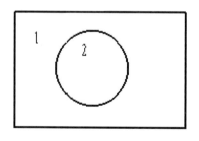

(a) 绘制前　　　　　　　　　　　(b) 绘制后

图 3-97　拾取点的剖面线的绘制

2) 拾取边界

根据拾取的曲线，搜索环之后生成剖面线。如果拾取到的曲线不能生成互不相交的封闭环，则操作无效。其立即菜单如图 3-98 所示。

图 3-98　拾取边界剖面线的立即菜单

执行"拾取边界"命令后，立即菜单 2 为选择剖面图案，根据提示拾取边界曲线后，右击确认，则弹出如图 3-99 所示的"剖面图案"对话框，选择一种剖面图案，在右边的预览框中将显示该剖面图案，单击"确定"按钮，则按拾取的边界绘制出剖面线。

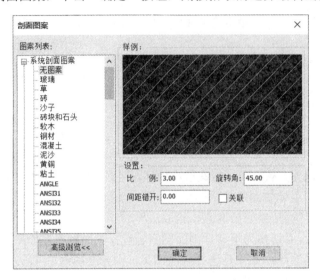

图 3-99　"剖面图案"对话框

"剖面图案"对话框提供了一系列可供选择的剖面图案，以满足不同要求和不同行业的需要，一般选择 ANSI31。单击对话框中的"高级浏览"按钮，弹出如图 3-100 所示的"浏览剖面图案"对话框，可以浏览所有的剖面图案。

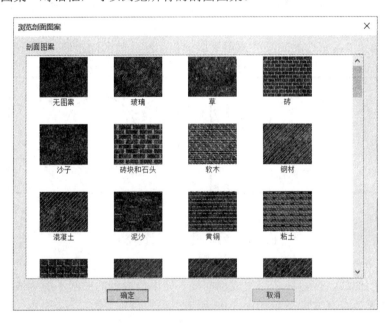

图 3-100　"浏览剖面图案"对话框

操作示例如图 3-101 所示。执行"剖面线"命令后，立即菜单设置为：拾取边界→选择剖面图案，再分别拾取边界 1、2、3，右击确认，即可绘制出剖面线。

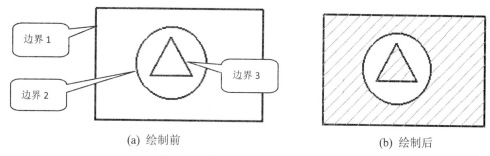

(a) 绘制前　　　　　　　　　(b) 绘制后

图 3-101　拾取边界的剖面线的绘制

二、填充

1. 功能

填充实际上是一种图形类型，它可对封闭区域的内部进行实心填充，对于某些剖面需要涂黑的制件可用此功能。

2. 启动"填充"命令的方法

(1) 菜单操作：绘图→填充；

(2) 工具栏操作：基本绘图工具栏→ 🔘 图标；

(3) 键盘输入：solid。

3. 操作过程

执行"填充"命令后，按操作提示拾取环内点，右击确认，则对封闭区域进行填充。操作示例如图 3-102 所示。

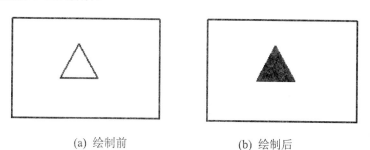

(a) 绘制前　　　　　　　　　(b) 绘制后

图 3-102　填充

三、属性及修改

1. 功能

属性也叫特性，使用特性工具选项板可以编辑对象的属性。属性包括基本属性如图层、颜色、线型、线宽、线型比例，也包括对象本身的特有属性，例如圆的特有属性包括圆心、半径和直径等。

2. 启动"属性"命令的方法

(1) 菜单操作：工具→特性；

(2) 工具栏操作：将光标移到界面左边特性工具选项板上；

(3) 键盘输入：properties；

(4) 右键快捷菜单：拾取对象后按右键选择属性。

3. 操作过程

执行"特性"命令后，弹出特性工具选项板，如图 3-103 所示。选择其中的层，就可直接修改图形的当前层。同样可以修改线型、颜色以及文本风格和标注风格等；也可以更改整个图纸图幅的设置，如幅面设置、方向和比例等。

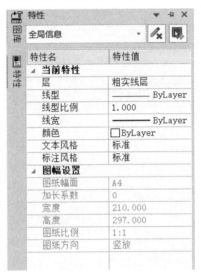

图 3-103　特性工具选项板

四、选项

1. 功能

选项也叫系统选项，或者系统设置，用于设置系统的常用参数。系统常用参数包括文件路径设置、显示设置、系统参数设置、交互设置、文字设置、数据接口设置、智能点工具设置和文件属性设置。

2. 启动"选项"命令的方法

(1) 菜单操作：工具→选项；

(2) 工具栏操作：工具→选项→☑图标；

(3) 键盘输入：syscfg。

3. 操作过程

执行"选项"命令后，系统弹出如图 3-104 所示的"选项"对话框。对话框左侧为参数列表，共有 8 项，每个参数右侧区域的内容不同，默认显示的是路径选项的内容。单击选中每项参数后可以在右侧区域进行设置。对话框中上面三个按钮的作用分别为：

(1) 单击"恢复缺省设置"可以撤销参数修改，恢复为默认的设置。

(2) 单击"从文件导入"可以加载已保存的参数配置文件，载入保存的参数设置。

(3) 单击"导出到文件"可以将当前的系统设置参数保存到一个参数文件中。

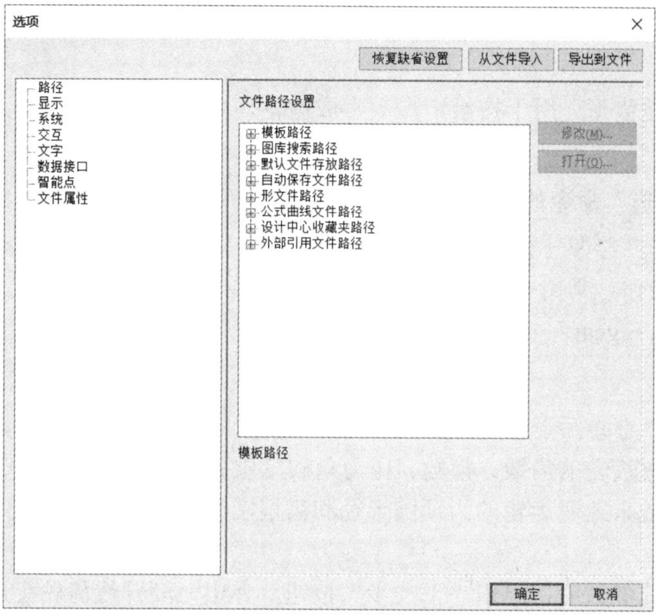

图 3-104 "选项"对话框

4. 操作示例

执行 "选项"命令后，系统弹出如图 3-104 所示的"选项"对话框。单击选中左侧参数"交互"后，系统弹出如图 3-105 所示"交互"选项的内容。在其中可以对拾取框的大小、夹点的大小、夹点的颜色、交互模式等进行设置。设置完成后，单击"确定"按钮，则该设置生效。

图 3-105 "选项"对话框"交互"选项的内容

五、齿形

1. 功能

齿形也叫齿轮齿形，用于按给定参数生成齿轮，可以生成整个齿轮，也可以生成给定个数的齿形。

2. 启动"齿形"命令的方法

(1) 菜单操作：绘图→齿形；

(2) 工具栏操作：常用→高级绘图→图标 ⚙；

(3) 键盘输入：gear。

3. 操作过程

执行"齿形"命令后，系统弹出如图 3-106 所示的"渐开线齿轮齿形参数"对话框。在对话框中可设置齿轮的齿数、模数、压力角和变位系数等，用户还可改变齿轮的齿顶高系数和齿顶隙系数来改变齿轮的齿顶圆半径和齿根圆半径，也可直接指定齿轮的齿顶圆直径和齿根圆直径。

确定完齿轮的参数后，单击"下一步"按钮，弹出"渐开线齿轮齿形预显"对话框，如图 3-107 所示。在此对话框中，用户可设置齿形的齿顶过渡圆角半径、齿根过渡圆角半径及齿形的精度，并可确定要生成的齿数和起始齿相对于齿轮圆心的角度，确定完参数后可单击"预显"按钮观察生成的齿形，单击"完成"按钮结束齿形的生成。如果要修改前面的参数，单击"上一步"按钮可回到前一对话框进行修改。

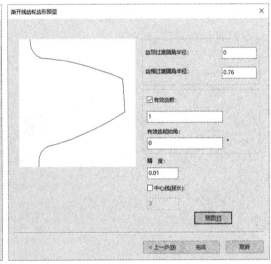

图 3-106　"渐开线齿轮齿形参数"对话框　　　图 3-107　"渐开线齿轮齿形预显"对话框

六、公式曲线

1. 功能

"公式曲线"命令用于根据数学公式或参数表达式快速绘制出相应的数学曲线。公式既可以是直角坐标形式的，也可以是极坐标形式的。公式曲线为用户提供一种更方便、更精确的作图手段，以适应某些精确型腔、轨迹线形的作图设计。用户只要交互输入数学公式，给定参数，计算机便会自动绘制出该公式描述的曲线。

2. 启动"公式曲线"命令的方法

(1) 菜单操作：绘图→公式曲线；

(2) 工具栏操作：常用→高级绘图→图标 ；

(3) 键盘输入：fomul。

3. 操作过程

执行"公式曲线"命令后，系统弹出如图 3-108 所示的"公式曲线"对话框。用户可以在对话框中进行以下操作：

(1) 选择是在直角坐标系下还是在极坐标下输入公式。

(2) 填写需要给定的参数：变量名、起终值(指变量的起终值，即给定变量范围)，并选择变量的单位。

(3) 在编辑框中输入公式名、公式及精度。单击"预显"按钮，在左上角的预览框中可以看到设定的曲线。

(4) 对话框中还有存储、删除、预显这 3 个按钮。存储是针对当前曲线而言的，用于保存当前曲线；删除和预显都是对已存在的曲线进行操作，用左键单击这两项中的任何一个都会列出所有已存储在公式曲线库中的曲线，以供用户选取。

(5) 设定完曲线后，单击"确定"按钮，按照系统提示输入定位点后，一条公式曲线就绘制出来了。

本命令可以重复操作，右击则结束操作。

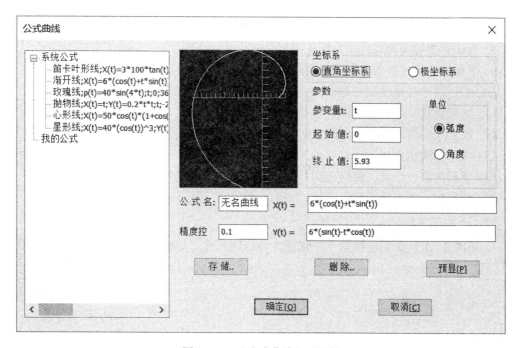

图 3-108 "公式曲线"对话框

【任务练习体会】

　　工业软件和一般应用软件在研发过程中有很大的区别，由此导致人才需求有很大不同。一般应用软件研发主要编写代码，软件出了问题，一行行代码运行、调试一直追溯到底层，基本很快就能找到问题的原因并解决，能够快速的升级迭代，所以它需要的是有活力的年轻人，应该说国内这类人才并不缺乏。工业软件的主体是工业，软件仅仅是个载体，为此需要积累有关工业的丰富知识和实际经验，CAE 更像数学、物理、机械和软件的综合体，软件出了问题，需要凭借经验去判断，而这种有行业经验、又有软件代码开发能力的复合型开发工程师，在国内非常的稀缺。

习　题　三

一、思考题

1. 启动"三视图导航"命令有几种方法？各是什么？
2. 如果已经有了导航线，要发挥导航线作用应如何操作？
3. 请列出平移已有图形的操作步骤。
4. 请列出将一条线段打断为三等份的操作步骤。
5. 尺寸标注有多少种方式？各是什么？
6. 启动"基本标注"命令有哪几种方法？
7. 基线标注的功能是什么？标注的尺寸有什么特点？
8. 连续标注的功能是什么？标注的尺寸有什么特点？
9. 半标注的尺寸值与拾取元素之间距离是什么关系？
10. 斜度尺寸与锥度尺寸是什么关系？
11. 如何新建一个原点坐标系？
12. 在文字标注过程中如何改变字体大小？如何改变文字的定位方式为对中？
13. 如何标注出曲线文字？
14. 矩形内有一个圆，如何在圆外的矩形内生成剖面线？
15. 如何将一条虚线改为粗实线？

二、上机练习题

1. 按照 1∶1 的比例绘制以下三视图，并标注尺寸，如图 3-109 所示。

尺寸标注原则

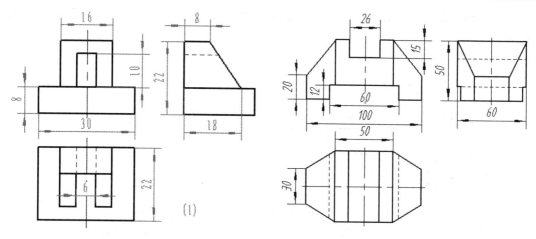

图 3-109　第 1 题图

2. 按照 1∶1 的比例绘制下列二视图，补画第三视图，并标注尺寸，如图 3-110 所示。

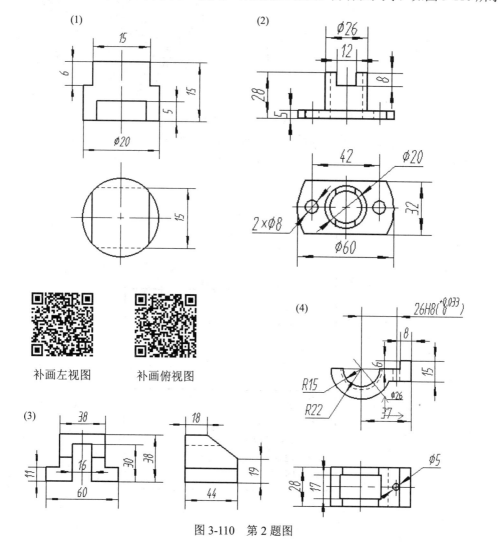

图 3-110　第 2 题图

3. 根据主视图和给定条件，用一组表达方案将机件表达清楚(未注圆角半径 R5)，如图 3-111 所示。

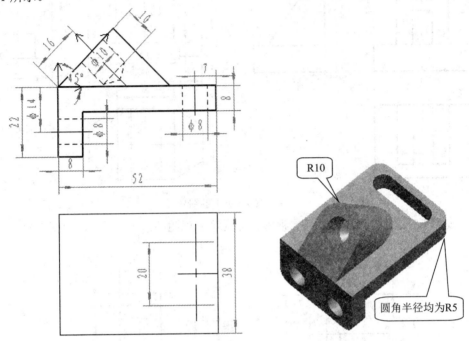

图 3-111　第 3 题图

4. 按照 1∶1 的比例绘制下列已知的视图，并按照要求改画成剖视图。

(1) 将主视图改成全剖视图，如图 3-112 所示。

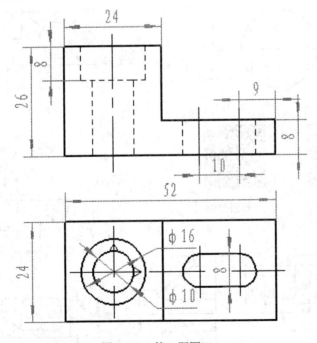

图 3-112　第 4 题图(1)

(2) 将主视图改成半剖视图，并补画全剖的左视图，如图 3-113 所示。

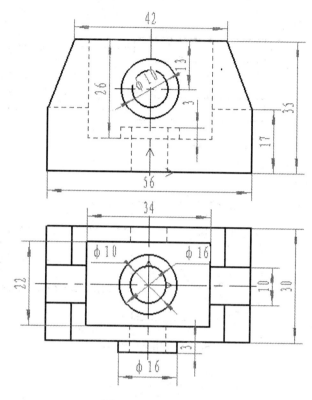

图 3-113　第 4 题图(2)

(3) 将主视图改成全剖视图(用旋转剖)，如图 3-114 所示。

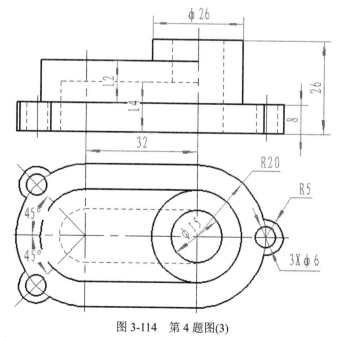

图 3-114　第 4 题图(3)

(4) 在适当位置将各视图改作成局部剖视图，如图 3-115 所示。

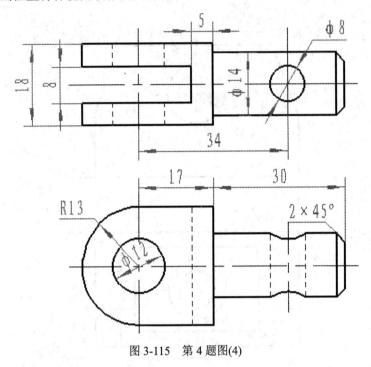

图 3-115　　第 4 题图(4)

项目四　零件图的绘制

【软件情况介绍】

机械零件可分为轴套类、盘盖类、叉架类和箱体类等。本项目以轴套类零件图、座体类零件图的绘制为例，介绍机械零件图的绘制方法与步骤。

【课程思政】

我国工业软件发展历程显示：中国工业软件整体处于协同应用末期阶段。国内工业软件发展大概分为三个阶段：第一阶段是软件本身的发展阶段，在纯软件阶段，国外企业称霸市场；第二阶段是软件的协同应用阶段，在这个阶段，业务流程进行串通和优化，国内厂商开始加快发展步伐，逐步追赶国外厂商；第三个阶段是"工业云"的阶段，在这个阶段，软件不再是单一的软件，而是集成多种软件，并提供"软件+服务"的整体解决方案。在这个阶段，国内厂商基于中国工业发展实情，加快本土软件服务水平的提升，开始逐步超越国际厂商，但是目前我国正处在工业软件协同应用末期与"工业云"前期之间，国内厂商整体尚未能在技术与服务水平上超越国际巨头。

任务4.1　轴类零件图的绘制

一、绘制思路

本任务要求绘制如图4-1所示阀杆的零件图。

绘制轴类零件图时，首先应设置绘图环境，包括设置图幅、填写标题栏、设置文本风格、设置标注风格，其次绘制主视图、俯视图、左视图以及其他必要视图。本实例中，需要绘制的是主视图、剖面图以及向视图；其次进行尺寸标注；再次进行剖切符号、向视符号等标注。最后，进行尺寸公差、形位公差、表面粗糙度和技术要求等标注。

轴类零件图
的绘制

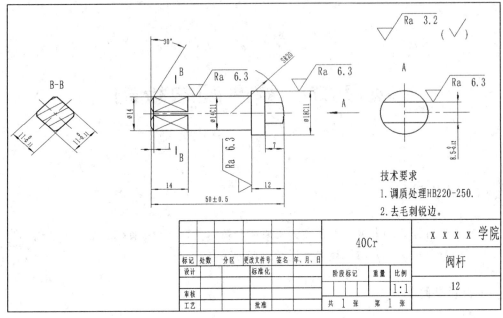

图 4-1　阀杆零件图

二、绘制方法与步骤

1. 设置绘图环境

1) 设置图幅

(1) 单击图幅→图幅设置图标 ，系统弹出"图幅设置"对话框，如图 4-2 所示。

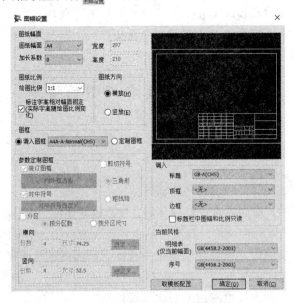

图 4-2　"图幅设置"对话框

(2) 在该对话框中选取图纸幅面为 A4、加长系数为 0、绘图比例 1∶1、图纸方向为横放、调入图框选取 A4A-A-Normal(CHS)、选取标题栏 GB-A(CHS)，其余参数选取默认值，单击"确定"按钮。

2) 填写标题栏

(1) 单击图幅→填写标题栏图标 填写，系统弹出"填写标题栏"对话框，如图 4-3 所示。

(2) 在该对话框中单位名称输入：XXXX 学院；图纸名称：阀杆；图纸编号：12；材料名称：40Cr；图纸比例：1∶1；页码：1；页数：1，其余参数选取默认值，单击"确定"按钮。

图 4-3　"填写标题栏"对话框

3) 设置文本风格

单击常用→特征→样式管理 →文字图标 文字(I)…，系统弹出"文本风格设置"对话框，设置参数如图 4-4 所示，单击"确定"按钮。

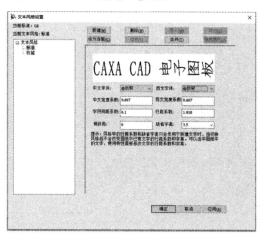

图 4-4　"文本风格设置"对话框

4) 设置标注风格

单击常用→特征→样式管理 →尺寸 尺寸(D)…，系统弹出"标注风格设置"对话框，设置参数如图 4-5 所示，单击"确定"按钮。

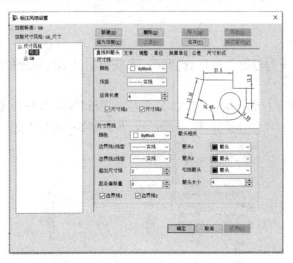

图 4-5 "标注风格设置"对话框

2. 绘制主视图

1) 绘制主视图外轮廓

(1) 单击常用→特征工具栏→图层图标 🗂，系统弹出"层设置"对话框，选择 0 层，单击"设为当前"按钮，再单击"确定"按钮，如图 4-6 所示。

(2) 单击常用→绘图→孔/轴图标 🖰，立即菜单设置为轴→直接给出角度→中心线角度 0，在图框中部单击左键，立即菜单设置为轴→起始直径 100→终止直径 100→有中心线→中心线延伸长度 3，修改起始直径为 ø14，终止直径为 ø14。鼠标向右侧移动，输入轴的长度为 38，回车。

(3) 修改起始、终止直径为 ø18，鼠标向右移动，输入轴的长度为 5；再修改起始、终止直径为 8.5，鼠标向右移动，输入轴的长度为 7，回车，结果如图 4-7 所示。

图 4-6 "层设置"对话框

图 4-7 阀杆主视图外轮廓

2) 绘制阀杆左侧剖面图

(1) 单击常用→绘图→矩形→正多边形图标 ⬡，立即菜单设置为：中心定位→给定边长→边数 4→旋转角 45→有中心线→中心线延伸长度 3。选取界面右下角的导航命令，以主视图的中心线左端点为导航点向左进行导航。根据提示"中心点"，在主视图的左侧单击左键，确定中心点的位置，输入边长 11，回车，绘制结果如图 4-8 所示。

图 4-8 绘制的正多边形

(2) 单击常用→绘图→圆图标 ⊙，立即菜单设置为：圆心_半径→半径→无中心线。根据提示"圆心点"，以正多边形的中心线交点为圆心，单击左键。再根据提示"输入半径或圆上一点"，输入 7，回车，绘制结果如图 4-9 所示。

(3) 单击常用→修改→裁剪图标 ＼⋯，裁剪多余的曲线，单击鼠标右键结束，绘制结果如图 4-10 所示。

(4) 单击常用→绘图→剖面线图标 ▨，立即菜单设置为：拾取点→不选择剖面图案→非独立→比例 3→角度 30→间距错开 0，根据提示"拾取环内一点"单击需绘制剖面线的区域，单击鼠标右键确定，绘制结果如图 4-11 所示。

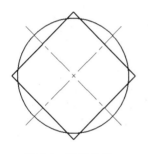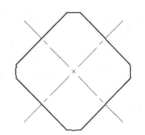

图 4-9 绘制的圆　　　　图 4-10 裁剪后的图形　　　　图 4-11 填充剖面线后的图形

3) 绘制阀杆左端的方头部分

(1) 单击常用→修改工具栏→等距线图标 ⌐，立即菜单设置为：单个拾取→指定距离→单向→空心→距离 1→份数 1。选取阀杆左侧轮廓线，偏移方向向右。再修改距离为 14，选取阀杆左侧轮廓线，偏移方向向右，绘制结果如图 4-12 所示。

(2) 单击常用→绘图→直线图标 ╱，立即菜单设置为：两点线→单根。选取界面右下角的正交命令，分别以剖面图右侧的两个端点为导航点，绘制出两条直线段，结果如图 4-13 所示。

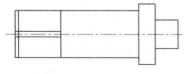

图 4-12 偏移的直线　　　　　　　　图 4-13 绘制的直线

(3) 单击常用→绘图→直线图标 ╱，立即菜单设置为：角度线→X 轴夹角→到点→度=60→分=0→秒=0。根据提示"第一点"选取主视图左上方的交点为第一点，如图 4-14 所示，鼠标向左下角移动，绘制斜线。再修改"度=120"，选取下方的交点为第一点，鼠标向左上角移动，绘制斜线，如图 4-14 所示。

(4) 单击常用→修改→镜像图标 ⚠，立即菜单设置为：选择轴线→拷贝。根据提示"拾取元素"拾取第(3)步绘制的直线，单击右键。再根据提示：拾取轴线，拾取中心线作为轴线。对 2 条直线进行镜像，结果如图 4-15 所示。

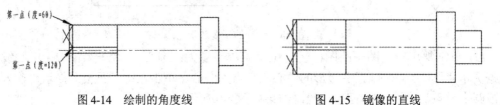

图 4-14　绘制的角度线　　　　　　图 4-15　镜像的直线

(5) 单击常用→修改→裁剪图标 ⼂，裁剪多余的图线，单击鼠标右键结束，结果如图 4-16 所示。

(6) 单击特性工具栏的图层，选择细实线图层设为当前层。

(7) 单击常用→绘图→直线图标 ∕，立即菜单设置为：两点线→单根，在 2 个矩形区域绘制交叉线，结果如图 4-17 所示。

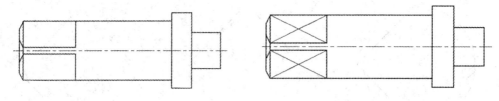

图 4-16　裁剪后的直线　　　　　　图 4-17　绘制的细实线

4) 绘制阀杆右端

(1) 单击常用→修改→等距线图标 ⬚，立即菜单设置为：单个拾取→指定距离→单向→空心→距离 20→份数 1。根据提示"拾取曲线"拾取最右端竖线，偏移方向向左，结果如图 4-18 所示。

(2) 单击常用→绘图→圆图标 ⊙，立即菜单设置为：圆心_半径→半径→无中心线。根据提示"圆心点"，以如图 4-18 所示的交点为圆心，半径输入 20，结果如图 4-19 所示。

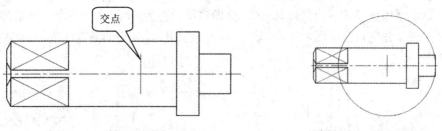

图 4-18　偏移的直线　　　　　　图 4-19　绘制的圆

(3) 单击常用→修改→裁剪图标 ⼂，裁剪多余的曲线，单击鼠标右键结束，结果如图 4-20 所示。

(4) 单击常用→修改→打断图标 ⬚，立即菜单设置为：一点打断。根据提示"拾取曲线"，拾取如图 4-20 所示的圆弧。再根据提示"拾取打断点"，拾取圆弧与直线的交点为打断点。

(5) 选取下半部分的圆弧，单击右键，在快捷菜单中选取特性命令，弹出"特性名"面板，如图 4-21 所示，在其中选取层命令，设置为粗实线层，关闭"特性名"面板。

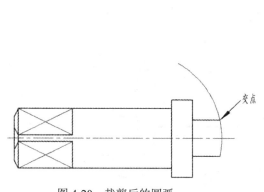

图 4-20　裁剪后的圆弧　　　　　　图 4-21　"特性名"面板

3. 绘制 A 向视图

(1) 单击特性工具栏的图层图标，选择 0 层设为当前图层。

(2) 在界面右下角选择导航命令。单击常用→绘图→圆图标，立即菜单设置为：圆心_半径→直径→有中心线→中心线延伸长度 3，以主视图中心线右端点为导航点，移动鼠标到阀杆右侧合适位置，单击鼠标左键确定圆心，输入直径值 18，单击鼠标右键确定，结果如图 4-22 所示。

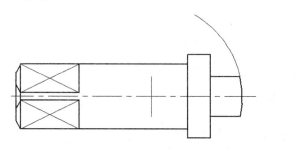

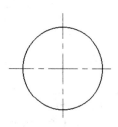

图 4-22 绘制的 A 向视图

(3) 单击常用→修改→等距线图标，立即菜单设置为：单个拾取→指定距离→双向→空心→距离 4.25→份数 1。根据提示"拾取曲线"，拾取水平中心线，结果如图 4-23 所示。

(4) 单击常用→修改→裁剪图标，裁剪多余的曲线，单击鼠标右键结束，结果如图 4-24 所示。

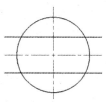

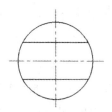

图 4-23　偏移的直线　　　　　图 4-24　裁剪后的直线

4. 标注尺寸

1) 标注水平尺寸

(1) 单击常用→标注→尺寸 尺寸 →尺寸标注图标 尺寸标注(S)，立即菜单设置为：基本标注，左键单击阀杆左侧轮廓线，再单击阀杆第一个台阶轮廓线，标注尺寸 14，使用相同的方法标注其他尺寸，结果如图 4-25 所示。

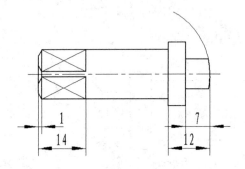

图 4-25　水平尺寸的标注

(2) 单击常用→标注→尺寸 尺寸 →尺寸标注图标 尺寸标注(S)，用鼠标左键单击阀杆左侧轮廓线和右侧轮廓线，立即菜单设置为：基本标注→文字平行→文字居中→前缀→后缀→基本尺寸 50，单击右键，系统弹出"尺寸标注属性设置"对话框，修改参数如图 4-26 所示，单击"确定"按钮，结果如图 4-27 所示。

图 4-26　"尺寸标注属性设置"对话框

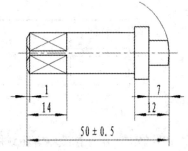

图 4-27　水平尺寸的标注

2) 标注垂直尺寸

(1) 单击尺寸 尺寸 →尺寸标注图标 尺寸标注(S)，用鼠标左键单击阀杆主视图上方的直线和下方的直线，立即菜单设置为：基本标注→文字平行→直径→文字居中→前缀%c→后缀→基本尺寸 14，在合适位置单击左键，结果如图 4-28 所示。

(2) 单击尺寸 尺寸 →尺寸标注图标 尺寸标注(S)，用鼠标左键单击阀杆主视图上方的直线和下方的直线，立即菜单设置为：基本标注→文字平行→直径→文字居中→前缀%c→后

缀→基本尺寸 14，单击右键，系统弹出"尺寸标注属性设置"对话框，修改参数如图 4-29
所示，单击"确定"按钮，标注尺寸 ø14C11，结果如图 4-30 所示。

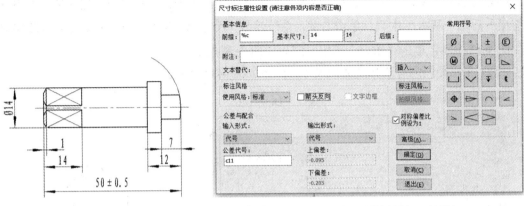

图 4-28　垂直尺寸的标注　　　　　　图 4-29　"尺寸标注属性设置"对话框

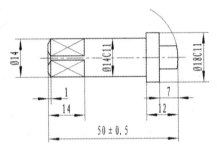

图 4-30　垂直尺寸的标注

(3) 采用相同的方法标注尺寸 ø18C11。

(4) 单击尺寸 →尺寸标注图标 尺寸标注(S)，用鼠标左键单击阀杆向视图中间的 2
条直线，立即菜单设置为：基本标注→文字平行→长度→智能→文字居中→前缀→后缀→
基本尺寸 8.5，单击右键，系统弹出"尺寸标注属性设置"对话框，修改参数如图 4-31 所
示，单击"确定"按钮，结果如图 4-32 所示。

图 4-31　"尺寸标注属性设置"对话框

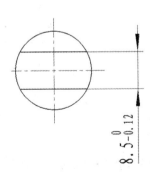

图 4-32　尺寸公差的标注

3）标注其他尺寸

(1) 单击尺寸 [尺寸]→尺寸标注图标 [尺寸标注(S)]，立即菜单设置为：基本标注，选择剖面图对边的两条直线，立即菜单设置为：基本标注→文字平行→长度→智能→文字居中→前缀→后缀→基本尺寸 11，单击右键，系统弹出"尺寸标注属性设置"对话框，修改参数如图 4-33 所示，单击"确定"按钮，结果如图 4-34 所示。

(2) 采用相同的方法标注另一尺寸，结果如图 4-34 所示。

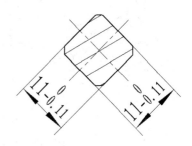

图 4-33　"尺寸标注属性设置"对话框　　　图 4-34　尺寸公差的标注

(3) 单击尺寸 [尺寸]→尺寸标注图标 [角度标注(U)]，立即菜单设置为：默认位置，选择主视图的左端竖线和斜线，在合适位置单击左键，结果如图 4-35 所示。

(4) 单击尺寸 [尺寸]→尺寸标注图标 [尺寸标注(S)]，立即菜单设置为：基本标注，选择主视图的右端圆弧，立即菜单设置为：基本标注→半径→文字平行→文字居中→前缀 SR→后缀→基本尺寸 20，在合适位置单击左键，结果如图 4-35 所示。

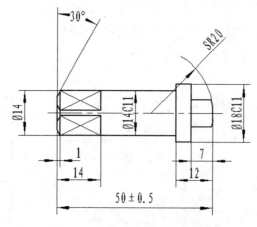

图 4-35　角度和球面半径的标注

4）标注表面粗糙度、剖切代号、向视符号和技术要求

(1) 单击标注→符号→粗糙度图标 √，立即菜单设置为：标准标注→默认方式，系统

弹出"表面粗糙度(GB)"对话框，输入参数如图 4-36 所示，单击"确定"按钮。根据提示：拾取定位点或直线或圆弧，选取阀杆主视图上方的直线，标注出表面粗糙度 Ra 6.3，如图 4-37 所示。

(2) 采用相同的方法，标注其他的表面粗糙度 Ra 3.2，如图 4-37 所示。

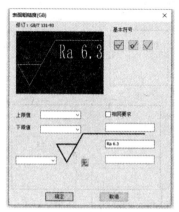

图 4-36　"表面粗糙度(GB)"对话框

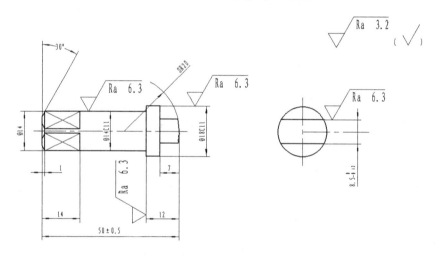

图 4-37　粗糙度的标注

(3) 单击标注→文字图标 **A** 文字(I)，立即菜单设置为：指定两点。根据提示：第一点，在右下角单击左键，再根据提示：第二点，拖动鼠标后再单击左键，系统弹出"文本编辑器-多行文字"对话框，如图 4-38 所示。输入"(　　)"，括号之间有空格，单击"确定"按钮。

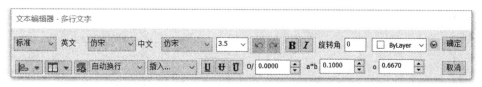

图 4-38　"文本编辑器-多行文字"对话框

(4) 单击标注→粗糙度图标 √，立即菜单设置为：简单标注→默认方式→基本符号→数值，在两个括号之间标注粗糙度符号 √。

(5) 单击标注→剖切符号图标 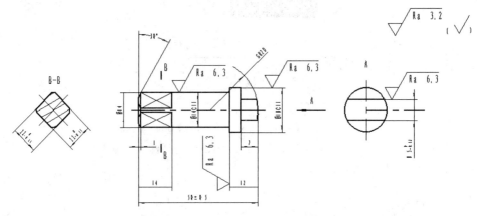，立即菜单设置为：垂直导航→自动放置剖切符号名，在阀杆主视图的左端合适位置从上向下绘制直线，单击右键两次，则在 2 个剖切符号旁边标注出字母 B，再将鼠标移动到剖面图的上方，单击左键则标注出 B-B。

(6) 单击标注→向视符号图标 **A**，立即菜单设置为：标注文本 A→字高 3.5→箭头大小 4→不旋转，根据提示：请确定方向符号的起点位置，在阀杆右端合适位置单击左键，方向向右。移动鼠标在合适位置处单击左键，确定英文字母的位置，绘制结果如图 4-39 所示。

图 4-39　剖切符号和向视符号的标注

(7) 单击标注→文字图标 **A**，立即菜单设置为：指定两点。根据提示"第一点"，在右下角单击左键，再根据提示"第二点"，拖动鼠标后再单击左键，系统弹出"文本编辑器-多行文字"对话框，如图 4-38 所示。输入技术要求的所有内容后，单击"确定"按钮，结果如图 4-40 所示。

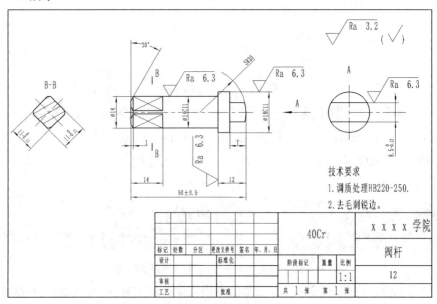

图 4-40　文本标注

任务4.2 绘制轴套类零件图的有关命令

一、图幅设置

1. 功能

"图幅设置"命令用于为一幅图纸指定图纸尺寸、图纸比例和图纸方向等参数。

绘制零件图
的基本设置

2. 启动"图幅设置"命令的方法

(1) 菜单操作：幅面→图幅设置；

(2) 工具栏操作：图幅→图幅工具栏→图幅设置图标 ；

(3) 键盘输入：setup。

3. 操作过程

执行"图幅设置"命令后，弹出如图4-41所示的对话框。该对话框可以对图纸幅面、比例和方向等进行设置。在进行图幅设置时，除了可以指定图纸尺寸、图纸比例、图纸方向外，还可以调入图框和标题栏，并设置当前图纸内所绘装配图中的零件序号、明细表风格等，调用合适的图框和标题栏，并在右上方的预览区域内显示设置效果。

💡 提示：国家标准规定了5种基本图幅，并分别用A0、A1、A2、A3、A4表示。电子图板除了设置这5种基本图幅以及相应的图框、标题栏和明细栏外，还允许自定义图幅和图框。

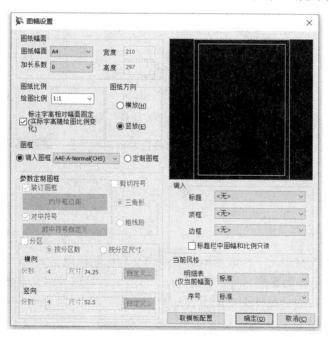

图4-41 "图幅设置"对话框

二、调入标题栏

1. 功能

"调入标题栏"命令用于为当前图纸调入一个标题栏。

2. 启动"调入标题栏"命令的方法

(1) 菜单操作：幅面→标题栏→调入；

(2) 工具栏操作：图幅→标题栏工具栏→调入标题栏图标 ；

(3) 键盘输入：headload。

3. 操作过程

执行"调入标题栏"命令后，弹出如图 4-42 所示对话框。调入标题栏实质上就是调入一个标题栏文件，用户可以根据需要进行选择。对话框中列出了已有标题栏的文件名，选取其中之一，然后单击"确定"按钮，一个由所选文件确定的标题栏显示在图框的标题栏定位点处。

图 4-42　"读入标题栏文件"对话框

注：如果图纸中已经有标题栏，则新调入的将代替旧的标题栏，并依据其"定位点(标题栏右下角顶点)"与图框的"基准点"对齐。

三、定义标题栏

1. 功能

"定义标题栏"命令用于拾取图形对象并定义为标题栏以备调用。标题栏通常由线条和文字对象组成，另外如图纸名称、图纸代号、企业名称等属性信息需要附加到标题栏中，这些属性信息都可以通过属性定义的方式加入到标题栏中。

2. 启动"定义标题栏"命令的方法

(1) 菜单操作：幅面→标题栏→定义；

(2) 工具栏操作：图幅→标题栏工具栏→定义标题栏图标 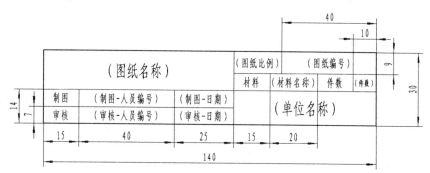；

(3) 键盘输入：headdef。

3. 操作过程

执行"定义标题栏"命令之前，首先按照图 4-43 所示绘制标题栏的表格线，并选择"文字"命令在对应的单元格内填写制图、审核、材料和件数等文本，其次按照以下步骤进行操作。

图 4-43 绘制的标题栏

(1) 单击图幅→标题栏工具栏→定义标题栏图标，根据提示"拾取元素"，拾取组成标题栏的图形元素(包括表格线和文本)，单击鼠标右键确认。

(2) 再根据提示"基准点"，选取标题栏的右下角作为基准点，单击鼠标右键确认。

(3) 系统弹出"另存为"对话框，输入文件名"我的标题栏"，如图 4-44 所示，单击"保存"按钮，进行保存。

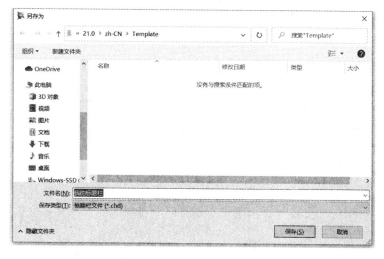

图 4-44 "另存为"对话框

四、存储标题栏

1. 功能

"存储标题栏"命令用于将当前图纸中已有的标题栏存盘，以便调用。

2. 启动"存储标题栏"命令的方法

(1) 菜单操作：幅面→标题栏→存储；

(2) 工具栏操作：图幅→标题栏工具栏→存储标题栏图标■；

(3) 键盘输入：headsave。

3. 操作过程

存储标题栏的操作是跟随"定义标题栏"的步骤连续完成的。定义和存储标题栏的目的是在其他文件中可以方便地进行调用。具体操作已经在 4.2.3 定义标题栏的操作过程中的第(3)步说明。

五、填写标题栏

1. 功能

"填写标题栏"命令用于填写当前图形中标题栏的属性信息。

2. 启动"填写标题栏"命令的方法

(1) 菜单操作：幅面→标题栏→填写；

(2) 工具栏操作：图幅→标题栏工具栏→填写标题栏图标■；

(3) 键盘输入：headfill。

3. 操作过程

执行"填写标题栏"命令后，拾取可以填写的标题栏，将弹出如图 4-45 所示的对话框。在属性名后面的属性值单元格处直接进行填写即可。如果勾选"自动填写图框上的对应属性"复选框，可以自动填写图框中与标题栏相同字段的属性信息。

图 4-45　　"填写标题栏"对话框

六、编辑标题栏

1. 功能

"编辑标题栏"命令用于以块编辑的方式对标题栏进行编辑操作。

2. 启动"编辑标题栏"命令的方法

(1) 菜单操作：幅面→标题栏→编辑；

(2) 工具栏操作：图幅→标题栏工具栏→编辑标题栏图标 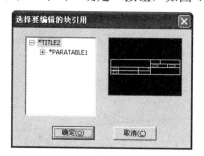；

(3) 键盘输入：headedit。

3. 操作过程

执行"编辑标题栏"命令之前，首先调用标题栏，其次对标题栏进行编辑。可按以下步骤进行操作：

(1) 调入"我的标题栏"，单击图幅→标题栏工具栏→编辑标题栏图标，系统弹出"选择要编辑的块引用"对话框，单击"确定"按钮，如图 4-46 所示。

图 4-46 "选择要编辑的块引用"对话框

(2) 选择文字命令，在标题栏右下角输入：XXXX 学院，如图 4-47 所示。

(3) 选择左上角的 图标，系统弹出对话框，单击"是"按钮，完成对标题栏的编辑并进行保存。

图 4-47 标题栏中输入单位名称

七、文字风格

1. 功能

"文字风格"命令用于为文字设置各项参数，控制文字的外观。"文字风格"命令通常可以控制文字的字体、字高、方向和角度等参数。

2. 启动"文字风格"命令的方法

(1) 菜单操作：格式→文字；

(2) 工具栏操作：标注→标注样式工具栏→样式管理→文字图标 **A̧**；

(3) 键盘输入：textpara。

3. 操作过程

执行"文字风格"命令后，系统弹出如图 4-48 所示的对话框。在"文本风格"下列出了当前文件中所使用的文字风格。系统预定义了两个样式：标准和机械。标准为默认样式，该样式不可删除但可以编辑。单击"文本风格设置"对话框中的新建、删除、设为当前、合并等按钮可以进行建立、删除、设为当前、合并等管理操作。选中一种文字风格后，在对话框中可以设置字体、宽度系数、字符间距、倾斜角和字高等参数，并可以在对话框中预览。

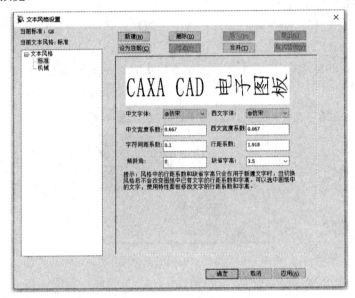

图 4-48　"文本风格设置"对话框

4. 参数说明

(1) 中文字体：可选择中文文字所使用的字体。除了支持 Windows 的 TrueType 字体外，电子图板还支持使用单线体(形文件)文字。选择不同风格的字体所生成的文字效果如图 4-49 所示。

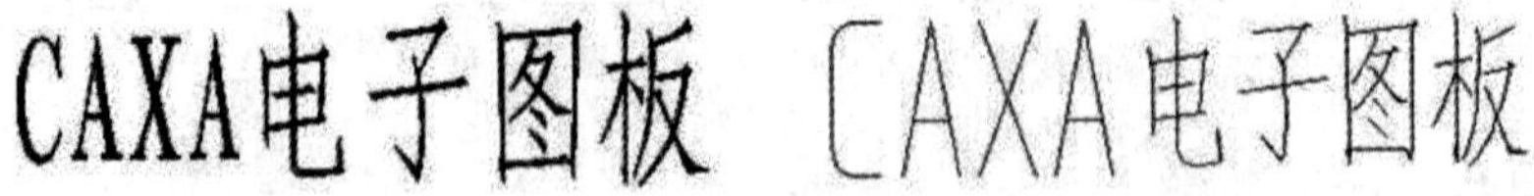

CAXA电子图板　　[AXA电子图板

仿宋-GB2312　　　　　　　　　　　　单线体(形文件)

图 4-49　使用不同字体的效果

(2) 西文字体：选择方式与中文相同，只是限定的是文字中的西文。同样可以选择单线体(形文件)。

(3) 中文宽度系数、西文宽度系数：当宽度系数为 1 时，文字的长宽比例与 TrueType 字体文件中描述的字形保持一致；为其他值时，文字宽度在此基础上缩小或放大相应的倍数。

(4) 字符间距系数：同一行(列)中两个相邻字符的间距与设定字高的比值。

(5) 行距系数：横写时两个相邻行的间距与设定字高的比值。

(6) 列距系数：竖写时两个相邻列的间距与设定字高的比值。

(7) 旋转角：横写时为一行文字的延伸方向与坐标系的 X 轴正方向按逆时针测量的夹角；竖写时为一列文字的延伸方向与坐标系的 Y 轴负方向按逆时针测量的夹角。旋转角的单位为角度。

(8) 缺省字高：设置生成文字时默认的字高。在生成文字时也可以临时修改字高。

(9) 修改文字风格中的参数后，可以单击所示对话框中的"确定"或"应用"按钮，确定使用修改的设置。

八、标注风格

1. 功能

"标注风格"命令用于为尺寸标注设置各项参数，控制尺寸标注的外观。尺寸风格通常可以控制尺寸标注的箭头样式、文本位置、尺寸公差和对齐方式等。

2. 启动"标注风格"命令的方法

(1) 菜单操作：格式→尺寸；

(2) 工具栏操作：标注→标注样式工具栏→样式管理→尺寸图标；

(3) 键盘输入：dimpara。

3. 操作过程

执行"尺寸风格"命令后，系统弹出如图 4-50 所示的对话框。在该对话框中可以新建、删除、设为当前、合并尺寸风格。当单击"新建"按钮或选择一个已有的尺寸风格后，在该对话框中可以进行直线和箭头、文本、调整、单位、换算单位、公差、尺寸形式等选项下的设置。

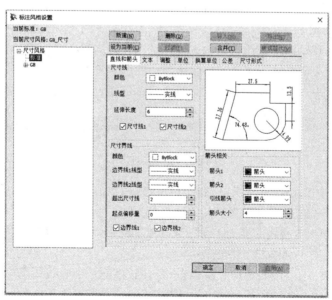

图 4-50　"标注风格设置"对话框

九、孔/轴

1. 功能

"孔/轴"命令用于在给定位置画出带有中心线的轴和孔或画出带有中心线的圆锥孔和圆锥轴。

2. 启动"孔/轴"命令的方法

(1) 菜单操作：绘图→孔/轴；

(2) 工具栏操作：常用→绘图工具栏→孔/轴图标 ⌘；

(3) 键盘输入：hole。

3. 操作过程

执行"孔/轴"命令后，系统弹出立即菜单如图 4-51 所示。拾取要绘制孔/轴图形的插入点位置、设置立即菜单的参数，然后用鼠标确定轴或孔上的定位点，再由键盘输入轴或孔的长度，则一个带有中心线的轴或孔即被绘制出来了。

| 1. 轴 ▾ | 2. 直接给出角度 ▾ | 3.中心线角度 | 0 |

图 4-51　孔/轴命令立即菜单

4. 菜单参数说明

(1) 立即菜单 1：可进行轴和孔的切换。不论是画轴还是画孔，以下的操作方法完全相同。轴与孔的区别只是在画孔时，省略两端的端面线。

(2) 立即菜单 2：直接给出角度。用户可以按提示输入一个角度值，以确定待画轴或孔的倾斜角度，角度的范围是 $-360°\sim360°$。

(3) 立即菜单 3：中心线与 X 轴的夹角。与立即菜单 2 配合使用，输入的数值就是立即菜单 2 要求的参数。

按提示要求，移动鼠标或用键盘输入一个插入点，这时在立即菜单处出现一个新的立即菜单，如图 4-52 所示。立即菜单列出了待画轴的已知条件。此时，如果移动鼠标会发现，一个直径为 100 的轴被显示出来，该轴以插入点为起点，其长度由用户给出。

| 1. 轴 ▾ | 2.起始直径 | 100 | 3.终止直径 | 100 | 4. 有中心线 ▾ | 5.中心线延伸长度 | 3 |

图 4-52　轴的立即菜单

① 立即菜单中 2.起始直径或 3.终止直径：直径数值的输入。用户可以输入新值以重新确定轴或孔的直径，如果起始直径与终止直径不同，则画出的是圆锥孔或圆锥轴。

② 立即菜单 4：中心线的有无。在轴或孔绘制完后，会自动添加上中心线，如果选择"无中心线方式"则不会添加上中心线。

③ 立即菜单 5：中心线的延伸长度设置。延伸长度就是中心线距离轮廓线的延伸长度，默认数值为 3。

十、局部放大图

1. 功能

"局部放大图"命令用于按照给定参数生成对局部图形进行放大的视图，可以设置边界形状为圆形边界或矩形边界。

2. 启动"局部放大图"命令的方法

(1) 菜单操作：绘图→局部放大图；

(2) 工具栏操作：常用→绘图工具栏→局部放大图标🖰；

(3) 键盘输入：enlarge。

3. 操作过程

执行"局部放大图"命令后弹出的立即菜单如图 4-53 所示。用户设置参数后，按照系统提示，选取需局部放大的区域后，选择符号插入点，再选择合适位置作为实体插入点。输入角度后，再选择符号插入点，即可完成局部放大图的绘制。

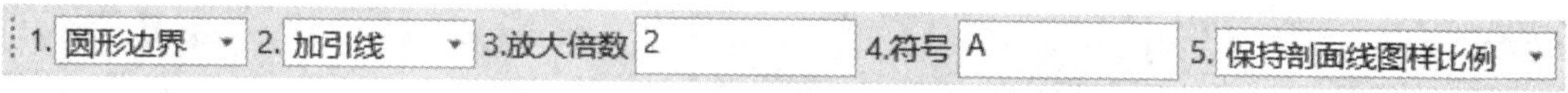

1. 圆形边界 ▼	2. 加引线 ▼	3. 放大倍数 2	4. 符号 A	5. 保持剖面线图样比例 ▼

图 4-53　局部放大图立即菜单

4. 菜单参数说明

(1) 立即菜单 1：边界的设置。用户可选择圆形边界和矩形边界两种方式。

(2) 立即菜单 2：是否添加引线。用户可选择加引线还是不加引线。

(3) 立即菜单 3：局部放大图的放大倍数。用户可输入局部放大图的放大倍数。

(4) 立即菜单 4：局部放大图的名称。该名称按罗马字母顺序来表示，例如：Ⅰ、Ⅱ、Ⅲ、Ⅳ等。

(5) 立即菜单 5：剖面线图样比例。用户在进行局部放大时，可对剖面线进行缩放操作。

十一、尺寸公差标注

1. 功能

"尺寸公差标注"用于进行尺寸公差的标注。

2. 进行尺寸公差标注的方法

尺寸公差标注没有专门的命令和图标，是在尺寸的基本标注过程中实现的。

3. 操作过程

选取"尺寸标注"命令的基本标注后，单击鼠标右键，系统弹出"尺寸标注属性设置"对话框，如图 4-54 所示。用户可选取合适的输入形式，输入尺寸公差数值后，单击"确定"按钮。尺寸公差的标注结果即可显示出来。

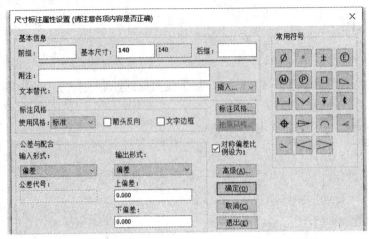

图 4-54　"尺寸标注属性设置"对话框

4. 菜单参数说明

"输入形式"下拉列表框中有 4 种选项，分别为代号、偏差、配合和对称，用它控制公差的输入形式。

"输出形式"下拉列表框中有 5 种选项，分别为代号、偏差、(偏差)、代号(偏差)和极限尺寸，用它控制公差的输出方式。

(1) 当"输入形式"选项为"代号"时，在此对话框"公差代号"文本框中输入公差代号名称，如 H7、h6、k6 等，系统将根据基本尺寸和代号名称自动查表，并将查到的上、下偏差显示在"上偏差"和"下偏差"文本框中。

(2) 当"输入形式"选项为"偏差"时，由用户自己直接在"上偏差"和"下偏差"文本框中填写。

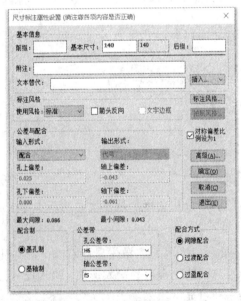

图 4-55　输入形式为配合的对话框

(3) 当"输入形式"选项为"配合"时，此时对话框的形式如图 4-55 所示。用户可以在"公差带"组合框中分别输入孔、轴的公差带符号，当输入公差带符号时，就可以在文本框中看到孔、轴的上、下偏差数值。同时还可以在下面选择配合制的形式及配合方式等，输入后单击"确定"按钮，此时不管"输出形式"是什么，输出均标注配合代号，如 H7/h6、H7/k6、H7/s6 等。

(4) 当"输入形式"选项为"对称"时，由用户自己直接在"上偏差"文本框中填写。"下偏差"编辑框中显示的数值与"上偏差"编辑框中的一致。

十二、倒角标注

1. 功能
"倒角标注"命令用于进行倒角尺寸标注。

2. 启动"倒角标注"命令的方法
(1) 菜单操作：标注→倒角标注；
(2) 工具栏操作：标注→符号工具栏→倒角标注图标 ；
(3) 键盘输入：dimch。

3. 操作过程
执行"倒角标注"命令后，弹出的立即菜单如图 4-56 所示。用户设置参数后，按照系统提示拾取倒角线，选取合适的尺寸线位置，即可完成倒角标注。

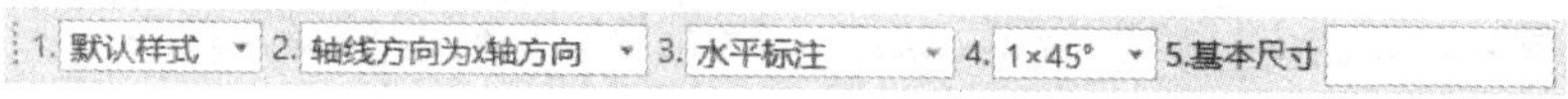

图 4-56　倒角标注立即菜单

4. 菜单参数说明
(1) 立即菜单 2：选择倒角线的轴线方式。
① 轴线方向为 x 轴方向：表示轴线与 x 轴平行。
② 轴线方向为 y 轴方向：表示轴线与 y 轴平行。
③ 拾取轴线：表示自定义轴线。
(2) 立即菜单 3：倒角标注尺寸线的方向。用户可选择水平标注、铅垂标注和垂直于倒角线。
(3) 立即菜单 4：倒角的形式。用户可选择标准 45° 倒角和简化 45° 倒角。例如：标准 45° 倒角为 1×45°，简化 45° 倒角为 C1。
(4) 立即菜单 5：基本尺寸。用户拾取一段倒角后，立即菜单 5 中显示出该直线的标注值，可以编辑标注值，然后再指定尺寸线位置即可。

十三、引出说明

1. 功能
"引出说明"命令用于用于标注引出注释，由文字和引出线组成。引出点处可带箭头，文字可输入中文和西文。

2. 启动"引出说明"命令的方法

(1) 菜单操作：标注→引出说明；

(2) 工具栏操作：标注→符号工具栏→引出说明图标 $\nearrow^A$；

(3) 键盘输入：ldtext。

3. 操作过程

执行"引出说明"命令后，系统弹出如图 4-57 所示的"引出说明"对话框。在对话框中可以输入相应上下说明文字，若只需一行说明则只输上说明。单击"确定"按钮，进入下一步操作，单击"取消"按钮，结束此命令。

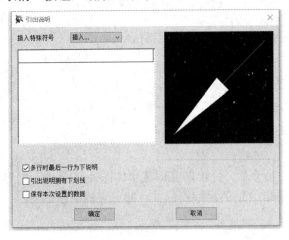

图 4-57　引出说明对话框

4. 菜单参数说明

在对话框中设置完参数后，单击"确定"按钮，系统弹出如图 4-58 所示的立即菜单。

图 4-58　引出说明立即菜单

(1) 立即菜单 1：选择引线方式。引线方式有"文字缺省方向"或"文字反向"两种。"文字缺省方向"时文字水平向右，"文字反向"时文字水平向左。

(2) 立即菜单 2：改变延伸的长度。用户可设置合适的参数，默认数值为 3。

十四、粗糙度

1. 功能

"粗糙度"命令用于标注表面粗糙度代号。国家标准规定，零件表面质量用表面结构来定义，粗糙度是表面结构的技术内容之一。

2. 启动"粗糙度"命令的方法

(1) 菜单操作：标注→粗糙度；

(2) 工具栏操作：标注→符号工具栏→粗糙度图标 $\sqrt{}$；

(3) 键盘输入：rough。

3. 操作过程

执行"粗糙度"命令后，系统弹出立即菜单如图 4-59 所示。用户输入参数后，根据系统提示"拾取定位点或直线或圆弧"，即可进行粗糙度标注。

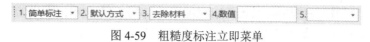

图 4-59　粗糙度标注立即菜单

4. 菜单参数说明

(1) 立即菜单 1：粗糙度标注方式。粗糙度的标注方式可分为简单标注和标准标注两种方式。

① 简单标注只标注表面处理方法和粗糙度值。

② 切换为标准标注后，系统弹出如图 4-60 所示的对话框。对话框中包括粗糙度的各种标注：基本符号、纹理方向、上限值、下限值以及说明标注等，用户可以在预显框里看到标注结果。单击"确定"按钮，退出对话框，根据提示"拾取定位点或直线或圆弧"，接下来的操作与"简单标注"相同。

(2) 立即菜单 2：标注表面粗糙度的位置。

(3) 立即菜单 3：表面处理方法选择。表面处理方法有去除材料/不去除材料/基本符号。

(4) 立即菜单 4：粗糙度值的输入位置。

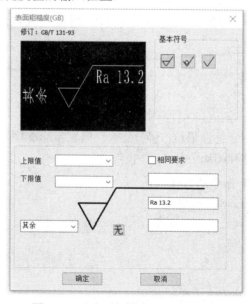

图 4-60　"表面粗糙度(GB)"对话框

十五、基准代号

1. 功能

"基准代号"命令用于标注形位公差中的基准部位的代号。

2. 启动"基准代号"命令的方法

(1) 菜单操作：标注→基准代号；

(2) 工具栏操作：标注→符号工具栏→基准代号图标 ；

(3) 键盘输入：datum。

3. 操作过程

执行"基准代号"命令后，系统弹出立即菜单如图 4-61 所示。用户输入参数后，根据系统提示"拾取定位点或直线或圆弧"，即可进行基准代号标注。

图 4-61　基准代号立即菜单

4. 菜单参数说明

(1) 立即菜单 1：标注方式的选择，可进行"基准标注"和"基准目标"的切换。零件图上常见的基准代号，一般通过"基准标注"即可实现。

(2) 立即菜单 2：选择基准类型，可进行"给定基准"和"任选基准"的切换。

(3) 立即菜单 3：标注基准代号的位置，可选择"默认方式"或"引线方式"。

(4) 立即菜单 4：输入基准名称。

注：若拾取的是定位点，系统提示"输入角度或由屏幕上确定：<-360，360>"，输入角度或拖动定位后即可完成标注。

若拾取的是直线或圆弧，系统提示"拖动确定标注位置"，选定位置后，即可标注出与所选直线或圆弧相垂直的基准代号。

十六、形位公差的标注

1. 功能

"形位公差"命令用于标注形位(几何)公差。国家新标准规定，几何公差包括形状公差、方向公差、位置公差和跳动公差 4 项内容。

2. 启动"形位公差"命令的方法

(1) 菜单操作：标注→形位公差；

(2) 工具栏操作：标注→符号工具栏→形位公差图标 ；

(3) 键盘输入：fcs。

3. 操作过程

执行"形位公差"命令后，系统弹出如图 4-62 所示的对话框。在对话框中选择代号、输入公差数值及有关符号，同时可直接预览公差框格。按标注要求完成输入后，在对话框中单击"确定"按钮，此时对话框消失，弹出立即菜单，可选择"水平标注"或"垂直标注"。按系统提示拾取标注元素后，系统提示"引线转折点"。这时移动光标，可动态确定指引线的引出位置和引线转折点。确定引线转折点后，提示变为"拖动确定定位点："，这时系统自动进入对转折点的导航捕捉，移动光标输入一点，即完成形位公差标注。

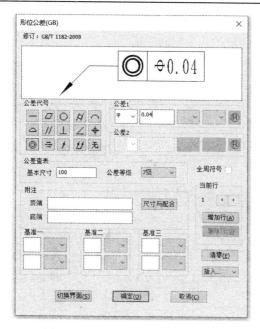

图 4-62　"形位公差(GB)"对话框

十七、剖切符号

1. 功能

"剖切符号"命令用于标出剖面的剖切位置。

2. 启动"剖切符号"命令的方法

(1) 菜单操作：标注→剖切符号；

(2) 工具栏操作：标注→符号工具栏→剖切符号图标 ；

(3) 键盘输入：hatchpos。

3. 操作过程

执行"剖切"命令后，系统弹出如图 4-63 所示的立即菜单。

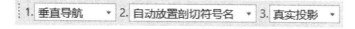

图 4-63　剖切立即菜单

(1) 立即菜单 1：可采用"不垂直导航"或"垂直导航"方式画线。

(2) 立即菜单 2：可采用"自动放置剖切符号名"或"手动放置剖切符号名"方式标注剖切符号名称。

剖切轨迹线绘制完成后，单击鼠标右键结束画线状态。此时，在剖切轨迹线终止点显示出沿最后一段剖切轨迹线方向的两个箭头标识，并提示"请单击箭头选择剖切方向"。在两个箭头的某一侧单击鼠标左键，以确定剖切后的投射方向。如果不需要标注投射方向，则单击鼠标右键取消箭头，标注剖面名称。系统提示"指定剖面名称标注点"，拖动一个英文字母到所需标注处，单击鼠标左键进行标注，完成后单击右键，根据提示"指定剖面名称标注点"单击左键进行标注，拖动两个英文字母到所需标注处，单击鼠标左键进行标注，再单击鼠标右键结束。

任务4.3　绘制座体类零件图

座体类零件
图的绘制

一、绘制思路

本任务要求绘制如图 4-64 所示座体的零件图。

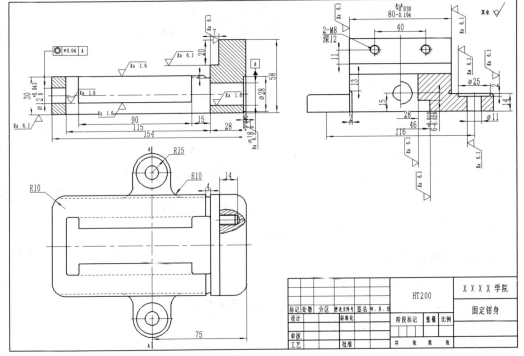

图 4-64　座体的零件图

绘制座体类零件图时，首先设置绘图环境，包括设置图幅、填写标题栏、设置文本风格、设置标注风格。其次该座体的特征较多，需要用三个视图进行表达。其中，主视图需要全剖才能表达清楚内外结构；俯视图中有螺钉孔，需要局部剖视才能表达清楚；左视图需要半剖视才能表达清楚内外结构。最后进行尺寸标注，包括水平尺寸、竖直尺寸标注、尺寸公差、表面粗糙度和技术要求等。

二、绘图方法与步骤

1. 设置绘图环境

1) 设置图幅

(1) 单击图幅→图幅工具栏→图幅设置图标 ，系统弹出"图幅设置"对话框，如

图 4-65 所示。

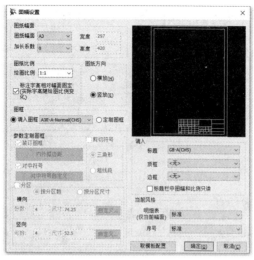

图 4-65 "图幅设置"对话框

(2) 在该对话框中选取 A3 图纸幅面、加长系数为 0、绘图比例为 1∶1、图纸方向为横向、调入图框选取 A3A-A-Normal(CHS)、标题栏选取 GB-A(CHS)，其余参数使用默认值，单击"确定"按钮。

2) 填写标题栏

(1) 单击图幅→图框工具栏→填写标题栏图标，系统弹出"填写标题栏"对话框，如图 4-66 所示。

图 4-66 "填写标题栏"对话框

(2) 在该对话框中输入单位名称：XXXX 学院、图纸名称：固定钳身、图纸编号：01、材料名称：HT200、图纸比例：1∶1、页码：1、页数 1，其余参数使用默认值，单击"确定"按钮。

3) 设置文本风格

单击标注→样式管理 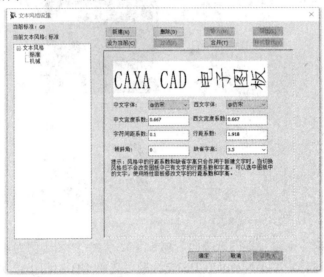→文字图标 A 文字①…，系统弹出"文本风格设置"对话框，设置参数如图 4-67 所示，单击"确定"按钮。

图 4-67 "文本风格设置"对话框

4) 设置标注风格

单击标注→样式管理 ↗→尺寸图标 ┐ 尺寸①…，系统弹出"标注风格设置"对话框，设置参数如图 4-68 所示，单击"确定"按钮。

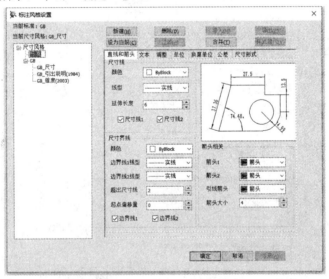

图 4-68 "标注风格设置"对话框

2. 绘制主视图

1) 绘制主视图外轮廓

(1) 单击常用→绘图工具栏→直线图标 ╱，立即菜单设置为两点线→连续。

(2) 选取窗口界面右下角的"正交"命令，在图纸左上角适当位置单击鼠标左键。向右移动鼠标，输入长度 154，再向上移动鼠标，输入长度 58，向左移动鼠标，输入长度 21，向下移动鼠标，输入长度 20，向左移动鼠标，输入长度 7，再向下移动鼠标，输入长度 8，向左移动鼠标，输入长度 126，再向下移动鼠标，输入长度 30，单击鼠标右键确定。结果如图 4-69 所示。

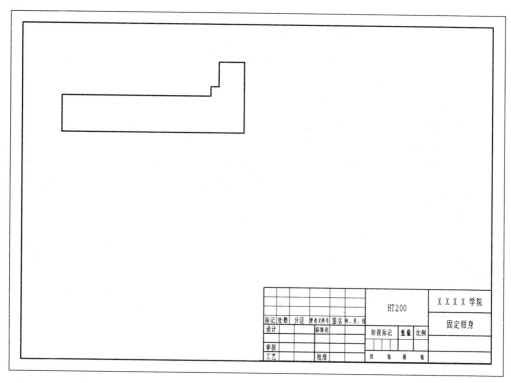

图 4-69　主视图外轮廓

2) 绘制主视图外轮廓右侧剖面

(1) 单击常用→修改工具栏→等距线图标 ，立即菜单设置为：单个拾取→指定距离→单向→空心→距离 7→份数 1，修改距离为 2，选取右侧轮廓线，在该轮廓线左侧单击鼠标左键。

(2) 修改距离为 28，选取右侧轮廓线，在该轮廓线左侧单击鼠标左键。再修改距离为 15，选取下方轮廓线，在该轮廓线上侧单击鼠标左键。

(3) 修改单向为双向，输入距离为 9，选取刚绘制的直线，在该轮廓线上侧单击左键。再输入距离为 15，在该轮廓线上侧单击左键，绘制结果如图 4-70 所示。

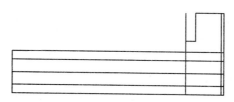

图 4-70　主视图外轮廓右侧辅助线

(4) 单击常用→修改工具栏→修剪图标 ，立即菜单设置为：快速修剪，裁剪多余曲线。

(5) 选取第(2)步中绘制的第一条曲线，单击鼠标右键，弹出快捷菜单，选取"特性"命令，修改当前特性，将层改为中心线层。

(6) 单击常用→绘图工具栏→剖面线图标 ，立即菜单设置为：拾取点→不选择剖面图案→非独立→比例 2→角度 45→间距错开 0。拾取需要填充剖面线的区域，单击鼠标右键确认，结果如图 4-71 所示。

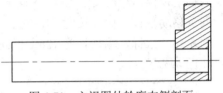

图 4-71　主视图外轮廓右侧剖面

3) 绘制主视图中部剖面

(1) 单击常用→修改工具栏→等距线图标 ，立即菜单设置为：单个拾取→指定距离→单向→空心→距离 133→份数 1，选取右侧轮廓线，在该轮廓线左侧单击左键。

(2) 修改距离为 43，选取右侧轮廓线，在该轮廓线左侧单击左键。再修改距离为 9，选取下方轮廓线，在该轮廓线上侧单击左键，结果如图 4-72 所示。

(3) 单击常用→修改工具栏→修剪图标 ，裁剪多余曲线，结果如图 4-73 所示。

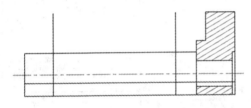

图 4-72　主视图中部剖面辅助线

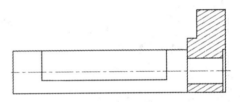

图 4-73　主视图中部剖面

4) 绘制主视图左侧剖面

(1) 单击常用→修改工具栏→等距线图标 ，立即菜单设置为：单个拾取→指定距离→单向→空心→距离 11→份数 1，选取左侧轮廓线，在该轮廓线右侧单击左键。使用相同方法，修改单向为双向，距离为 6，选取中心线轮廓线，在该中心线上侧单击左键，结果如图 4-74 所示。

(2) 单击常用→修改工具栏→修剪图标 ，裁剪多余曲线。

(3) 单击常用→绘图工具栏→剖面线图标 ，立即菜单设置为：拾取点→不选择剖面图案→比例 2→角度 45→间距错开 0，拾取需要填充剖面线的区域，单击鼠标右键确认，结果如图 4-75 所示。

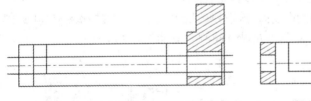

图 4-74　主视图左侧剖面辅助线

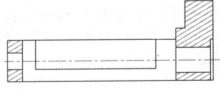

图 4-75　主视图左侧剖面

5) 绘制主视图细节

(1) 单击常用→修改工具栏→等距线图标 ，立即菜单设置为：单个拾取→指定距离→单向→空心→距离 32→份数 1，偏移主视图右侧轮廓线。

(2) 单击常用→修改工具栏→等距线图标 ，修改距离为 2，偏移主视图左上轮廓线，结果如图 4-76 所示。

(3) 单击常用→修改工具栏→修剪图标 ╲‥，裁剪多余曲线。

(4) 单击常用→修改工具栏→删除图标 ╲，删除多余曲线，结果如图 4-77 所示。

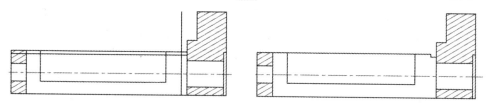

图 4-76　主视图细节辅助线　　　　　　　　图 4-77　主视图细节修剪

(5) 单击常用→修改工具栏→过渡图标 ⬜，立即菜单设置为圆角→裁剪→半径 2，进行倒圆角，结果如图 4-78 所示。

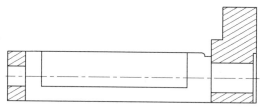

图 4-78　主视图细节倒圆角

3. 绘制俯视图

1) 绘制俯视图外轮廓

(1) 单击常用→绘图工具栏→矩形图标 ⬜，立即菜单设置为两角点→无中心线。

(2) 选取窗口界面右下角的智能→导航，在主视图正下方适当位置绘制矩形。先确定矩形左上角点与主视图左轮廓线对齐，移动鼠标向右下角移动，输入相对坐标@154，−80，回车，结果如图 4-79 所示。

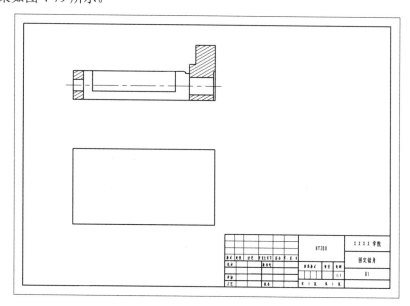

图 4-79　俯视图外轮廓

2) 绘制俯视图右侧外轮廓

(1) 单击常用→修改工具栏→分解图标 🗗，选取矩形，单击鼠标右键确认。

(2) 单击常用→修改工具栏→等距线图标 ⤴，立即菜单设置为：单个拾取→指定距离→单向→空心→距离 21→份数 1，选取右侧轮廓线，在该轮廓线左侧单击鼠标左键。

(3) 修改距离为 28，选取右侧轮廓线，在该轮廓线左侧单击左键。

(4) 修改距离为 32，选取右侧轮廓线，在该轮廓线左侧单击左键，结果如图 4-80 所示。

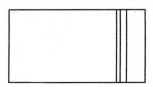

图 4-80　俯视图右侧外轮廓辅助线

3) 绘制俯视图中部轮廓

(1) 单击常用→绘图工具栏→中心线图标 ✏，立即菜单设置为：指定延长线长度→快速生成→延伸长度 3，选取矩形的上、下轮廓线，单击鼠标右键确认。

(2) 单击常用→修改工具栏→等距线图标 ⤴，立即菜单设置为：单个拾取→指定距离→双向→空心→距离 14→份数 1，选取矩形的中心线，在该中心线上侧单击左键。

(3) 修改距离为 23，选取矩形的中心线，在该中心线上侧单击左键。

(4) 修改距离为 38，选取矩形的中心线，在该中心线上侧单击左键。

(5) 立即菜单设置为单个拾取→指定距离→单向→空心→距离 75→份数 1，选取右侧轮廓线，在该轮廓线左侧单击左键。

(6) 修改距离为 43，选取右侧轮廓线，在该轮廓线左侧单击左键。

(7) 修改距离为 133，选取右侧轮廓线，在该轮廓线左侧单击左键。

(8) 修改距离为 143，选取右侧轮廓线，在该轮廓线左侧单击左键，结果如图 4-81 所示。

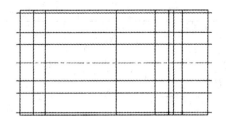

图 4-81　俯视图中部轮廓辅助线

(9) 单击常用→修改工具栏→修剪图标 ⊬，裁剪多余曲线。

(10) 单击常用→修改工具栏→删除图标 ✎，删除多余曲线，结果如图 4-82 所示。

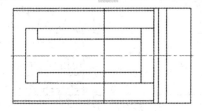

图 4-82　修改后的辅助线

(11) 单击常用→修改工具栏→等距线图标 🔧，立即菜单设置为单个拾取→指定距离→单向→空心→距离 58→份数 1，选取中心线，在该中心线上侧单击鼠标左键。

(12) 单击常用→修改工具栏→延伸图标 ﹁，选取第(11)步偏移的直线为剪刀线，再拾取中间竖直直线进行延伸。

(13) 单击常用→绘图工具栏→圆图标 ⊙，立即菜单设置为：圆心_半径→半径→有中心线→中心线延伸长度 3，选取步骤第(11)步与第(12)步中两直线的交点为圆心，输入半径 15，回车；修改半径为直径，输入直径 ∅25，回车；再输入直径 ∅11，回车；单击鼠标右键确认。

(14) 选择窗口界面右下角的"正交"命令，再单击常用→绘图工具栏→直线图标 ∕，立即菜单设置为两点线→连续，选取半径为 15 的圆的左侧象限点为起点，绘制长度为 20 的直线。使用相同方法绘制右侧的直线，结果如图 4-83 所示。

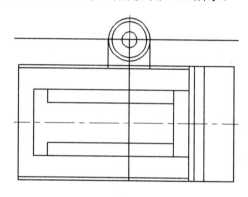

图 4-83 俯视图中部轮廓定位孔

(15) 单击常用→修改工具栏→镜像图标 ▲，立即菜单设置为：选择轴线→拷贝，选取第(12)～(14)步绘制的图形，再选择中心线，结果如图 4-84 所示。

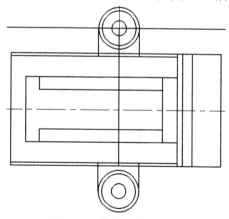

图 4-84 镜像后的定位孔

(16) 单击常用→修改工具栏→删除图标 ✐，删除多余曲线。

(17) 单击常用→修改工具栏→修剪图标 ﹌，立即菜单设置为：快速修剪。裁剪多余曲线。

(18) 选择通过圆心的竖线，单击鼠标右键，在快捷菜单中选取"特性"命令，修改当前特性，将粗实线层改为中心线层，结果如图 4-85 所示。

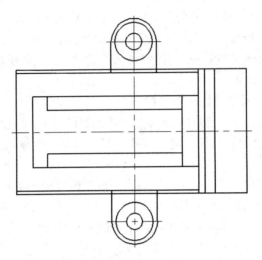

图 4-85　修改线条特性

(19) 单击常用→修改工具栏→过渡图标 ▢，立即菜单设置为：圆角→裁剪始边→半径 10，进行倒圆角。修改半径值为 2，进行倒圆角。

(20) 单击常用→修改工具栏→修剪图标 ⊁，裁剪多余曲线。

(21) 单击需要改变线型的横向直线，单击鼠标右键，在快捷菜单中选取"特性"命令，修改当前特性，将粗实线层改为虚线层，结果如图 4-86 所示。

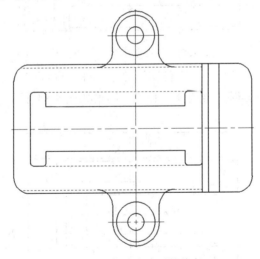

图 4-86　修改完成后的线条

4) 绘制俯视图右侧局部剖视图

(1) 单击常用→修改工具栏→等距线图标 ⊥，立即菜单设置为：单个拾取→指定距离→单向→空心→距离 20→份数 1，选取中心线，在该中心线上侧单击左键。

(2) 单击插入→图库工具栏→插入图符图标 ⊥，系统弹出"插入图符"对话框，如图 4-87 所示。选取常用图形→螺纹→螺纹盲孔，如图 4-88 所示。单击"下一步"，修改参数 M 为 8、L 为 14、1 为 12，如图 4-89 所示，单击"完成"按钮。选择定位点，输入旋转角度为 90，单击鼠标右键确认，如图 4-90(a)所示。

图 4-87 "插入图符"对话框一

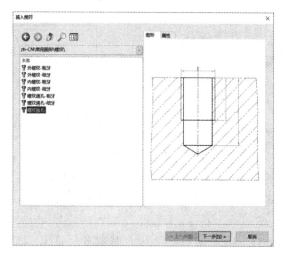

图 4-88 "插入图符"对话框二

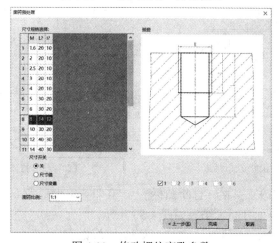

图 4-89 修改螺纹盲孔参数

(3) 单击常用→修改工具栏→删除图标 ✎，删除多余曲线。

(4) 单击常用→绘图工具栏→样条图标 ⌒，立即菜单设置为：直接作图→缺省切矢→开曲线→拟合公差，绘制样条曲线。选择该样条曲线，单击鼠标右键，在快捷菜单中选取"特性"命令，修改当前特性，将粗实线层改为细实线层。

(5) 单击常用→修改工具栏→修剪图标 ⊬，裁剪多余曲线。

(6) 单击常用→绘图工具栏→剖面线图标 ▨，立即菜单设置为：拾取点→不选择剖面图案→非独立→比例 2→角度 45→间距错开 0，拾取需要填充剖面线的区域，单击鼠标右键确认，结果如图 4-90(b)所示。

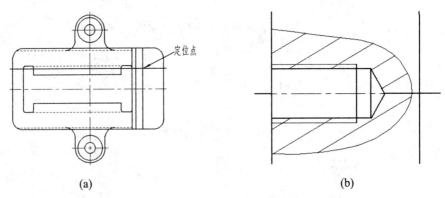

(a)　　　　　　　　　　　　　　　　(b)

图 4-90　绘制局部剖面轮廓线

5) 绘制俯视图细节

(1) 单击常用→修改工具栏→等距线图标 ⊿，立即菜单设置为：单个拾取→指定距离→单向→空心→距离 2→份数 1，选取上侧轮廓线，在其下侧单击左键，结果如图 4-91 所示。

(2) 单击常用→修改工具栏→过渡图标 ▢，立即菜单设置为：圆角→裁剪→半径 2，进行倒圆角。

(3) 单击常用→修改工具栏→修剪图标 ⊬，裁剪多余曲线，结果如图 4-92 所示。

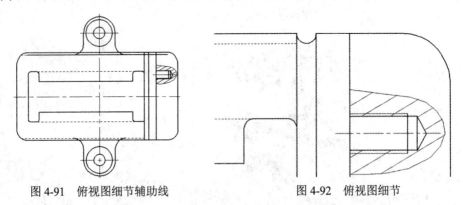

图 4-91　俯视图细节辅助线　　　　　　　图 4-92　俯视图细节

(4) 单击常用→修改工具栏→打断图标 ▢，立即菜单设置为：一点打断，拾取需要打断的曲线，再选择交点处打断，结果如图 4-93 所示。

(5) 单击需要修改图层的曲线，在快捷菜单中选取"特性"命令，修改当前特性，将粗实线层改为虚线层，结果如图 4-94 所示。

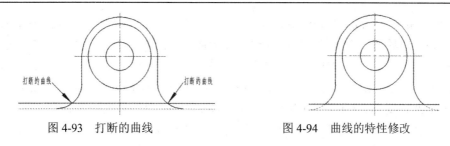

图 4-93 打断的曲线　　　　　　　　图 4-94 曲线的特性修改

(6) 使用第(1)～(5)的方法处理其他细节，最终结果如图 4-95 所示。

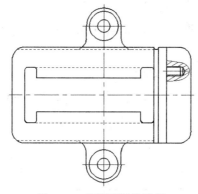

图 4-95 俯视图最终结果

4. 绘制左视图

1) 绘制左视图外轮廓

(1) 单击常用→绘图工具栏→直线图标 ，立即菜单设置为：两点线→连续。选取窗口界面右下角的正交命令和智能→导航命令，在图纸右上角适当位置单击左键。向右移动鼠标，输入长度 146，再向上移动鼠标，输入长度 14，向左移动鼠标，输入长度 33，向上移动鼠标，输入长度 44，向左移动鼠标，输入长度 80，向下移动鼠标，输入长度 44，向左移动鼠标，输入长度 33，向下移动鼠标，输入长度 14，单击鼠标右键确认，结果如图 4-96 所示。

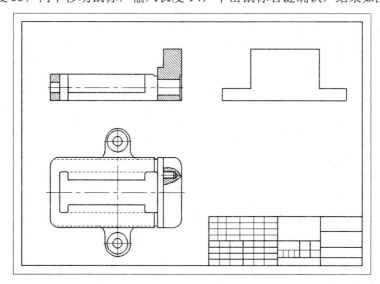

图 4-96 左视图外轮廓

(2) 单击常用→修改工具栏→等距线图标🔩，立即菜单设置为：单个拾取→指定距离→单向→空心→距离 20→份数 1，选取外轮廓上侧直线，在该直线下方单击左键。使用相同方法，修改距离为 28，选取外轮廓上侧直线，在该直线下方单击左键，单击右键确认。

(3) 单击常用→绘图工具栏→中心线图标╱，立即菜单设置为：指定延长线长度→快速生成→延伸长度 3，选取左视图的左、右轮廓线，单击鼠标右键确认。

(4) 单击常用→修改工具栏→等距线图标🔩，立即菜单设置为：单个拾取→指定距离→单向→空心→距离 15→份数 1，选取外轮廓下侧直线，在该直线上方单击左键。

(5) 单击常用→绘图工具栏→圆图标⊙，立即菜单设置为：圆心_半径→直径→有中心线→中心线延伸长度 3，选取第(3)步和第(4)步绘制的直线交点为圆心，输入直径 12，单击鼠标右键确认。

(6) 单击常用→绘图工具栏→圆图标⊙，输入直径 18，单击鼠标右键确认。

(7) 单击常用→修改工具栏→删除图标✎，删除多余曲线。

(8) 单击常用→修改工具栏→裁剪图标✂，裁剪多余曲线，结果如图 4-97 所示。

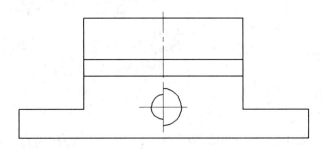

图 4-97　修剪后的左视图外轮廓

2) 绘制左视图右侧剖面图

(1) 单击常用→修改工具栏→等距线图标🔩，立即菜单设置为：单个拾取→指定距离→单向→空心→距离 14→份数 1，选取竖直中心线，在该中心线右侧单击左键。再修改距离为 23，选取竖直中心线，在该中心线右侧单击左键。再修改距离为 58，选取竖直中心线，在该中心线右侧单击左键。再修改距离为 6，选取水平中心线，在该中心线下侧单击左键，结果如图 4-98 所示。

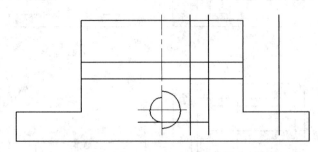

图 4-98　左视图右侧剖面图辅助线

(2) 单击常用→修改工具栏→裁剪图标✂，裁剪多余曲线。

(3) 单击常用→修改工具栏→删除图标✎，删除多余曲线，结果如图 4-99 所示。

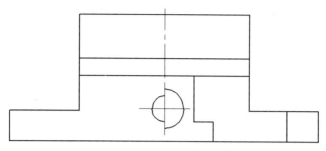

图 4-99 左视图右侧剖面图轮廓

(4) 单击常用→绘图工具栏→孔/轴图标，立即菜单设置为：轴→直接给出角度→中心线角度 90，选取右侧交点为起点，修改起始直径为 25，终止直径为 25，输入长度为 2。再次单击孔/轴图标，修改起始直径为 11，终止直径为 11，输入长度为 12，单击鼠标右键确认。

(5) 单击常用→修改工具栏→等距线图标，立即菜单设置为：单个拾取→指定距离→单向→空心→距离 41→份数 1，选取上侧外轮廓线，在该外轮廓线下侧单击左键。修改距离为 2，选取右侧外轮廓线，在该外轮廓线左侧单击左键。

(6) 单击常用→修改工具栏→延伸图标，选取第(5)步偏移的第 2 条曲线为边界线，再选取右侧外轮廓上侧曲线进行延伸。

(7) 单击常用→修改工具栏→过渡图标，立即菜单设置为：圆角→裁剪始边→半径 2，进行倒圆角。修改裁剪始边为裁剪，对右上角进行倒圆角。

(8) 单击常用→修改工具栏→删除图标，删除多余曲线。

(9) 单击常用→绘图工具栏→剖面线图标，立即菜单设置为：拾取点→不选择剖面图案→非独立→比例 2→角度 45→间距错开 0，拾取需要填充剖面线的区域，单击鼠标右键确认，结果如图 4-100 所示。

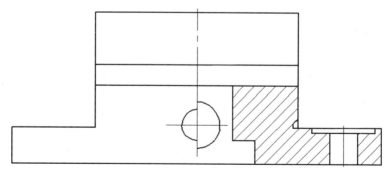

图 4-100 左视图右侧剖面图

3) 绘制左视图上侧其他轮廓

(1) 单击常用→修改工具栏→等距线图标，立即菜单设置为：单个拾取→指定距离→单向→空心→距离 9→份数 1，选取上侧外轮廓线，在该外轮廓线下侧单击左键。修改单向为双向，距离为 20，选取竖直中心线，在该中心线右侧单击左键，如图 4-101 所示。

(2) 单击插入→图库工具栏→插入图符图标，系统弹出"插入图符"对话框。选取常用图形→螺纹→内螺纹-粗牙，单击"下一步"，选取参数 D 为 8、P 为 1.25，单击"完成"按钮。选择第(1)步生成的直线交点作为定位点，单击鼠标右键确认。采用相同方法绘制右侧的螺纹孔。

(3) 单击常用→修改工具栏→删除图标 ✎，删除多余曲线，如图 4-102 所示。

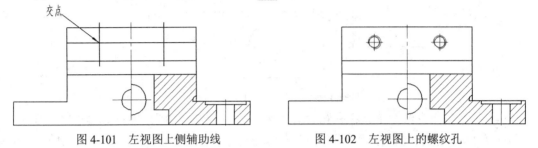

图 4-101　左视图上侧辅助线　　　　　图 4-102　左视图上的螺纹孔

(4) 单击常用→修改工具栏→过渡图标 ▢，立即菜单设置为：圆角→裁剪→半径 2，进行倒圆角，如图 4-103 所示。

(5) 单击常用→修改工具栏→镜像图标 ▲，立即菜单设置为：选择轴线→拷贝，选取如图所示线段，单击鼠标右键确认，再选择中心线进行镜像。

(6) 单击常用→绘图工具栏→直线图标 ╱，立即菜单设置为：两点线→连续。绘制两条竖直直线，结果如图 4-104 所示。

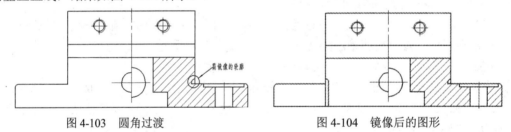

图 4-103　圆角过渡　　　　　　　　　图 4-104　镜像后的图形

5. 标注尺寸及技术要求

1) 标注主视图尺寸及技术要求

(1) 单击常用→标注→尺寸标注图标 ⊢⊣ 尺寸标注(S)，立即菜单设置为：基本标注，用鼠标左键单击固定钳身左侧轮廓线，再单击右侧轮廓线，标注尺寸 154。使用相同的方法标注其他尺寸，结果如图 4-105 所示。

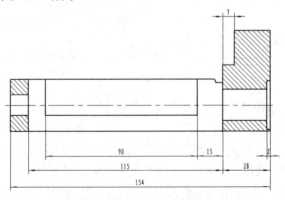

图 4-105　水平尺寸标注

(2) 单击常用→标注→尺寸标注图标┣━┫尺寸标注(S)，立即菜单设置为：基本标注，用鼠标左键单击固定钳身上侧轮廓线，再单击下侧轮廓线，标注尺寸30，使用相同的方法标注其他尺寸，结果如图4-106所示。

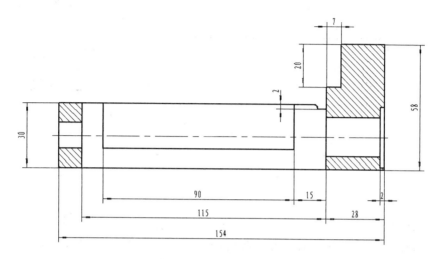

图4-106　垂直尺寸标注

(3) 单击标注→尺寸标注图标┣━┫尺寸标注(S)，立即菜单设置为：基本标注，用鼠标左键单击固定钳身右端孔(大孔)的上侧轮廓线，再单击下侧轮廓线，立即菜单设置为：基本标注→文字平行→直径→正交→文字居中→前缀%c→后缀→基本尺寸30，标注尺寸ø30。用鼠标左键单击固定钳身右端孔(小孔)的上侧轮廓线，再单击下侧轮廓线，单击鼠标右键，系统弹出"尺寸标注属性设置"对话框，修改参数如图4-107所示，在合适位置单击左键。使用相同方式标注左端另一尺寸，结果如图4-108所示。

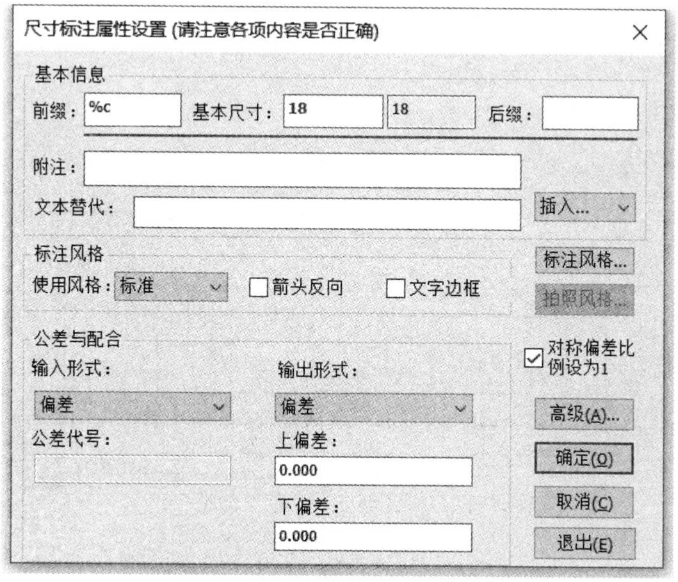

图4-107　"尺寸标注属性设置"对话框

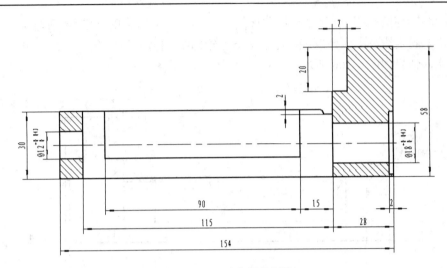

图 4-108　尺寸公差的标注

(4) 单击常用→标注工具栏→粗糙度图标 √，立即菜单设置为：标准标注→默认方式，系统弹出"表面粗糙度(GB)"对话框，修改 Ra 后的数值为 1.6，如图 4-109(a)所示。选取主视图上侧曲线标注粗糙度，使用相同方法标注其他粗糙度，结果如图 4-109(b)所示。

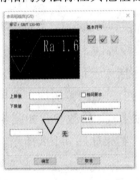

(a)

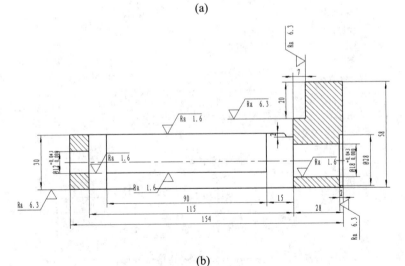

(b)

图 4-109　粗糙度的标注

(5) 单击常用→标注工具栏→基准代号图标 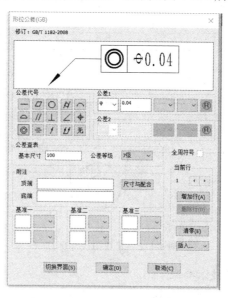，立即菜单设置为基准标注→给定基准→默认方式→基准名称 A，选取 ø18 的上尺寸界线。

(6) 单击常用→标注工具栏→形位公差图标 ，系统弹出"形位公差(GB)"对话框，参数设置如图 4-110 所示，单击"确定"按钮。选取 ø12 的上尺寸界线，立即菜单设置为：水平标注。选取合适位置单击鼠标左键确认，结果如图 4-111 所示。

图 4-110 "形位公差(GB)"对话框

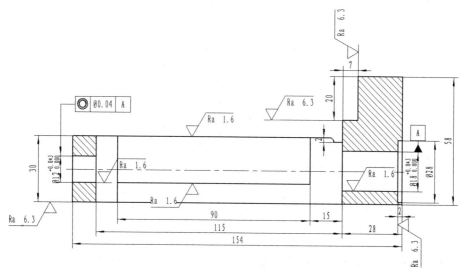

图 4-111 形位公差和基准标注

2) 标注俯视图尺寸

单击常用→标注→尺寸标注图标 尺寸标注(S)，立即菜单设置为：基本标注，选取俯视图右侧轮廓线，再选取竖直中心线，标注尺寸 75，使用相同方法标注其他尺寸。标注圆角半径时，立即菜单设置为：基本标注→半径→文字水平→文字居中→前缀 R→后缀→基本尺寸 10，结果如图 4-112 所示。

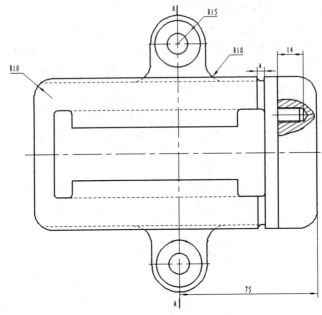

图 4-112　俯视图尺寸标注

3) 标注左视图尺寸及技术要求

(1) 单击常用→标注→尺寸标注图标 <kbd>尺寸标注(S)</kbd>，选取左视图左侧中心线，再选取右侧中心线，标注尺寸 116，使用相同方法标注其他尺寸，结果如图 4-113 所示。

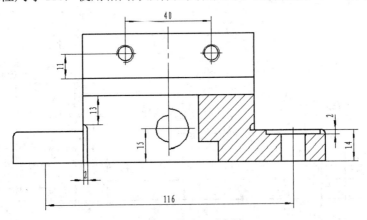

图 4-113　基本尺寸标注

(2) 单击常用→标注→尺寸标注图标 <kbd>尺寸标注(S)</kbd>，立即菜单设置为：基本标注，选取左视图右端局部剖面图孔的轮廓线，立即菜单设置为：基本标注→文字平行→直径→文字居中→前缀%c→后缀→基本尺寸 25，标注尺寸 ø25。使用相同方法标注尺寸 ø11。

(3) 单击常用→标注→尺寸标注图标 <kbd>尺寸标注(S)</kbd>，立即菜单设置为：半标注→长度→延伸长度 3→前缀→后缀→基本尺寸，选取俯视图中部的竖直中心线，再选取右侧半剖视图的轮廓线，标注尺寸 28，使用相同方法标注其他尺寸，结果如图 4-114 所示。

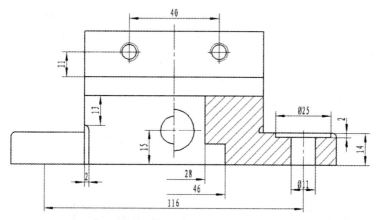

图 4-114　直径尺寸和半标注

(4) 单击常用→标注→尺寸标注图标 ├──┤ 尺寸标注(S)，立即菜单设置为：基本标注，选取
俯视图上部左侧轮廓线，再选取右侧轮廓线，标注尺寸 80。单击鼠标右键，系统弹出"尺
寸标注属性设置"对话框。修改参数如图 4-115 所示，在合适位置单击鼠标左键。使用相
同方式标注左端另一尺寸，结果如图 4-116 所示。

图 4-115　"尺寸标注属性设置"对话框

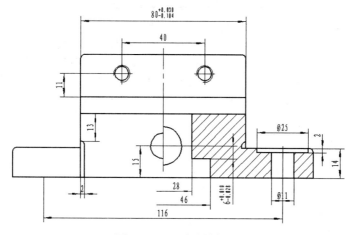

图 4-116　尺寸公差标注

(5) 单击常用→标注工具栏→粗糙度图标 √，立即菜单设置为：标准标注→默认方式，系统弹出"表面粗糙度(GB)"对话框，如图 4-109(a)所示，修改 Ra 后的数值为 6.3。选取左视图左侧轮廓线，进行粗糙度标注，采用相同方法标注其他粗糙度。

(6) 单击常用→标注工具栏→引出说明图标 ↗ᴬ，系统弹出"引出说明"对话框，参数设置如图 4-117 所示。选取螺纹孔的中心，单击鼠标左键，移动鼠标引出，再单击鼠标左键确定位置，回车，结果如图 4-118 所示。

(7) 单击常用→标注工具栏→粗糙度图标 √，立即菜单设置为：简单标注→默认方式→不去除材料→数值，回车，选取图纸右上角任意一点标注粗糙度。

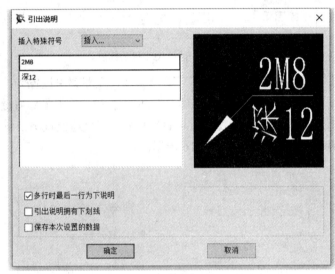

图 4-117　"引出说明"对话框

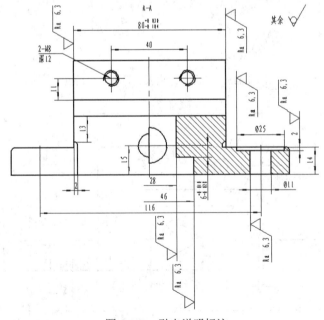

图 4-118　引出说明标注

(8) 单击常用→标注工具栏→文字图标 ，立即菜单设置为：指定两点。在图纸右上角标注的粗糙度前合适区域用鼠标绘制一个区域，系统显示"文本编辑器-多行文字"对话框，如图 4-119 所示。输入：其余，单击"确定"按钮，标注结果如图 4-120 所示。

图 4-119 "文本编辑器-多行文字"对话框

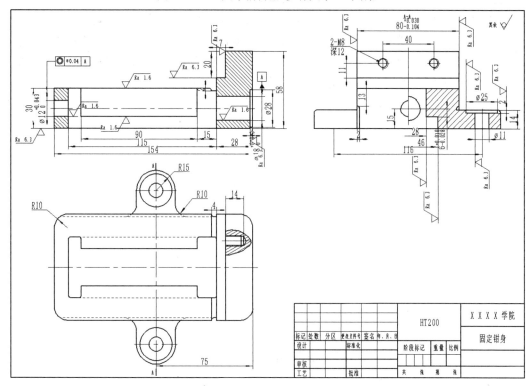

图 4-120 文字标注

任务 4.4 绘制座体类零件图的有关命令

一、插入图符

1. 功能

"插入图符"命令用于将需要的图符配置参数后从图库中提取出来，并添加到当前图形中。

2. 启动"插入图符"命令的方法

(1) 菜单操作：绘图→图库→插入图符；

(2) 工具栏操作：插入→图库工具栏→插入图符图标 🔛；

(3) 键盘输入：sym。

3. 操作过程

执行"插入图符"命令后，系统弹出"插入图符"对话框，如图 4-121 所示。先单击图符大类的下拉按钮，选择所需的大类，再在图符小类中选取所需的小类，如图 4-122 所示。单击"下一步"按钮，系统弹出"图符预处理"对话框，如图 4-123 所示。在左边的表格中，可用鼠标或键盘将插入符移到任一单元格并输入数值，输入完成后，单击"完成"按钮。

注：表头的尺寸变量后有"*"号，说明该尺寸是系列尺寸，可从中选择合适的系列尺寸值。表头的尺寸变量后有"？"号，说明该尺寸是动态尺寸。在插入图符时，可以通过鼠标拖动来动态决定该尺寸的数值。如果预览区里的图形显示太小，用鼠标右键单击预览区内任一点，则图形将以该点为中心放大显示。在预览区内同时按下鼠标的左、右两键，则图形恢复最初的显示大小。

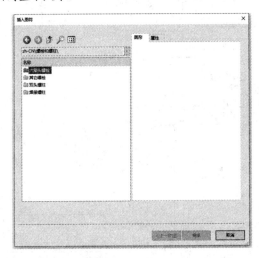

图 4-121　　"插入图符"对话框

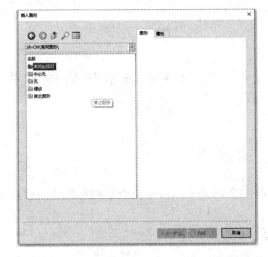

图 4-122　　"插入图符"对话框基本参数选择

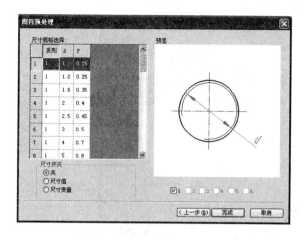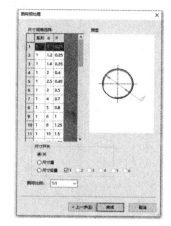

图 4-123　"图符预处理"对话框

二、定义图符

1. 功能

图符的定义实际上就是用户根据实际需要，建立自己的图库的过程。有时可能需要用到一些电子图板没有提供的图形或符号，可以使用"定义图符"命令定义常用的图符，对已有的图库进行扩充。

2. 启动"定义图符"命令的方法

(1) 菜单操作：绘图→图库→定义图符；

(2) 工具栏操作：插入→图库工具栏→定义图符图标 定义；

(3) 键盘输入：symdef。

3. 操作过程

图符分为固定图符和参量图符，其操作过程有所不同，下面介绍定义固定图符的过程。定义参量图符比定义固定图符的过程要复杂一些，本书从略。在绘图区绘制好所要定义成图符的图形，不必标注图形尺寸，如图 4-124 所示。

(1) 单击插入→图库工具栏→定义图符图标 定义，系统提示"请选择第 1 视图"，选取刚才绘制的图形后单击鼠标右键，系统提示"请单击或输入视图的基点："，选择图形中心点。系统提示"请选择第 2 视图"，如还有视图，操作步骤同上。若没有，单击鼠标右键，系统弹出"图符入库"对话框。在新建类别下输入"自定义"，图符名称下输入"八卦图"，如图 4-125 所示。

图 4-124　绘制的八卦图

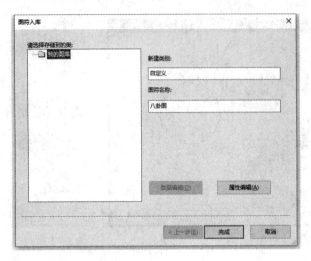

图 4-125　"图符入库"对话框

(2) 如果要对图符增加属性说明，则单击"属性编辑"按钮，进行编辑输入，如图 4-126 所示。

图 4-126　"属性编辑"对话框

(3) 最后单击"确定"按钮，即可将新建的图符加入到图库中。

三、图库管理

1. 功能

"图库管理"命令用于对电子图板中自带的图库及用户已经自定义的图库进行修改和管理等操作。

2. 启动"图库管理"命令的方法

(1) 菜单操作：绘图→图库→图库管理；

(2) 工具栏操作：插入→图库→图库管理图标 🔲 管理；

(3) 键盘输入：symman。

3. 操作过程

执行"图库管理"命令后，系统弹出"图库管理"对话框，如图 4-127 所示。在该对话框中可进行图符编辑、数据编辑、属性编辑、导出图符、并入图符、图符改名和删除图符等操作，最后单击"确定"按钮完成图库管理。

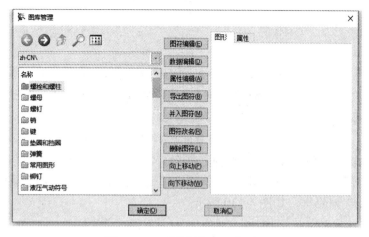

图 4-127　"图库管理"对话框

4. 参数说明

(1) 图符编辑：对图库已有的图符进行修改、部分删除、添加和重新组合，定义成一个新的图库操作。

① 在"图库管理"对话框中选取要编辑的图库名称，单击"图符编辑"按钮，弹出图符编辑选项菜单，如图 4-128 所示。

图 4-128　图符编辑选项菜单

② 若要修改参量图符中图形元素的定义，则单击"进入元素定义"选项。

③ 若要修改图符的图形、基点、尺寸或尺寸名，则单击"进入编辑图形"选项。此时"图库管理"对话框被关闭，图符的各个视图显示在绘图区内，可以对图形的线段和尺寸进行修改。

④ 图形修改完毕后，可对其进行新定义，方法同前面介绍一致。

注：在图形入库时，如果输入的图符名和原名相同，则对原图符作理论修改，如果输入一个新的名称，则定义了一个新的图符。

(2) 数据编辑：对参量图符原有的数据进行删除、添加、修改等操作。

① "图库管理"对话框选取要进行数据编辑的图符名称，单击"数据编辑"按钮，弹出"标准数据录入与编辑"对话框，如图 4-129 所示。

② 在对话框中对数据进行修改。修改完成，单击"确定"按钮，返回到"图库管理"对话框。

图 4-129 "标准数据录入与编辑"对话框

(3) 属性编辑：对原有图符的属性进行删除、添加和修改等操作。

① 在"图库管理"对话框选取要进行属性编辑的图符名称，单击"属性编辑"按钮，弹出"属性编辑"对话框，如图 4-130 所示。

图 4-130 "属性编辑"对话框

② 在该对话框中，对图符属性进行修改。修改结束，单击"确定"按钮，返回到"图库管理"对话框。

(4) 导出图符：将需要导出的图符以"图库索引文件"的方式在系统中进行保存。

① 在"图库管理"对话框中选取要进行图符导出的图符名称，单击"导出图符"按钮，弹出"浏览文件夹"对话框，如图 4-131 所示。

② 选取路径例如 C 盘，单击"确定"按钮，系统显示导出完毕，如图 4-132 所示，再单击"确定"按钮。

图 4-131 "浏览文件夹"对话框

图 4-132 导出完毕对话框

(5) 并入图符：将用户在旧版本中自定义的图库，转换成当前的图库格式，或者将用户在另一台计算机上定义的图库，加入到本台计算机的图库中。

① 在"图库管理"对话框中单击"并入图符"按钮，系统弹出"并入图符"对话框，如图 4-133 所示。

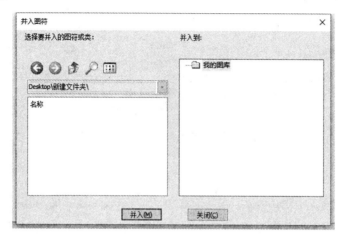

图 4-133 "并入图符"对话框

② 在该对话框中选择需要并入的图符，如图 4-134 所示。单击"并入"按钮，系统弹出对话框，如图 4-135 所示，单击"确定"按钮。

③ 转换完成后，单击关闭按钮，返回"图库管理"对话框。

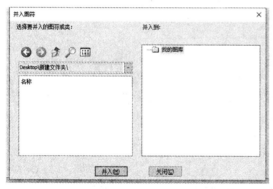

图 4-134 选择需并入的图形   图 4-135 并入完毕对话框

(6) 图符改名：对图符原有的名称以及图符大类和小类的名称进行修改。

① 在"图库管理"对话框中选取要改名的图库的名称，单击"图符改名"按钮，弹出"图符改名"对话框，如图 4-136 所示。

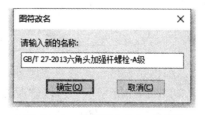

图 4-136 "图符改名"对话框

② 在编辑框中输入新的图符名称后，单击"确定"按钮，返回"图库管理"对话框。

(7) 删除图符：将图库中无用的图符删除。

① 在"图库管理"对话框中选取要删除的图符，如图 4-137 所示。单击"删除图符"按钮，系统弹出对话框，如图 4-138 所示。

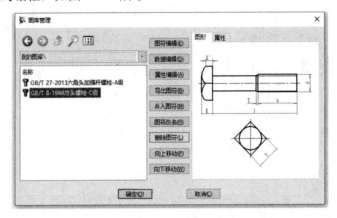

图 4-137　"图库管理"对话框

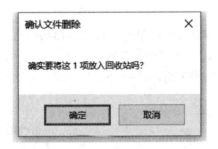

图 4-138　确认文件删除对话框

② 如要删除，单击"确定"按钮。操作完成后，系统返回"图库管理"对话框。

四、驱动图符

1. 功能

对已提取出的没有打散的图符进行驱动，更换图符或者改变已提取图符的尺寸规格、尺寸标注情况和图符输出形式等参数。

2. 启动"驱动图符"命令的方法

(1) 菜单操作：绘图→图库→驱动图符；

(2) 工具栏操作：插入→图库工具栏→驱动图符图标 驱动；

(3) 键盘输入：symdrv。

3. 操作过程

执行"驱动图符"命令后，根据系统提示，选取要驱动的图符，如图 4-139 所示，系统弹出"图符预处理"对话框，如图 4-140 所示。可以修改该图符的尺寸，也可以重新设定尺寸开关或图符的输出形式，甚至可以另选图符。操作方法与图符预处理相同。单击"完成"按钮,被驱动的图符被修改后的图符所取代,图符的定位与旋转角度仍与原图符相同。

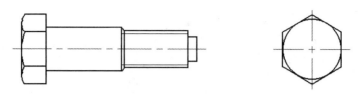

图 4-139 螺栓图符

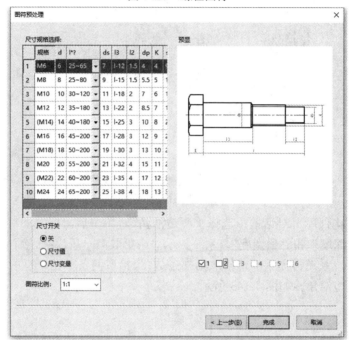

图 4-140 "图符预处理"对话框

五、构件库

1. 功能

构件库提供了增强的机械绘图和编辑命令。

2. 启动"构件库"命令的方法

(1) 菜单操作:绘图→构件库;

(2) 工具栏操作:插入→图库工具栏→构件库图标 ；

(3) 键盘输入:component。

3. 操作过程

执行"构件库"命令后,系统弹出"构件库"对话框,如图 4-141 所示。选择的构件不同,执行过程不同。一般是在立即菜单中给定相关尺寸,再按提示逐步完成操作。在"选择构件"栏内,用鼠标左键单击选中后,在"功能说明"栏中列出了所选构件的功能说明,单击"确定"按钮向下执行。

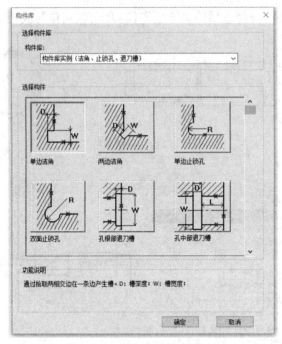

图 4-141　"构件库"对话框

例如，在"构件库"对话框中选择"两边洁角"，单击后出现立即菜单，如图 4-142 所示。设定"槽深度"和"槽宽度"，系统提示"请拾取第一条边："拾取两条不相平行的直线中的一条后，系统再提示"请拾取第二条边："拾取两条不相平行的直线中的另一条后，即可完成两边洁角，如图 4-143 所示。

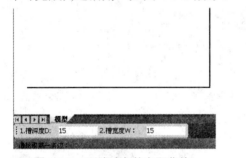

图 4-142　两边洁角的立即菜单　　　　　　　　图 4-143　两边洁角后的直线

六、技术要求

1. 功能

"技术要求"命令用于快速生成工程的技术要求说明文字。电子图板用数据库文件分类记录了常用的技术要求文本项，可以辅助生成技术要求文本插入工程图，也可以对技术要求库的文本进行添加、删除和修改。

2. 启动"技术要求"命令的方法

(1) 菜单操作：标注→技术要求；

（2）工具栏操作：标注→文字工具栏→技术要求图标 技术要求；

（3）键盘输入：speclib。

3. 操作过程

执行"技术要求"命令后，系统弹出"技术要求库"对话框，如图 4-144 所示。左下角的列表框列出了所有的技术要求类别，右下方表格列出了当前类别的所有文本项目，顶部的编辑框用来编辑要插入工程图的技术要求文本。可将要用的文本复制粘贴到编辑框中合适的位置，也可以直接在编辑框中输入和编辑文本，如图 4-145 所示。

图 4-144　"技术要求库"对话框

图 4-145　技术要求文本的选择和编辑

单击"正文设置"按钮，系统弹出对话框，如图 4-146 所示。修改技术要求文本要采用的文字参数，右上角的标题设置按钮与正文设置中的一样。完成编辑后，单击"生成"按钮，根据提示指定技术要求所应用的区域，即可生成技术要求文本。

💡 **提示**：设置的文字参数是技术要求正文的参数，而标题"技术要求"四个字由系统自动生成，并相对于指定的区域中上对齐，因此，在编辑框中不要输入这四个字。

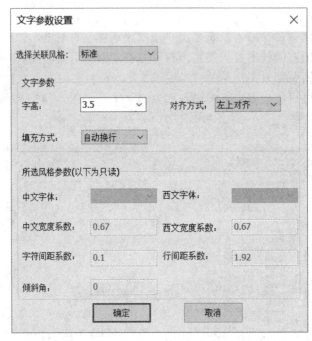

图 4-146　"文字参数设置"对话框

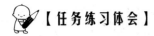 【任务练习体会】

　　中国正在从制造大国转变为制造强国。在家电、电子装备、造船等工业领域正逐步出现世界级公司。工业企业在国际化的过程中，对于信息化的需求带动了工业软件的发展，而国产工业软件在本地化产品和服务方面有着独特的优势，更具有战略安全性。未来几年，随着《中国制造 2025》的逐步落实，中国现代工业化进程的加快，工业软件应用范围和深度扩大，行业仍将保持着稳定的增长。2018 年我国工业软件产品收入增速为 14.2%。未来几年时间内，我国工业软件企业将逐步壮大，工业软件产品收入将保持 10%～15%的增长速度，及至 2024 年，中国工业软件产品收入将达到 2 950 亿元。

习　题　四

一、思考题

1. 如何设置尺寸标注参数？
2. 尺寸标注分为几类？各是什么？
3. 一个完整的尺寸由哪几部分组成？
4. 标注公差与配合尺寸有几种方法？
5. 如何从图库中提取符合用户要求的图符？

6. 如何定义图符操作？

7. 计算机绘制工程图应注意哪些问题？

8. 用电子图板绘制工程图要注意哪些问题？

9. 如何设定图幅？如何调入图框、标题栏？如何填写标题栏？

10. 图块有哪些特点？怎样生成和打散图块？

11. 视图被放大或缩小后，图形的实际大小是否会发生相应的变化？

12. 显示全部与全屏显示命令有什么区别？

13. 利用属性修改操作，可以对图形的哪些属性进行修改？

套类零件图
的绘制

二、上机练习题

1. 绘制下列零件图并标注尺寸，如图 4-147 所示。

(1)　　　　　　　　　　　　　　　　　　　(2)

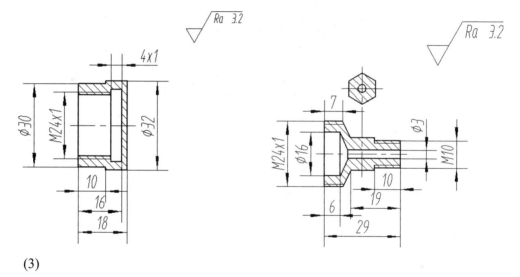

(3)

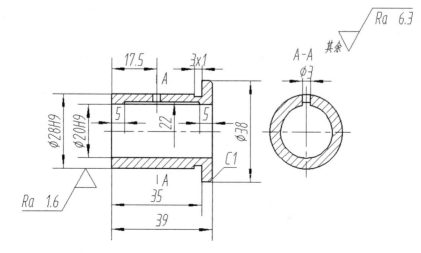

(4)

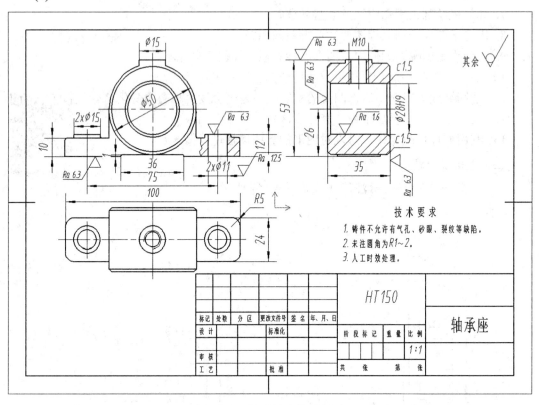

图 4-147　滑动轴承的零件图

2. 绘制下列零件图并标注尺寸，如图 4-148 所示。

(1)

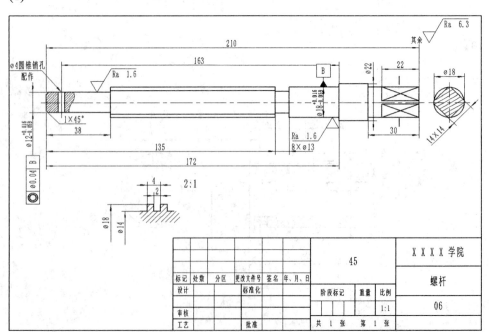

(2)

Ra 6.3

45°　　　45°　A-A

A

Ø17　90°

22

Ø9

A

40

9

80

B-B
2:1

60°

4

02 护口板 材料: 45

盘盖类零件
图的绘制

(3)

其余

Ø28

Ø20

28 36

2×2

11

Ø18

$80^{+0.074}_{0.000}$

$Ø20^{+0.052}_{0.000}$

90

2-M8

40

14

7

24 25

技术要求

未注圆角半径R3-R5。

R40　　　　R24

03 活动钳身 材料: HT200

(4)

Ra 6.3

1×Ø8

1×45°

Ø26

2-Ø4

M10×1

18

4

14

22

04 螺钉 材料: A3

(5)

(6)

(7)

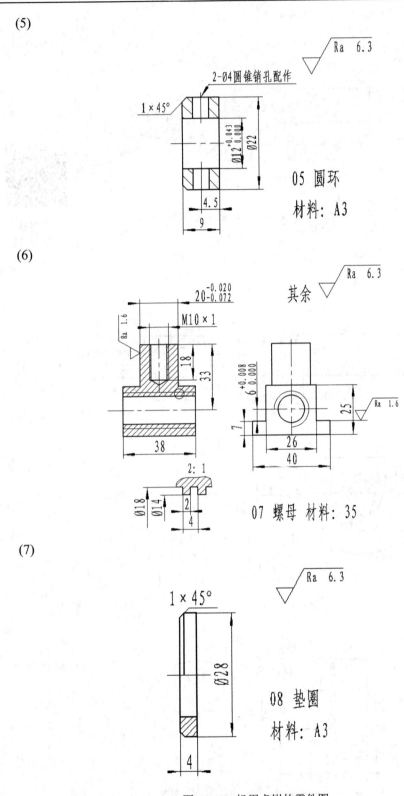

图 4-148　机用虎钳的零件图

项目五　装配图的绘制

【软件情况介绍】

　　装配图是用来表达机器或部件各零件之间的装配连接关系、工作原理、传动路线、结构特征的。在机器的整套图纸中，装配图是最重要的。装配体是由多个零件组成的，根据装配体的零件图，就可以拼画出装配体的装配图。本项目将通过实例介绍绘制装配图的方法和有关命令。

【课程思政】

　　《天工开物》记载和总结了我国古代劳动人民在农业和手工业方面所取得的卓越成就。全书共十八卷，详细记述了领先于当时世界的各种工农业生产措施和科学创见。在农业生产方面，记载了许多农业生产的技术措施；在纺织方面，记述了明代提花机的构造并能够用和现代"轴测投影"类似的方法清楚地表达出花机的结构、机件、形状大小和相互关系，是研究我国古代纺织机械和纺织技术的重要资料；在冶炼方面，记载了用锤锻方法制造铁器与铜器的工艺过程，其中不少技术至今仍在应用。该著作不仅全面反映了明末农业生产和手工业生产的技术发展水平，而且充分肯定了我国古代劳动人民的生产实践活动。

任务 5.1　装配图的绘制

一、拼画装配图的方法

1. 利用复制、粘贴方法拼图

　　(1) 打开要拼装的零件图，关闭尺寸线层，按照装配图的要求修改后，单击主菜单中的编辑→带基点复制，或者单击常用→剪贴板工具栏→ 📋 复制 ·图标后的小三角符号，在弹出的下拉列表中选择 📋 带基点复制(W)，根据命令行提示"拾取添加"，框选要复制的图形，然后单击右键确定。当命令行提示"请指定基点"时，在图上适当的位置单击左键就指定了基点。

　　(2) 切换到装配图窗口，单击主菜单中的编辑→粘贴为块命令，或者单击常用→剪贴板工具栏→![粘贴]图标下的小三角符号，在弹出的下拉列表中选择 ![粘贴为块(B)]，被复制的图形会随鼠标指针位置移动以便预览，在适当的位置单击左键指定图形的插入点，图形就定位了。

(3) 系统提示输入旋转角度，根据需要给定旋转角度后回车。如果不需要旋转，直接单击右键或直接回车即可。同时根据表达的需要，在立即菜单中设置"消隐"或"不消隐"。

其他零件均可按照这样的方法插入，只不过图形插入点的位置要选择得合适。

2. 利用部分存储和并入方法拼图

(1) 打开要拼装的零件图，关闭尺寸线层，按照装配图的需要修改后，单击主菜单中的文件→部分存储，框选要存储的部分图形，然后单击右键确定；也可以先选中要存储的图形，单击右键，在弹出的快捷菜单中执行"部分存储"命令，当提示"请给定图形基点"时，在适当的位置单击左键，弹出如图 5-1 所示的"部分存储文件"对话框，输入文件名，再单击"保存"按钮。

(2) 切换到装配图窗口，单击主菜单中的文件→并入，或者单击插入→对象工具栏→并入文件图标![并入文件图标]，弹出"并入文件"对话框，选择部分存储图的文件名，单击"打开"按钮，在弹出的"并入文件"对话框中，选择"并入到当前图纸"后，单击"确定"按钮，被复制的图形会随鼠标移动到当前绘图区。

(3) 按需要设置立即菜单，根据提示选择定位点，这时提示输入旋转角度，给定旋转角度后回车。如果不需要旋转，直接单击右键或直接回车即可。

图 5-1   "部分存储文件"对话框

二、拼画装配图

本任务要求根据图 5-2 中的零件图，拼画如图 5-3 所示的球阀装配图。

(1)

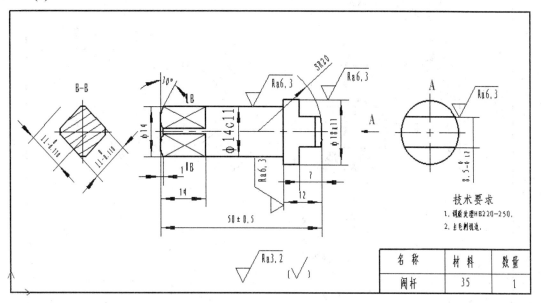

(2)

(3)

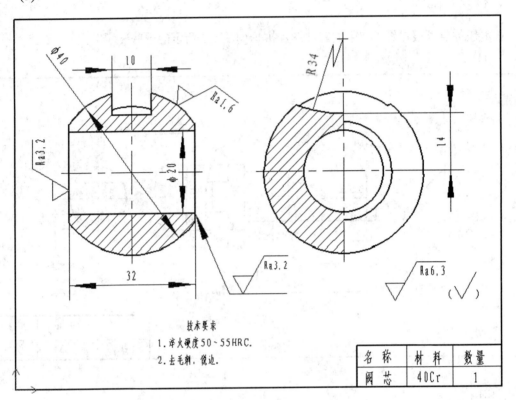

技术要求
1. 淬火硬度 50~55HRC.
2. 去毛刺，锐边.

名　称	材　料	数量
阀芯	40Cr	1

(4)

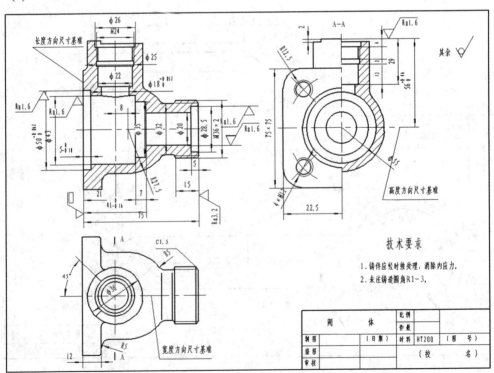

技术要求
1. 铸件应经时效处理，消除内应力.
2. 未注铸造圆角 R1~3.

阀　　　体		比例			
		件数			
制图	（日期）	材料	HT200	（图　号）	
描图				（校　　　名）	
审核					

(5)

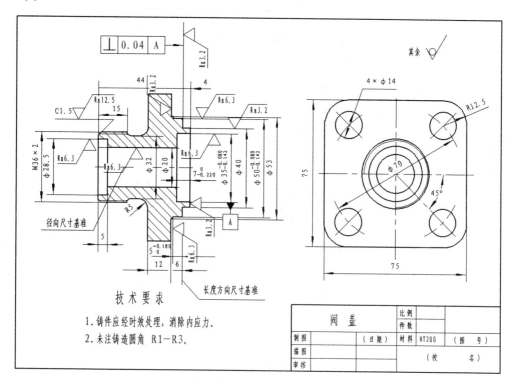

阀　盖

			比例		
			件数		
制图		（日期）	材料	HT200	（图　号）
描图					
审核				（校　　名）	

技术要求
1. 铸件应经时效处理，消除内应力。
2. 未注铸造圆角 R1—R3。

(6)

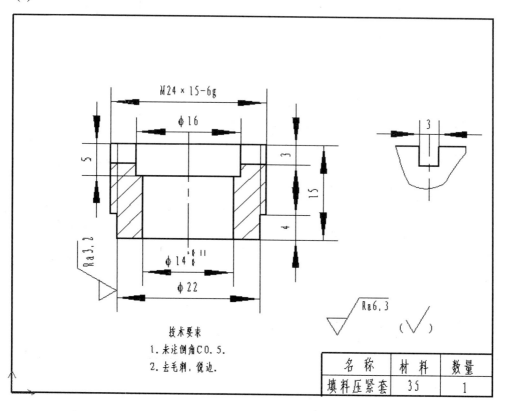

技术要求
1. 未注倒角 C0.5。
2. 去毛刺，锐边。

名　称	材　料	数　量
填料压紧套	35	1

(7)

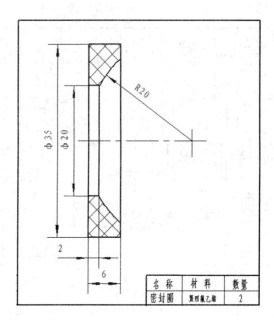

(8)

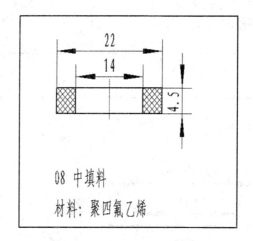

08 中填料

材料：聚四氟乙烯

(9)

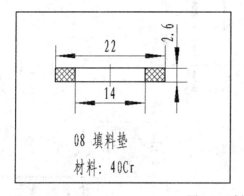

08 填料垫

材料：40Cr

(10)

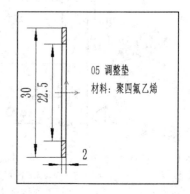

05 调整垫

材料：聚四氟乙烯

图 5-2　球阀零件图

绘图步骤如下:

由图 5-3 球阀装配图可知,该装配图是以阀体为基础的,其中最能突出装配关系、结构特点和工作原理的是主视图,所以下面将以主视图的装配为主进行介绍。

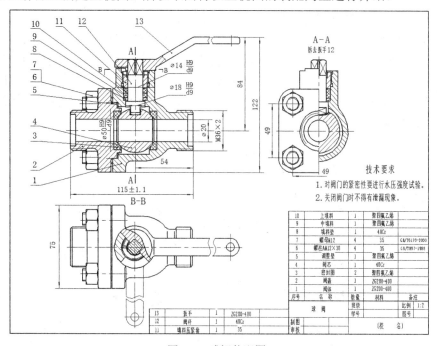

图 5-3 球阀装配图

1. 新建文件

启动 CAXA CAD 电子图板 2021,进入用户界面。单击图幅→图幅设置图标 ⬚,或者单击主菜单栏中的幅面→幅面设置,弹出"图幅设置"对话框,设置图纸幅面、绘图比例、图框及标题栏,如图 5-4 所示,单击"确定"按钮。

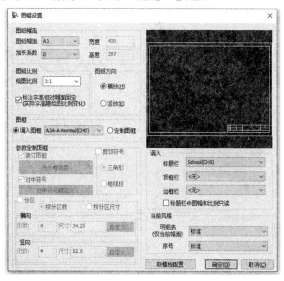

图 5-4 "图幅设置"对话框

2. 装配阀体

(1) 打开阀体零件图，关闭尺寸线层，将其三视图框选，右击弹出快捷菜单，选择"部分存储"命令，当命令行提示"给定图形的基点"时，拾取一点作为基点，给定文件名，单击"保存"按钮，进行部分存储，如图 5-5 所示。

(2) 切换到装配图，单击插入→对象工具栏→并入文件图标 🔖，或者单击主菜单中的文件→并入，弹出"并入文件"对话框，选择刚保存的阀体文件名，单击"打开"按钮，弹出如图 5-6 所示的"并入文件"对话框，选择"并入到当前图纸"后，单击"确定"按钮。其立即菜单设置如图 5-7 所示，在图面适当位置单击给定定位点后回车，阀体零件图即被并入到当前绘图区。

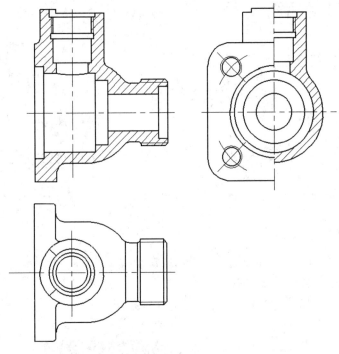

图 5-5　阀体

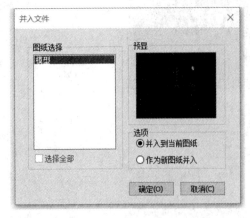

图 5-6　"并入文件"对话框

图 5-7　并入文件立即菜单

3. 装配阀芯

(1) 打开阀芯零件图，关闭尺寸线层，使用镜像、裁剪、删除等命令将其左视图修改成装配图所需要的图形，如图 5-8 所示。然后框选，右击弹出快捷菜单，选择"部分存储"命令，当命令行提示"给定图形的基点"时，拾取 A 点作为基点即可。

(2) 切换到装配图，单击并入文件图标🔒，选择刚保存的阀芯文件名，弹出"并入文件"对话框，设置如图 5-9 所示，单击"确定"按钮后，立即菜单设置如图 5-10 所示；当命令行提示"定位点"时，拾取主视图中的 A′ 点作为定位点，这时又提示"旋转角"，直接回车，阀芯即被并入到当前绘图区，装配效果如图 5-11 所示。

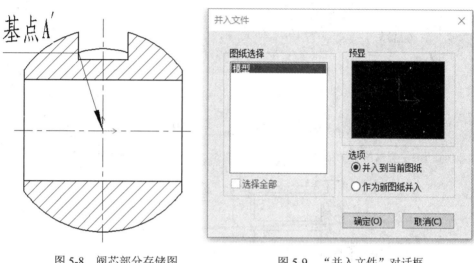

图 5-8　阀芯部分存储图　　　　　　　图 5-9　"并入文件"对话框

1.定点	2.粘贴为块	3.不消隐	4.块名	5.比例 1

图 5-10　并入文件立即菜单

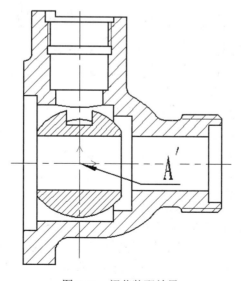

图 5-11　阀芯装配效果

4. 装配调整垫

(1) 打开调整垫零件图，关闭尺寸线层，框选其主视图，右击弹出快捷菜单，选择"部分存储"命令，再拾取 B 点作为基点，如图 5-12 所示，进行部分存储。

(2) 切换到装配图，单击并入文件图标🔒，弹出"并入文件"对话框，选择刚保存的调整垫文件名，在"并入文件"对话框仍然选择"并入到当前图纸" 选项。立即菜单设置如图 5-13 所示，拾取主视图中的 B′ 点作为定位点，直接回车，调整垫零件图即被并入到当前绘图区，结果如图 5-14 所示。

图 5-12　调整垫部分存储图　　　　　　图 5-13　并入文件立即菜单

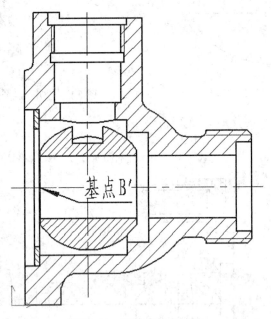

图 5-14　调整垫装配效果

5. 装配密封圈

(1) 打开密封圈零件图，关闭尺寸线层，框选其主视图，右击弹出快捷菜单，选择"部分存储"命令，拾取 C 点作为基点，进行部分存储，如图 5-15 所示。

(2) 切换到装配图，单击并入文件图标🔒，弹出"并入文件"对话框，选择刚保存的密封圈文件名，在"并入文件"对话框仍然选择"并入到当前图纸"选项。立即菜单设置如图 5-16 所示，拾取主视图中的 C′ 点作为定位点，直接回车，密封圈零件图即被并入到当前绘图区。

(3) 单击并入文件图标 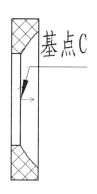，弹出"并入文件"对话框，选择刚保存的密封圈文件名，在"并入文件"对话框仍然选择"并入到当前图纸"选项。立即菜单设置如图 5-16 所示，拾取主视图中的 C"点作为定位点，键盘输入−180 回车，密封圈零件图即被并入到当前绘图区。也可以使用"镜像"命令装配对侧密封圈，结果如图 5-17 所示。

图 5-15　密封圈部分存储图

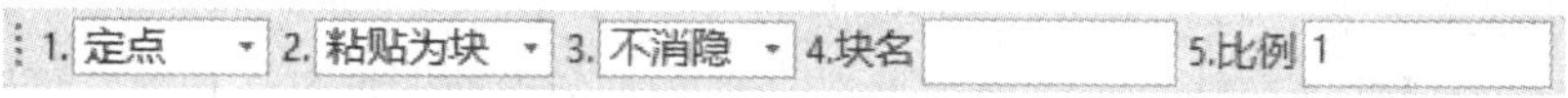

| 1. 定点 ▾ | 2. 粘贴为块 ▾ | 3. 不消隐 ▾ | 4. 块名 | 5. 比例 1 |

图 5-16　并入文件立即菜单

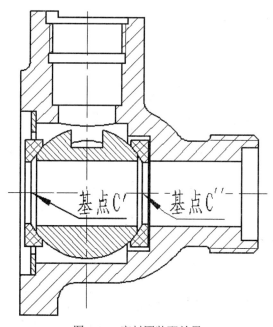

图 5-17　密封圈装配效果

6. 装配阀盖

(1) 打开阀盖零件图，关闭尺寸线层，将其修改成装配图所需要的图形后框选，右击弹出快捷菜单，选择"部分存储"命令，拾取 D 点作为基点，进行部分存储，如图 5-18 所示。

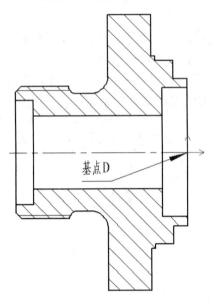

图 5-18　阀盖部分存储图

(2) 切换到装配图，单击并入文件图标，弹出"并入文件"对话框，选择刚保存的阀盖文件名，在"并入文件"对话框仍然选择"并入到当前图纸"选项。立即菜单设置如图 5-19 所示，拾取主视图中的 D′ 点作为定位点，直接回车，阀盖零件图即被并入到当前绘图区，结果如图 5-20 所示。

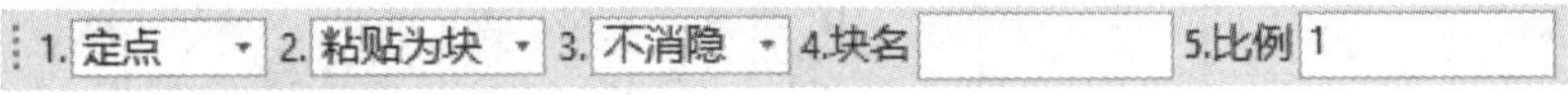

| 1. 定点 | 2. 粘贴为块 | 3. 不消隐 | 4.块名 | | 5.比例 1 |

图 5-19　并入文件立即菜单

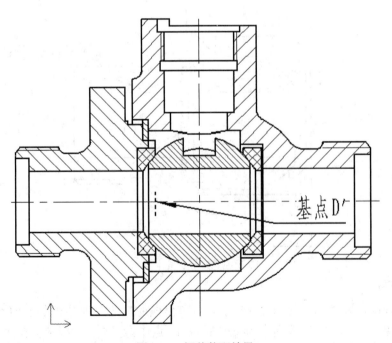

图 5-20　阀盖装配效果

7. 装配填料垫

(1) 打开填料垫零件图，关闭尺寸线层，将其修改成装配图所需要的图形后框选，右击弹出快捷菜单，选择"部分存储"命令，拾取 E 点作为基点，进行部分存储，如图 5-21 所示。

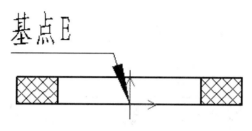

图 5-21　填料垫部分存储图

(2) 切换到装配图，单击并入文件图标 📁，弹出"并入文件"对话框，选择刚保存的填料垫文件，在"并入文件"对话框仍然选择"并入到当前图纸"选项。立即菜单设置如图 5-22 所示，拾取主视图中的 E′ 点作为定位点，直接回车，填料垫零件图即被并入到当前绘图区，结果如图 5-23 所示。

1.定点	2.粘贴为块	3.不消隐	4.块名	5.比例 1

图 5-22　并入文件立即菜单

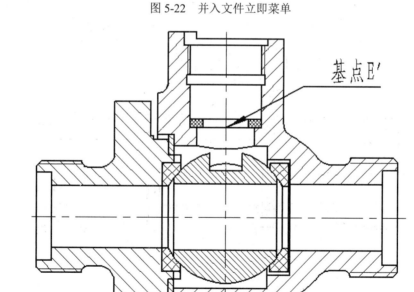

图 5-23　填料垫装配效果

8. 装配中填料及上填料

(1) 打开填料垫零件图，关闭尺寸线层，将其修改成装配图所需要的图形后框选，右击弹出快捷菜单，选择"部分存储"命令，拾取 F 点作为基点，进行部分存储，如图 5-24

所示。

(2) 切换到装配图，单击并入文件图标📎，弹出"并入文件"对话框，选择刚保存的中填料文件名，在"并入文件"对话框仍然选择"并入到当前图纸"选项。立即菜单设置如图 5-25 所示，拾取主视图中的 F′ 点作为定位点，直接回车，中填料零件图即被并入到当前绘图区。

(3) 同样方法装配上填料，定位点为 G′，结果如图 5-26 所示。

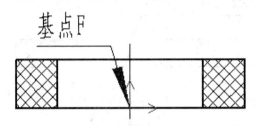

图 5-24　中填料部分存储图

图 5-25　并入文件立即菜单

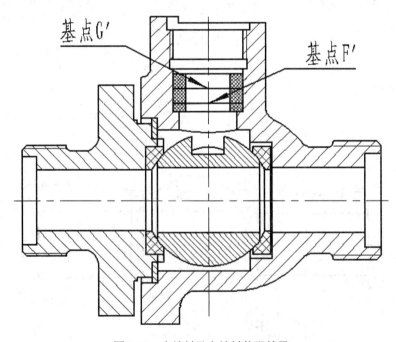

图 5-26　中填料及上填料装配效果

9. 装配填料压紧套

(1) 打开填料压紧套零件图，关闭尺寸线层，将其修改成装配图所需要的图形后框选，右击弹出快捷菜单，选择"部分存储"命令，拾取 H 点作为基点，进行部分存储，如图 5-27 所示。

(2) 切换到装配图，单击并入文件图标📎，弹出"并入文件"对话框，选择刚保存的填料压紧套文件名，在"并入文件"对话框仍然选择"并入到当前图纸"选项。立即菜单设置如图 5-28 所示，拾取主视图中的 H′ 点作为定位点，直接回车，填料压紧套零件图即被并入到当前绘图区，结果如图 5-29 所示。

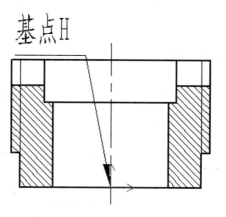

图 5-27　填料压紧套部分存储图

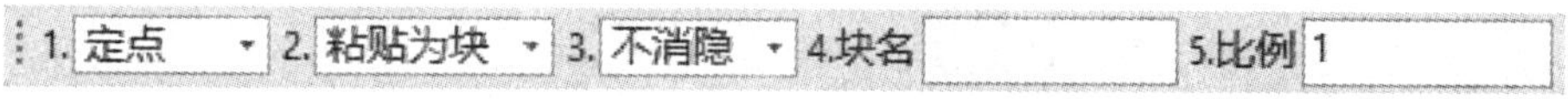

| ⋮ 1. 定点　▾ | 2. 粘贴为块　▾ | 3. 不消隐　▾ | 4.块名 | 5.比例 1 |

图 5-28　并入文件立即菜单

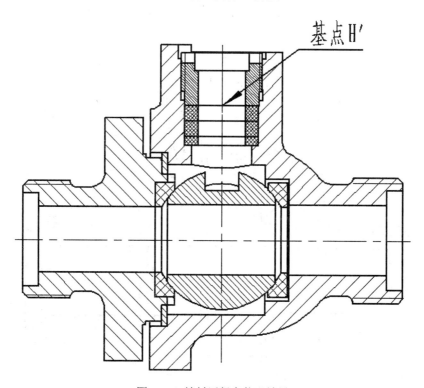

图 5-29　填料压紧套装配效果

10. 装配阀杆

(1) 打开阀杆零件图，关闭尺寸线层，将其修改成装配图所需要的图形后框选，右击弹出快捷菜单，选择"部分存储"命令，拾取 I 点作为基点，进行部分存储，如图 5-30 所示。

(2) 切换到装配图，单击并入文件图标📇，弹出"并入文件"对话框，选择刚保存的阀杆文件名，在"并入文件"对话框仍然选择"并入到当前图纸"选项。立即菜单设置如图 5-31 所示，拾取主视图中的 I′ 点作为定位点，键盘输入−90 回车，阀杆零件图即被并入到当前绘图区，结果如图 5-32 所示。

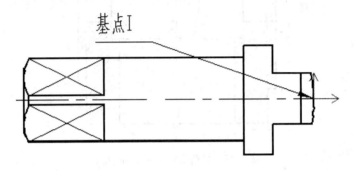

图 5-30　阀杆部分存储图

1. 定点 ▾	2. 粘贴为块 ▾	3. 不消隐 ▾	4. 块名	5. 比例 1

图 5-31　并入文件立即菜单

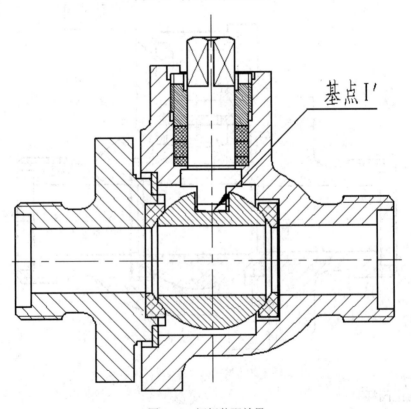

图 5-32　阀杆装配效果

11. 装配扳手

(1) 打开扳手零件图，关闭尺寸线层，将其修改成装配图所需的图形后框选，右击弹出快捷菜单，选择"部分存储"命令，拾取 J 点作为基点，进行部分存储，如图 5-33 所示。

(2) 切换到装配图，单击并入文件图标，弹出"并入文件"对话框，选择刚保存的扳手文件名，在"并入文件"对话框仍然选择"并入到当前图纸"选项。立即菜单设置如图 5-34 所示，拾取主视图中的 J′ 点作为定位点，直接回车，扳手零件图即被并入到当前绘图区，结果如图 5-35 所示。

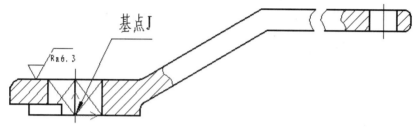

图 5-33 扳手部分存储图

图 5-34 并入文件立即菜单

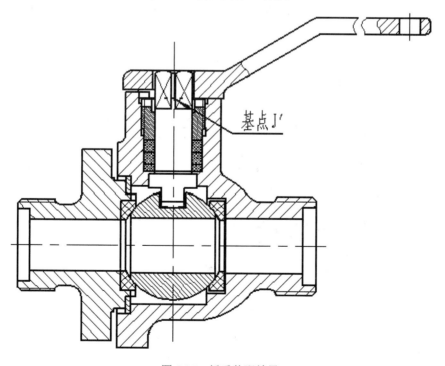

图 5-35 扳手装配效果

12. 装配左端螺柱

(1) 单击插入→插入图符图标，弹出"插入图符"对话框，选择图符大类为"螺栓和螺柱"，图符小类为"双头螺柱"，在图符列表中选择"GB/T897-1988"，如图 5-36 所示，单击"下一步"按钮，在"尺寸规格选择"列表中选择规格为 12，在视图预显区勾选"1"，尺寸开关为"关"，如图 5-37 所示，单击"完成"按钮。

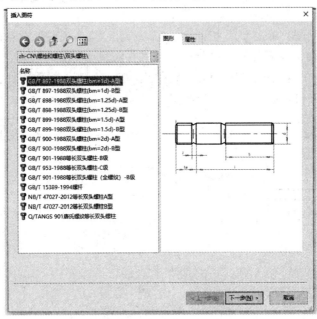

图 5-36   "插入图幅"对话框

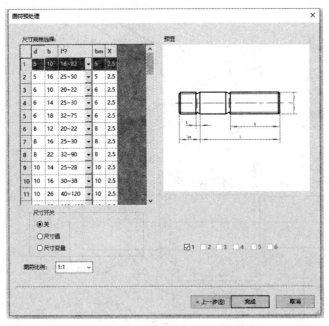

图 5-37   "图幅预处理"对话框

(2) 移动光标即拖动螺柱图形到当前绘图区，设置立即菜单如图 5-38 所示，螺柱定位点如图 5-39 所示。当命令行提示"图幅定位点"时，拾取主视图中的 K′点作为定位点，这时又提示旋转角，直接回车，螺柱即被并入到当前绘图区，装配效果如图 5-40 所示。

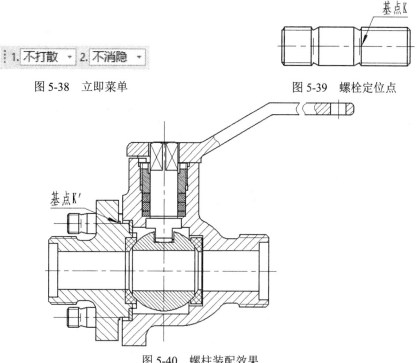

1. 不打散　▾　2. 不消隐　▾

图 5-38　立即菜单　　　　　　　　　　　　　　　　　图 5-39　螺栓定位点

图 5-40　螺柱装配效果

13. 装配螺母

(1) 单击插入→插入图符图标 ，弹出"插入图符"对话框，选择图符大类为"螺母"，图符小类为"六角螺母"，在图符列表中选择"GB/T6170-2015-1 型六角螺母"，如图 5-41 所示，单击"下一步"按钮，在"尺寸规格选择"列表中选择规格为 12，在视图预显区勾选"1"，尺寸开关为"关"，如图 5-42 所示，单击"完成"按钮。

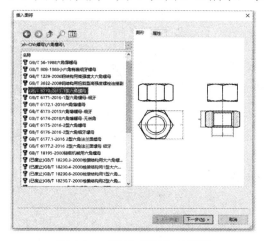

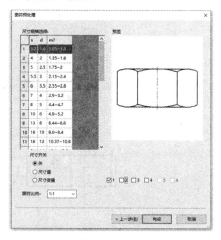

图 5-41　"插入图幅"对话框　　　　　　　　　　　图 5-42　"图幅预处理"对话框

(2) 移动光标即拖动螺母图形到当前绘图区，设置立即菜单如图 5-43 所示，螺母定位点如图 5-44 所示。当命令行提示"图幅定位点"时，拾取主视图中的 L′点作为定位点，这时又提示旋转角，键盘输入 90 回车，螺母即被并入到当前绘图区，装配效果如图 5-45 所示。

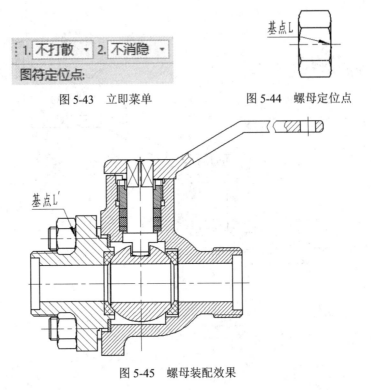

图 5-43　立即菜单　　　　　　　　图 5-44　螺母定位点

图 5-45　螺母装配效果

14. 其他视图

对于球阀的俯视图和左视图，采用与主视图相同的装配方法进行装配，效果如图 5-46
所示。

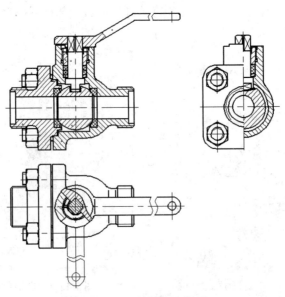

图 5-46　三视图装配效果

15. 对装配图进行尺寸标注

单击标注→尺寸工具栏→智能标注图标 ⊢⊣，按照项目四中的标注方法，标注出球阀的性能、规格、配合和安装等必要的尺寸。对于配合尺寸 ø18H9/d9，在标注时右键弹出"尺寸标注属性设置"对话框(也可以标注后双击 ø18 尺寸弹出此对话框)，设置其内容如图 5-47 所示，单击"确定"按钮，即完成配合标注。用同样的方法标出其他配合尺寸。

图 5-47　"尺寸标注属性设置"对话框

16. 标注零件序号、生成明细表

(1) 单击图幅→序号工具栏→生成序号图标 ，或者单击主菜单中的幅面→序号→生成，设置立即菜单如图 5-48 所示。

图 5-48　生成序号立即菜单

(2) 根据提示，选择引出点位置引出零件序号，此时弹出"填写明细表"对话框，如图 5-49 所示。

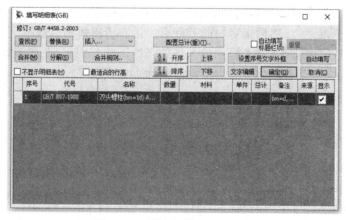

图 5-49　"填写明细表"对话框

(3) 在对话框中填写各项内容，填写完后，单击"确定"按钮，生成一行明细表内容。

(4) 生成一行后，系统会继续提示"引出点"，重复进行操作，生成所有序号及明细表。

17. 完成装配图

在图框的适当位置填写技术要求，保存文档，最终结果如图 5-3 所示。

任务 5.2　拼画装配图的有关命令

块是复合形式的图形实体，是一种应用广泛的图形元素，它有如下特点：

(1) 被定义为块的实体形成统一的整体，对它可以进行类似于其他实体的移动、复制、删除等各种编辑操作；

(2) 块可以被打散，即构成块的图形元素又成为可独立操作的元素；

(3) 利用块可以方便实现图形的消隐，即区分一组图形对象的可见与不可见；

(4) 利用块可以方便实现一组图形对象的关联引用；

(5) 利用块可以存储与该块相联系的非图形信息，如块的名称、材料等，这些信息也称为块的属性。

块的各种功能操作主要包括块创建、块插入、块消隐、块属性定义和块编辑等。

一、块创建

1. 功能

"块创建"命令用于选择一组图形对象定义为一个块对象。

2. 启动"块创建"命令的方法

(1) 菜单操作：绘图→块→创建；

(2) 工具栏操作：插入→块工具栏→创建图标 创建；

(3) 键盘输入：block。

3. 操作过程

执行"创建块"命令后，系统提示"拾取元素"，拾取欲组合为块的图形对象并右击确认，又提示"基准点"，然后指定块的基准点，再右击将弹出"块定义"对话框，如图5-50 所示。在对话框中的"名称"框中输入块的名称，单击"确定"按钮即完成块的创建。

图 5-50　"块定义"对话框

如果先拾取对象，再单击右键，在弹出的快捷菜单中选择"块创建"命令，则可以直接指定基点而创建块。

二、块插入

1. 功能

"块插入"命令用于选择一个块并插入到当前图形中。

2. 启动"块插入"命令的方法

(1) 菜单操作：绘图→块→插入；

(2) 工具栏操作：插入→块工具栏→插入图标 ；

(3) 键盘输入：insertblock。

3. 操作过程

执行"块插入"命令后，将弹出如图 5-51 所示的"块插入"对话框。

(1) 在"名称"文本框中输入名称或单击选择要插入的块；

(2) 在"比例"栏指定要插入块的 X、Y 方向的缩放比例；

(3) 左方显示出插入块的图形预览，"旋转角"是用于输入要插入的块在当前图形中的旋转角度；

(4) 单击"确定"按钮，完成块插入操作；单击"取消"按钮，则结束本次块插入操作。

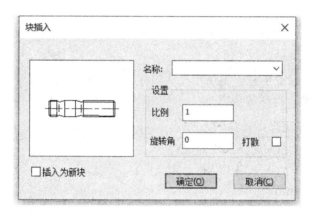

图 5-51　"块插入"对话框

三、块消隐

1. 功能

块能遮挡住层叠顺序在其后方的对象，这叫作消隐。特别是在绘制装配图过程中，当零件的位置发生重叠时，此功能的优势更加突出。

2. 启动"块消隐"命令的方法

(1) 菜单操作：绘图→块→消隐；

(2) 工具栏操作：插入→块工具栏→消隐图标 消隐；

(3) 键盘输入：hide。

3. 操作过程

执行"块消隐"命令后，利用具有封闭外轮廓的块图形作为前景图形区，自动擦除该区内其他图形，实现二维消隐。

对已消隐的区域也可以取消消隐，被自动擦除的图形又被恢复，显示在屏幕上。

块生成以后，可以通过特性工具选项板的操作去修改块是否消隐。

四、块分解

1. 功能

"块分解"命令用于将块分解为单个元素，是块生成的逆过程。

2. 启动"块分解"命令的方法

(1) 菜单操作：修改→分解；

(2) 工具栏操作：常用→修改工具栏→分解图标 ；

(3) 键盘输入：explode 或 ex。

3. 操作过程

执行"块分解"命令后，命令行提示"拾取元素"，拾取一个或多个要分解的块，右键确认即可；或者先拾取对象后单击右键，在弹出的快捷菜单中执行"分解"命令。

五、块属性定义

1. 功能

"块属性定义"命令创建一组用于在块中存储非图形数据的属性定义，可能包含的数据有零件编号、名称、材料等信息。

2. 启动"块属性定义"命令的方法

(1) 菜单操作：绘图→块→属性定义；

(2) 工具栏操作：插入→块工具栏→定义图标 定义 →属性定义图标 属性定义(A)…；

(3) 键盘输入：attrib。

3. 操作过程

执行"块属性定义"命令后，将弹出如图 5-52 所示的"属性定义"对话框。

图 5-52　"属性定义"对话框

对话框中的操作为

（1）在"名称"文本框中输入数据，其结果是在图形中默认位置显示该内容，可以使用任何字符组合(空格除外)输入属性名称。

（2）在"描述"文本框中输入数据，用于指定在插入包含该属性定义的块时显示的提示，出现在名称后边作为注释。如果不输入提示，属性名称将用作提示。

（3）在"缺省值"文本框中可以不填写内容。

（4）"定位点"用于指定属性的位置，可以输入 X、Y 坐标值，或者选择"屏幕选择"复选框。

（5）"文本设置"用于指定属性文字的对齐方式、文本风格、字高和旋转角。

（6）单击"确定"按钮完成属性定义，单击"取消"按钮结束本次属性定义操作。

六、块编辑

1．功能

对于插入到当前图形的块，使用"块编辑"命令可以编辑其各种特性，包括块中对象、颜色和线型、块属性数据和定义等。

2．启动"块编辑"命令的方法

（1）菜单操作：绘图→块→块编辑；

（2）工具栏操作：插入→块工具栏→块编辑图标 　块编辑；

（3）键盘输入：bedit。

3．操作过程

执行"块编辑"命令后，拾取要编辑的块进入块编辑状态。除了可以进行其他编辑操作外，块编辑状态有属性定义、退出块编辑等几个特殊功能。当功能区被打开时这几个功能位于增加的"块编辑"功能区面板上；当功能区处于关闭状态时，这几个功能位于新增的"块编辑工具条"上。

修改完毕后单击"退出"按钮将提示是否修改，单击"是"按钮保存对块的编辑修改，单击"否"按钮取消本次块编辑操作。

七、复制

1．功能

"复制"命令用于将选中的图形存储到剪贴板中，以供图形粘贴时使用。

2．启动"复制"命令的方法

（1）菜单操作：编辑→复制；

（2）工具栏操作：常用→剪贴板工具栏→复制图标 　复制；

（3）键盘输入：copyclip。

利用复制、粘贴方法拼图

3．操作过程

执行"复制"命令后，根据命令行提示"拾取添加"，拾取要复制的图形对象并单击

右键确认，所拾取的图形对象被存储到 Windows 的剪切板，以供粘贴使用。"复制"命令
支持先拾取后操作，即先拾取对象再调用"复制"功能。

八、带基点复制

1. 功能

"带基点复制"命令用于将含有基点信息对象存储到剪贴板中，以供图形粘贴时使用。

2. 启动"带基点复制"命令的方法

(1) 菜单操作：编辑→带基点复制；

(2) 工具栏操作：常用→剪贴板工具栏→带基点复制图标　　　带基点复制(W)；

(3) 键盘输入：copywb。

3. 操作过程

调用"带基点复制"功能后，在绘图区选中需要复制的对象并拾取基点。选定对象及
基点信息即被保存到剪贴板中。

九、粘贴

1. 功能

将剪贴板中的内容粘贴到指定位置。Windows 应用程序使用不同的内部格式存储剪贴
板信息。将对象复制到剪贴板时，将以所有可用格式存储信息。但将剪贴板的内容粘贴到
图形中时，将使用保留信息最多的格式。例如，剪切板中的内容是在电子图板中拾取的图
形对象，粘贴到电子图板窗口中时与拾取内容保持不变，同样是电子图板的图形对象。

2. 启动"粘贴"命令的方法

(1) 菜单操作：编辑→粘贴；

(2) 工具栏操作：常用→剪贴板工具栏→粘贴图标　；

(3) 键盘输入：pasteclip。

3. 菜单参数说明

执行"粘贴"命令后，立即菜单设置如图 5-53 所示。

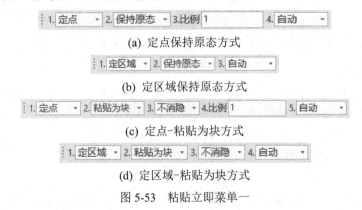

(a) 定点保持原态方式

(b) 定区域保持原态方式

(c) 定点-粘贴为块方式

(d) 定区域-粘贴为块方式

图 5-53　粘贴立即菜单一

- 立即菜单 1：可切换为定点和定区域两种方式。
- 立即菜单 2：可切换为保持原态或粘贴为块。

保持原态：粘贴后保持图形原有的形态不变；

粘贴为块：粘贴后使原图形成为块的形式。

- 立即菜单 3：可切换为比例或不消隐。

比例：当立即菜单 2 选择"保持原态"时，立即菜单 3 为"比例"，可通过输入具体的数值(小数或整数均可)实现复制后的比例缩放；

不消隐：当立即菜单 2 选择"粘贴为块"时，立即菜单 3 插入为"不消隐"，可单击切换为"消隐"，"比例"显示其后。执行"消隐"命令后，利用具有封闭外轮廓的块图形作为前景图形区，自动擦除该区内其他图形，实现二维消隐。

- 立即菜单 4：当立即菜单 2 选择"粘贴为块"时，则立即菜单 5 可切换为自动、图片或 OLE 对象。

自动：将复制的对象以自动识别的格式粘贴在电子图板文件中。

图片：将复制的对象以图片的格式粘贴在电子图板文件中。

OLE 对象：对象链接与嵌入(Object Linking and Embedding，简称 OLE)，是 Windows 提供的一种机制，它可以使用户将其他 Windows 应用程序创建的对象(如图片、图表、文本、电子表格等)插入到文件中。有关 OLE 的主要操作有插入对象、对象的删除、剪切、复制、粘贴和选择性粘贴、打开和编辑对象、对象的转换、对象的链接、查看对象的属性等。此外，用电子图板绘制的图形本身也可以作为一个 OLE 对象插入到其他支持 OLE 的软件中。

- 立即菜单 5：当立即菜单 2 选择"粘贴为块"时，则立即菜单 6 可切换为"根据区域修正图片质量"。

💡 注：当选择对象为 CAXA 中所创建的元素时，立即菜单如图 5-53 所示；当选择粘贴的对象是
　　 CAXA 之外的元素时，即在不同的 Windows 应用程序间复制、粘贴时，拾取的内容将以
　　 OLE 对象的方式存在。弹出的立即菜单如图 5-54 所示。

(a) 定点-保持原态方式

(b) 定点-粘贴为块方式

图 5-54　粘贴立即菜单二

4. 操作过程

执行"粘贴"命令后，按立即菜单的设置进行操作。如立即菜单 1 设置为"定点"，则按照命令行提示"请输入定位点"，在具体位置单击确定定位点，再根据提示"请输入旋转角度"，键盘输入具体旋转角度，则复制、粘贴后的结果显示在图板文件中。如立即菜单 1 设置为"定区域"，则按照命令行提示"请在需要粘贴图形的区域内拾取一点"，则在具体区域内部任意位置单击确定后，则复制、粘贴后的结果显示在图板文件中，图形大小将根据所选区域进行适配，十分灵活方便。

十、粘贴为块

1. 功能

"粘贴为块"功能可以算作"粘贴"功能的一个拆分命令。粘贴时，可以在立即菜单内选择是否将粘贴出的块消隐。其余操作与"粘贴"功能相同，成功粘贴后，剪贴板中的对象将以块的形式存在于指定的位置上。

2. 启动"粘贴为块"命令的方法

(1) 菜单操作：编辑→粘贴为块；

(2) 工具栏操作：常用→剪贴板工具栏→粘贴为块图标 📋；

(3) 键盘输入：pasteblock。

3. 操作过程

调用"粘贴为块"功能后，立即菜单设置如图 5-55 所示；操作方法与"粘贴"命令一致，具体参数设置请参照前述部分，此处不再赘述。

| 1.定点 ▾ | 2.粘贴为块 ▾ | 3.不消隐 ▾ | 4.比例 1 | 5.自动 ▾ |

图 5-55 粘贴为块立即菜单

💡 注：此方法生成的块由系统自动命名，且不能修改。此类块不能在"插入块"功能中直接
  调用。

十一、零件序号

为了便于读图、装配及管理，装配图中的零件要编制序号。CAXA CAD 电子图板 2021为用户提供了便捷的标注零件序号功能，可以快捷地使用生成序号、删除序号、编辑序号和交换序号功能来完成零件序号的标注和编辑。

1. 生成序号

1) 功能

生成或插入零件序号用来标识零件，且与明细栏可以联动。

2) 启动"生成序号"命令的方法

(1) 菜单操作：幅面→序号→生成；

(2) 工具栏操作：图幅→序号工具栏→ ⌇²生成序号 图标；

(3) 键盘输入：ptno。

3) 操作过程

首先确定要使用的序号风格，然后再执行"生成序号"命令。可以通过序号风格功能设置当前序号风格，也可以在图幅选项卡的序号面板中单击 ⚡样式 图标进行设置。

(1) 执行"生成序号"命令后，弹出如图 5-56 所示的立即菜单。

| 1.序号= 1 | 2.数量 1 | 3.水平 ▾ | 4.由内向外 ▾ | 5.显示明细表 ▾ | 6.填写 ▾ | 7.单折 ▾ |

图 5-56 生成序号立即菜单

(2) 设定立即菜单的各项参数并根据提示指定引出点和转折点即可，指定转折点时可以通过已生成的序号进行导航对齐。

生成序号立即菜单各选项的含义和设置方法如下：

• 立即菜单 1：用于输入零件序号的数值或前缀。在前缀当中第一位为符号"@"标志，为零件序号中加圈的形式，如图 5-57(b)所示。具体规则如下：

第一位符号为"~"：序号及明细表中均显示为六边形的样式；

第一位符号为"!"：序号及明细表中均显示有小下画线；

第一位符号为"@"：序号及明细表中均显示为圈；

第一位符号为"#"：序号及明细表中均显示为圈下加下画线；

第一位符号为"$"：序号显示为圈，明细表中显示没有圈。

　　　　(a) 不加"@"时序号　　　　　　　　(b) 加"@"时序号

图 5-57　零件序号

• 立即菜单 2：用于指定一次生成序号的数量。若数量大于 1，则采用公共指引线形式表示，如图 5-58(a)所示。

• 立即菜单 3：用于选择零件序号水平或垂直的排列方向，如图 5-58(a)、(b)所示。

• 立即菜单 4：用于选择采用公共指引线标注序号时，零件序号标注方向，如图 5-58(a)、(c)所示

• 立即菜单 5：用于选择在生成序号时是否生成明细栏。

• 立即菜单 6：用于选择填写或不填写明细栏。

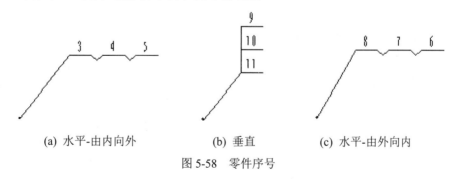

　　(a) 水平-由内向外　　　　　　(b) 垂直　　　　　　(c) 水平-由外向内

图 5-58　零件序号

2. 删除序号

1) 功能

"删除序号"命令用于拾取并删除当前图形中不需要的一个零件序号。

2) 启动"删除序号"命令的方法

(1) 菜单操作：幅面→序号→删除；

(2) 工具栏操作：图幅→序号工具栏→ 删除 图标；

(3) 键盘输入：ptnodel。

3) 操作过程

执行"删除序号"命令后，根据提示拾取要删除的零件序号并确认，该序号即被删除，对应的一行明细表也会被删除，并且其他序号数值也会关联更新。如果直接选择序号，使用删除功能进行删除，则不适用以上规则，序号不会自动连续，明细表相应表项也不会被删除。

对于多个序号共用一条指引线的序号组，如果拾取位置为序号，则删除该组中的最大项序号；拾取到指引线，则删除整个序号组。

3. 编辑序号

1) 功能

"编辑序号"命令用于拾取并编辑零件序号的位置。

2) 启动"删除序号"命令的方法

(1) 菜单操作：幅面→序号→编辑；

(2) 工具栏操作：图幅→序号工具栏→ 编辑 图标；

(3) 键盘输入：ptnoedit。

3) 操作过程

执行"编辑序号"命令后，根据提示拾取待编辑的序号，根据鼠标拾取位置的不同，可以分别修改序号的引出点或转折点位置。如果拾取的是序号的指引线，所编辑的是序号引出点及引出线的位置；如果拾取的是序号的序号值，系统提示"转折点"，输入转折点后，所编辑的是转折点及序号的位置。

4. 交换、排列序号

1) 功能

"交换序号"命令用于交换序号的位置，并根据需要交换明细表内容。

2) 启动"交换序号"命令的方法

(1) 菜单操作：幅面→序号→交换；

(2) 工具栏操作：图幅→序号工具栏→ 交换 图标；

(3) 键盘输入：ptnochange。

3) 操作过程

执行"交换序号"命令后，弹出如图 5-59 所示的立即菜单。根据提示先后拾取要交换的序号即可。在立即菜单中可以切换是否交换明细表的内容。

1. 仅交换选中序号   2. 交换明细表内容

图 5-59　交换序号立即菜单

如果单击"2.交换明细表内容"，则改变为"不交换明细表内容"，则序号更换后，相应的明细表内容不交换。

如果要交换的序号为连续标注，则交换时会弹出如图 5-60 所示的提示，选择待交换的序号即可。

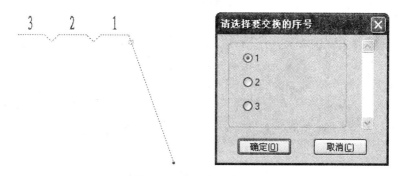

图 5-60　连续序号交换提示

十二、明细表

明细表与零件序号是联动的，可以随零件序号的插入和删除产生相应的变化。另外，还可以实现填写、删除表项、表格折行、插入空行和输出等功能。

1. 填写

1) 功能

"填写"命令用于填写当前图形中的明细表内容。

2) 启动"填写"命令的方法

(1) 菜单操作：幅面→明细表→填写；

(2) 工具栏操作：图幅→明细表工具栏→　　填写图标；

(3) 键盘输入：tbledit。

3) 操作过程

执行"填写"命令后，弹出"填写明细表"对话框，如图 5-48 所示。单击相应文本框，可根据需要填写或修改，填写结束后，单击"确定"按钮即可。

2. 删除表项

1) 功能

"删除表项"命令用于从当前明细表中删除拾取的明细表某行，删除该表项时，其表格及项目内容全部被删除，相应零件序号也被删除，序号重新排列。

2) 启动"删除表项"命令的方法

(1) 菜单操作：幅面→明细表→删除表项；

(2) 工具栏操作：图幅→明细表工具栏→　　删除图标；

(3) 键盘输入：tbldel。

3) 操作过程

执行"删除表项"命令后，拾取所要删除的明细表表项，如果拾取无误则删除该表项及所对应的所有序号，同时该序号以后的序号将自动重新排列。当需要删除所有明细表表项时，可以直接拾取明细栏表头，此时弹出如图 5-61 的对话框，得到用户的最终确认后，删除所有的明细表表项及序号。

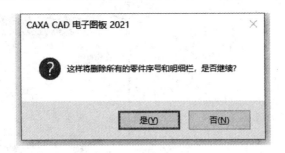

图 5-61　删除明细表确认框

3. 表格折行

1) 功能

"表格折行"命令用于将已存在的明细表的表格在所需要的位置处向左或向右转移。

2) 启动"表格折行"命令的方法

(1) 菜单操作：幅面→明细表→表格折行；

(2) 工具栏操作：图幅→明细表工具栏→ 折行图标；

(3) 键盘输入：tblbrk。

3) 操作过程

执行"表格折行"命令后，在立即菜单选择左折、右折和设置折行点。然后按提示拾取明细表的表项，在设置折行点时直接用鼠标确定折行点即可，如果明细表内容较多可以设置多个折行点。

操作示例如图 5-62 所示，图(a)为折行前的效果，图(b)为折行后的效果。

13	螺柱 N6 × 16	4			GB/T900—1988	
12	垫圈 6	4			GB/T93—1987	
11	螺母 N6	4			GB/T41—2000	
10	托盘	1	H62			
9	阀盖	1	ZL101			
8	螺杆	1	A3			
7	阀帽	1	ZL101			
6	螺母 N10	1			GB/T41—2000	
5	螺钉 N5 × 8	1			GB/T68—2000	
4	弹簧	1	65			
3	垫片	1	硬纸板			
2	阀门	1	H62			
1	阀体	1	ZL2			
序号	名称	数量	材料			
安全阀		班级		比例		
		学号		图号		
制图						
审核						

(a) 折行前

13	螺柱 N6×16	4		GB/T900—1988	4	弹簧	1	65	
12	垫圈 6	4		GB/T93—1987	3	垫片	1	硬纸板	
11	螺母 N6	4		GB/T41—2000	2	阀门	1	H62	
10	托盘	1	H62		1	阀体	1	ZL2	
9	阀盖	1	ZL101		序号	名称	数量	材料	
8	螺杆	1	A3		安全阀		班级		比例	
7	阀帽	1	ZL101				学号		图号	
6	螺母 N10	1		GB/T41—2000	制图				
5	螺钉 N5×8	1		GB/T68—2000	审核				

(b) 折行后

图 5-62 明细表折行

4. 插入空行

1) 功能

"插入空行"命令用于在明细表中插入一个空白行。

2) 启动"插入空行"命令的方法

(1) 菜单操作：幅面→明细表→插入空行；

(2) 工具栏操作：图幅→明细表工具栏→ 插入 图标；

(3) 键盘输入：tblnew。

3) 操作过程

执行"插入空行"命令后，根据提示拾取明细表的一行，即添加了一个空行。操作示例如图 5-63 所示。

13	螺柱 N6×16	4		GB/T900—1988
12	垫圈 6	4		GB/T93—1987
11	螺母 N6	4		GB/T41—2000
10	托盘	1	H62	
9	阀盖	1	ZL101	
8	螺杆	1	A3	
7	阀帽	1	ZL101	
6	螺母 N10	1		GB/T41—2000
5	螺钉 N5×8	1		GB/T68—2000
4	弹簧	1	65	
3	垫片	1	硬纸板	
2	阀门	1	H62	
1	阀体	1	ZL2	
序号	名称	数量	材料	
安全阀		班级		比例	
		学号		图号	
制图				
审核				

图 5-63 插入空行示例

5．输出明细表

1）功能

"输出明细表"命令用于按给定参数将当前图形中的明细表数据信息输出到单独的文件中。

2）启动"输出明细表"命令的方法

(1) 菜单操作：幅面→明细表→输出；

(2) 工具栏操作：图幅→明细表工具栏→🔲输出图标；

(3) 键盘输入：tableexport。

3）操作过程

执行"输出明细表"命令后，弹出如图 5-64 所示的"输出明细表设置"对话框。在这个对话框中可以设置如下参数：

• 输出的明细表文件是否带有图框；

• 是否输出当前图形文件中的标题栏，如果选择输出标题栏，可以在这个对话框中单击"填写标题栏"修改标题栏中填写的内容和"自动填写页数页码"；

• 表头中填写输出类型的项目名称和明细表的输出类型；

• 输出明细表文件中明细表项的最大数目，例如当前明细表中有 60 行，最大数目设置为 30，那么将输出共 2 个明细表图形文件。

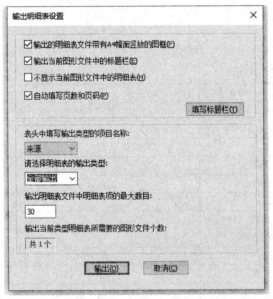

图 5-64　"输出明细表设置"对话框

 【任务练习体会】

榫卯是在两个木构件上所采用的一种凹凸结合的连接方式。凸出部分叫榫，凹进部分叫卯，榫卯咬合起到连接作用。这是中国古代建筑、家具及其他木制器械的主要结构方式。榫卯结构是榫和卯的结合，是木件之间多与少、高与低、长与短之间的巧妙组合，可有效地限制木件向各个方向的扭动。榫卯结构广泛用于建筑、家具，体现出家具与建筑的密切关系。典型的是位于山西大同的悬空寺，始建于北魏年间，是一座真正的建在悬崖上的庙宇。这座寺庙历经千年风雨，却依旧屹立不倒。这和其精巧的建筑结构息息相关。其结构大量使用了全榫卯结构，不含一颗铁钉。悬空寺发展了我国的建筑传统和建筑风格，全寺为木质框架式结构，依照力学原理，以榫卯和半插横梁为基，巧借岩石暗托，梁柱上下一体，廊栏左右紧联，是"全球十大奇险建筑"。

习　题　五

一、思考题

1. 拼画装配图的方法有哪些？

2. 绘制装配图时，启动"并入"命令有哪几种方法？

3. 绘制装配图时，启动"块消隐"命令有哪几种方法？

4. 绘制装配图时，如何从图库中提取符合用户要求的图符？

5. 若想改变明细栏文本风格需执行什么命令？

6. 绘制装配图时，对块进行"消隐"的目的是什么？

7. 如何将零件序号生成在一个小圆圈内 ？

8. 若删除零件序号中间的某一序号，序号会间断吗？

9. 将零件图并入到装配图时，其绘图比例如何变化？

10. 拼画装配图时，零件图中的尺寸如何处理？

轴承架装配图

二、上机练习题

1. 根据图 5-65 给出的轴承架零件图，绘制如图 5-66 所示的轴承架装配图。

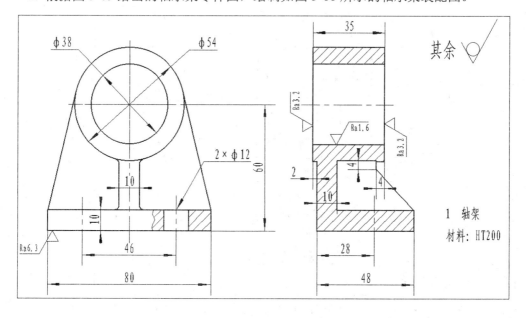

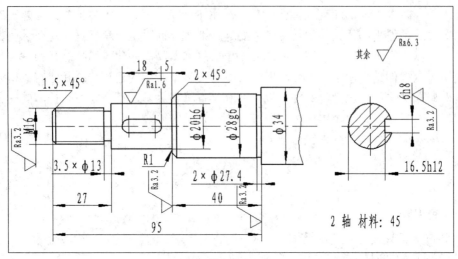

2 轴　材料: 45

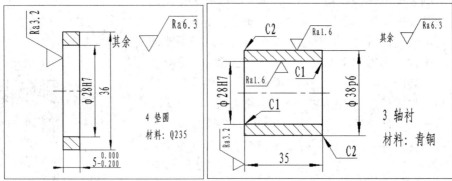

4 垫圈　材料: Q235

3 轴衬　材料: 青铜

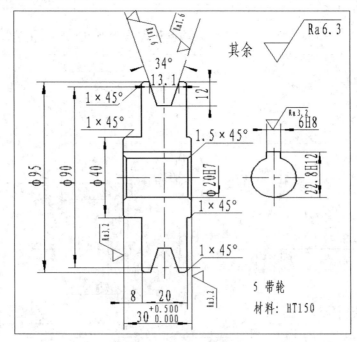

5 带轮　材料: HT150

图 5-65　轴承架零件图

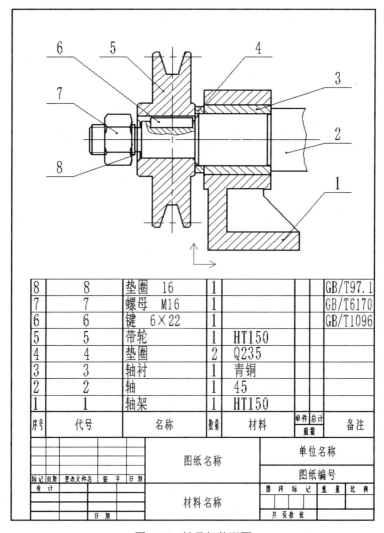

8	8	垫圈 16	1			GB/T97.1
7	7	螺母 M16	1			GB/T6170
6	6	键 6×22	1			GB/T1096
5	5	带轮	1	HT150		
4	4	垫圈	2	Q235		
3	3	轴衬	1	青铜		
2	2	轴	1	45		
1	1	轴架	1	HT150		
序号	代号	名称	数量	材料	单件 总计 重量	备注

					单位名称
			图纸名称		
					图纸编号
标记 处数 更改文件名 签 字 日 期					图样标记　重量　比例
设 计					
		日 期	材料名称		共 页 第 张

图 5-66　轴承架装配图

2. 根据图 5-67 给出的旋塞阀零件图，绘制如图 5-68 所示的旋塞阀装配图。

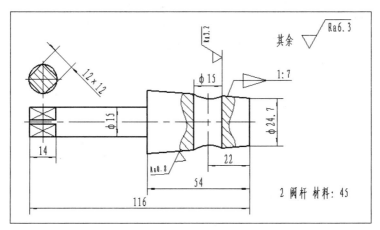

旋塞阀装配图

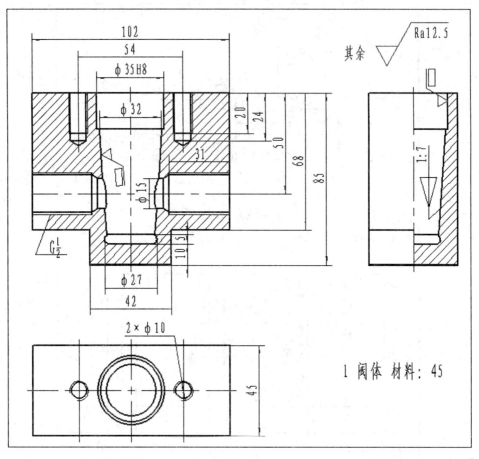

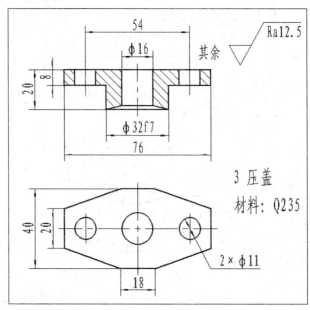

图 5-67　旋塞阀零件图

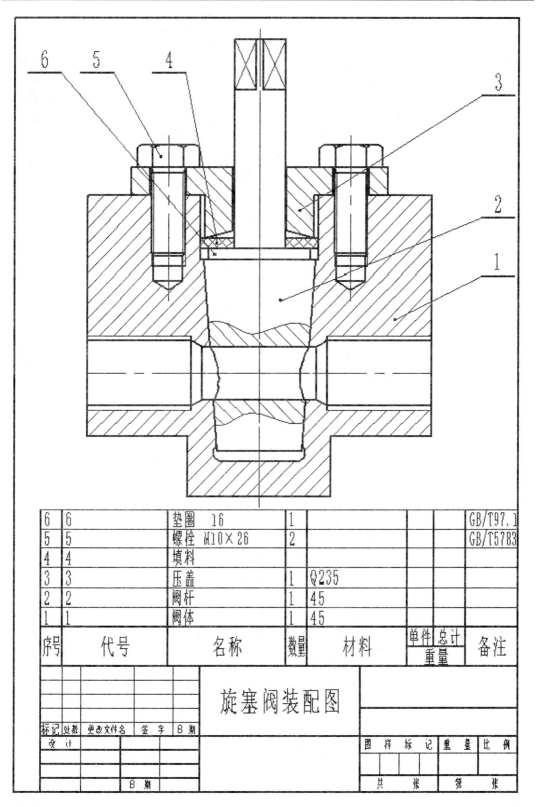

6	6		垫圈　16	1			GB/T97.1
5	5		螺栓　M10×26	2			GB/T5783
4	4		填料				
3	3		压盖	1	Q235		
2	2		阀杆	1	45		
1	1		阀体	1	45		
序号	代号		名称	数量	材料	单件　总计 重量	备注

旋塞阀装配图

标记	处数	更改文件名	签字	日期				
设计						图样标记	重量	比例
		日期				共　张	第　张	

图 5-68　旋塞阀装配图

3. 根据图 5-69 给出的千斤顶零件图，绘制如图 5-70 所示的千斤顶装配图。

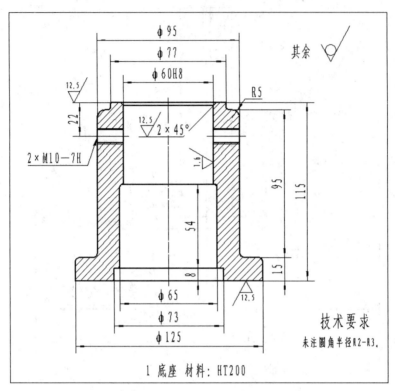

千斤顶装配图

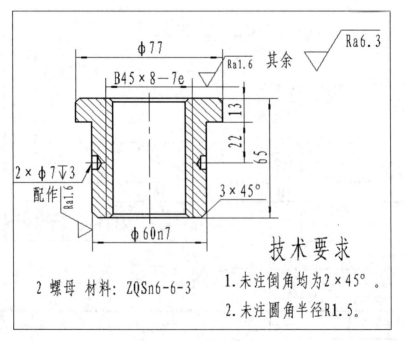

图 5-69　千斤顶零件图

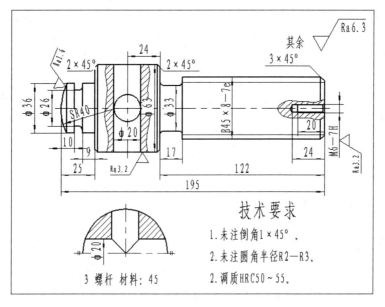

技术要求

1.未注倒角1×45°。

2.未注圆角半径R2—R3。

2.调质HRC50~55。

3 螺杆 材料：45

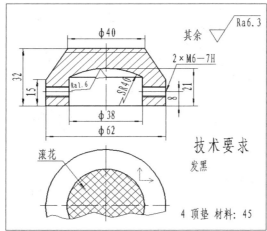

技术要求

发黑

4 顶垫 材料：45

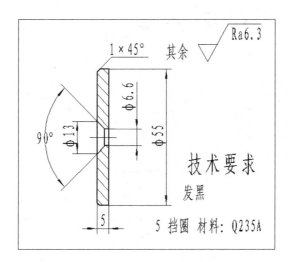

技术要求

发黑

5 挡圈 材料：Q235A

图 5-70　千斤顶装配图

4. 根据图 5-71 给出的安全阀零件图，绘制如图 5-72 所示的安全阀装配图。

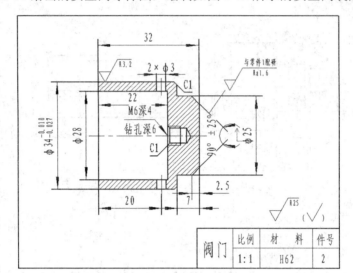

安全阀装配图

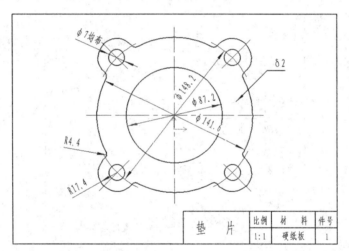

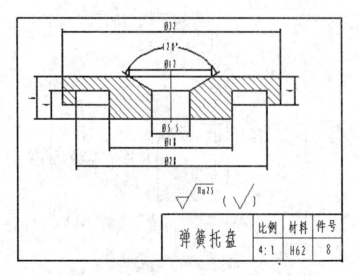

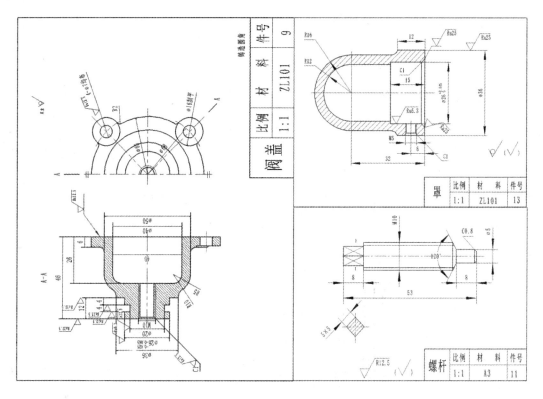

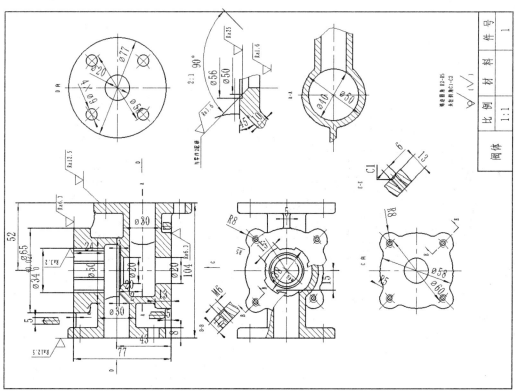

图 5-71 安全阀零件图

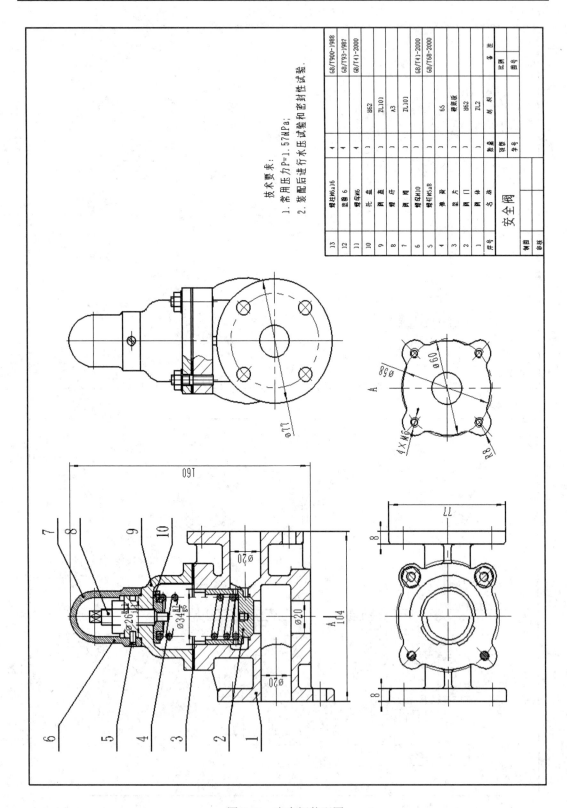

技术要求:
1. 常用压力 P=1.57MPa;
2. 装配后进行水压试验和密封性试验。

序号	名称	数量	材料	备注
13	螺柱M6×16	4		GB/T900-1988
12	垫圈6	4		GB/T93-1987
11	螺母M6	4		GB/T41-2000
10	托盘盖	1	B62	
9	阀盖	1	ZL101	
8	螺母	1	A3	
7	阀阀	1	ZL101	
6	螺钉M10	1		
5	螺柱M5×8	4		GB/T41-2000
4	弹簧	1	65	GB/T68-2000
3	垫片	1	橡胶板	
2	阀门	1	B62	
1	阀体	1	ZL2	

安全阀

图 5-72 安全阀装配图

项目六　系统工具与图形输出

【软件情况介绍】

CAXA CAD 电子图板 2021 软件提供了对图形各种参数的快捷查询方法，包括坐标点查询、两点距离查询、角度查询、元素属性查询、周长查询、面积查询、重心查询、惯性矩查询和重量查询。本项目通过一个具体实例来介绍各种查询功能的具体使用方法和步骤。

【课程思政】

《浑天仪图注》又称《浑天仪注》，是张衡为首创的漏水转浑天仪所写的一本仪器结构说明书，它不仅是浑天学说的重要著作，也是我国第一本天文仪器著作，记载了实测天空的仪器、刻漏、水运浑天仪的原理、构造和用途，还记下了南北极和赤道。《浑天仪图注》有图有法，是结合仪器阐述浑天仪及张衡宇宙理论的著作，在我国天文学史上有着重要地位。

任务6.1　查　询　工　具

下面将结合实例来介绍查询工具的使用方法。

本任务要求绘制如图 6-1 所示的零件图。

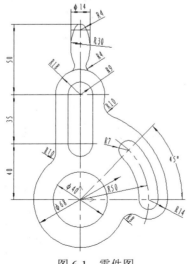

图 6-1　零件图

　　绘制该零件图时，定位点选在下方圆心处，定在坐标系的原点上。先在坐标原点处绘制两个同心圆，再绘制上方的图形，最后绘制右侧的图形。绘制完成后，进行尺寸标注。

一、坐标点查询

1. 功能

　　"坐标点"查询命令用于查询各种工具点方式下点的坐标，可同时查询多点。

坐标点和两
点距离查询

2. 启动"坐标点"查询命令的方法

(1) 菜单操作：工具→查询→坐标点；

(2) 工具栏操作：查询工具栏→![图标]图标；

(3) 键盘输入：id。

3. 操作过程

　　执行"坐标点"查询命令后，系统提示"拾取要查询的点"，用鼠标在屏幕上拾取要查询的点 1、2、3、4，选中后这四个点被标记，如图 6-2 所示。拾取完毕后，单击鼠标右键确认，系统将立即弹出"查询结果"对话框，给出查询结果，如图 6-3 所示。

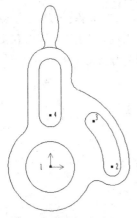

图 6-2　拾取要查询的点

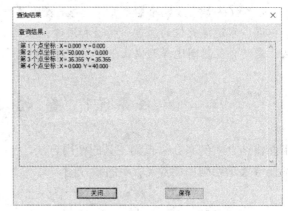

图 6-3　"查询结果"对话框

二、两点距离查询

1. 功能

　　"两点距离"查询命令用于查询任意两点之间的距离。

2. 启动"两点距离"查询命令的方法

(1) 菜单操作：工具→查询→两点距离；

(2) 工具栏操作：查询工具栏→![图标]图标；

(3) 键盘输入：dist。

3. 操作过程

　　执行"两点距离"查询命令后，系统提示"拾取第一点"，按照提示在屏幕上拾取待查询的第一点。系统再次提示"拾取第二点"，如图 6-4 所示，当选中第二点后，屏幕上立即弹出"查询结果"对话框。该对话框内列出被查询两点间的距离以及第二点相对第一点的 X 轴和 Y 轴上的增量，如图 6-5 所示。

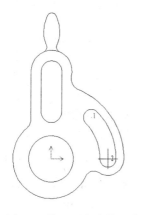

图 6-4　拾取要查询的两点

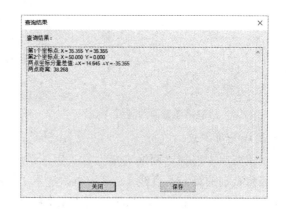

图 6-5　"查询结果"对话框

三、角度查询

1. 功能

"角度"查询命令用于查询圆心角、两直线夹角和三点夹角。

2. 启动"角度"查询命令的方法

(1) 菜单操作：工具→查询→角度；

(2) 工具栏操作：查询工具栏→ 图标；

(3) 键盘输入：angle。

角度和元素
属性查询

3. 操作过程

执行"角度"查询命令后，系统弹出立即菜单，可以选择圆心角、两线夹角或三点夹角，如图 6-6 所示。

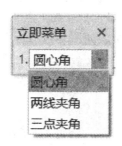

图 6-6　角度查询立即菜单

4. 菜单参数说明

1) 圆心角方式

在立即菜单中选择"圆心角"方式后，系统提示"拾取圆弧"，此时拾取需查询的圆弧，如图 6-7 所示，系统弹出"查询结果"对话框，如图 6-8 所示。

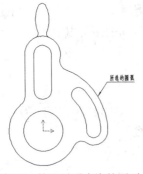

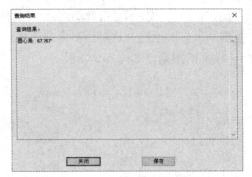

图 6-7　拾取需要查询的圆弧　　　　图 6-8　"查询结果"对话框

2) 两线夹角方式

在立即菜单中选择"两线夹角"方式后，系统提示"拾取第一条直线"，按提示在屏幕上拾取待查询的第一条直线 1。系统再次提示"拾取第二条直线"，拾取第二条直线 2，如图 6-9 所示。拾取完成后，系统弹出"查询结果"对话框，如图 6-10 所示。

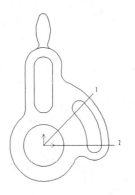

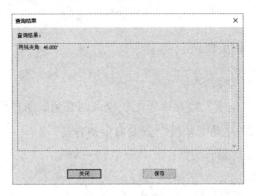

图 6-9　拾取需要查询的两条直线　　　图 6-10　"查询结果"对话框

3) 三点夹角方式

在立即菜单中选择"三点夹角"方式后，系统提示"拾取夹角的顶点"，按提示在屏幕上拾取顶点 1。系统再次提示"拾取夹角的起始点"，在屏幕上拾取起始点 2。系统第三次提示"拾取夹角的终止点"，在屏幕上拾取终止点 3，如图 6-11 所示。当选中终止点后，屏幕上立即弹出"查询结果"对话框，如图 6-12 所示。

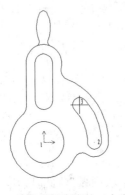

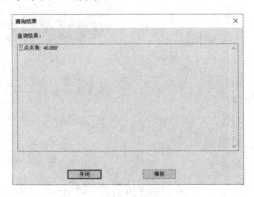

图 6-11　拾取需要查询的三个点　　　　图 6-12　"查询结果"对话框

四、元素属性查询

1. 功能

"元素属性"查询命令用于查询拾取到的对象的属性并以列表的方式显示出来。

2. 启动"元素属性"查询命令的方法

(1) 菜单操作：工具→查询→元素属性；

(2) 工具栏操作：查询工具栏→ 图标；

(3) 键盘输入：list。

3. 操作过程

执行"元素属性"查询命令后，拾取要查询的对象圆，如图 6-13 所示。拾取结束后单击鼠标右键确认，系统会在"查询结果"对话框中按拾取顺序依次列出各元素的属性，如图 6-14 所示。

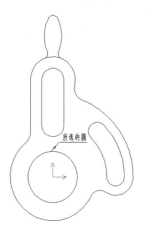

图 6-13　拾取需要查询的元素

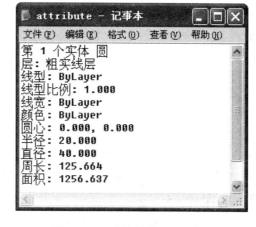

图 6-14　"查询结果"对话框

💡 注：CAXA CAD 电子图板 2021 允许查询拾取到的图形元素的属性，这些图形元素包括点、直线、圆、圆弧、样条、剖面线和块等。

五、周长查询

1. 功能

"周长"查询命令用于查询一系列首尾相连的曲线的总长度。

2. 启动"周长"查询命令的方法

(1) 菜单操作：工具→查询→周长；

(2) 工具栏操作：查询工具栏→ 图标；

(3) 键盘输入：circum。

周长和面积
查询

3. 操作过程

执行"周长"查询命令后，系统提示"拾取要查询的曲线"，则拾取实例图的轮廓线，如图 6-15 所示，之后屏幕上立即弹出"查询结果"对话框，在对话框中依次列出了这一系列首尾相连的曲线中每一条曲线的长度以及总长度，如图 6-16 所示。

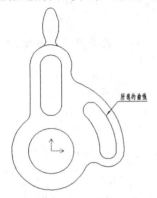

图 6-15 拾取需要查询的元素

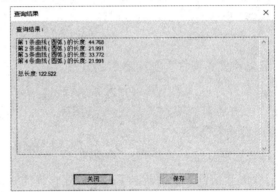

图 6-16 "查询结果"对话框

注：CAXA CAD 电子图板 2021 允许查询一系列首尾相连的曲线的总长度，这段曲线可以是封闭的，也可以是不封闭的；可以是基本曲线，也可以是高级曲线，如椭圆和公式曲线等。

六、面积查询

1. 功能

"面积"查询命令用于对一个封闭区域或由多个封闭区域构成的复杂图形的面积进行查询，此区域可以是由基本曲线或者是高级曲线所形成的封闭区域。

2. 启动"面积"查询命令的方法

(1) 菜单操作：工具→查询→面积；

(2) 工具栏操作：查询工具栏→ ⬜图标；

(3) 键盘输入：area。

3. 操作过程

执行"面积"查询命令后，系统弹出立即菜单，如图 6-17 所示。用户可选择增加面积或减少面积。

图 6-17 面积查询立即菜单

4. 菜单参数说明

1) 增加面积

选择增加面积，将拾取封闭区域的面积与其他的面积进行累加。选择封闭区域 1、2、3，如图 6-18 所示。选择完毕单击鼠标右键，系统立即弹出"查询结果"对话框，如图 6-19所示。

图 6-18 选择的封闭区域

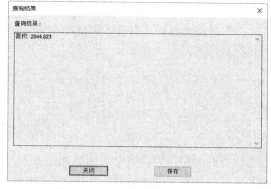

图 6-19 "查询结果"对话框

2) 减少面积

选择减少面积,将从其他面积中减去该封闭区域的面积。首先选择增加面积方式,选取封闭区域 1 所示的位置。其次,选择减少面积方式,选取封闭区域 2 和 3 所示的位置,如图 6-20 所示。选择完毕单击鼠标右键,系统立即弹出"查询结果"对话框,如图 6-21 所示。

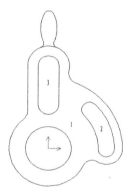

图 6-20 选择的封闭区域

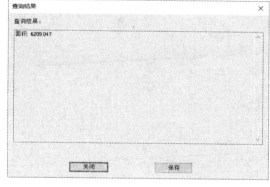

图 6-21 "查询结果"对话框

💡 **注**:CAXA CAD 电子图板 2021 允许对一个封闭区域或多个封闭区域所构成的复杂图形的面积进行查询,此区域可以是由基本曲线或者是高级曲线所形成的封闭区域。

七、重心查询

1. 功能

"重心"查询命令用于对由一个封闭区域或多个封闭区域构成的复杂图形的重心进行查询。此图形可以是由基本曲线或者是高级曲线所形成的封闭区域。

2. 启动"重心"查询命令的方法

(1) 菜单操作:工具→查询→重心;

(2) 工具栏操作:查询工具栏→ 📇 图标;

(3) 键盘输入:barcen。

重心和惯
性矩查询

3. 操作过程

执行"重心"查询命令后，系统弹出立即菜单，如图 6-22 所示。用户可选择增加环或减少环。

图 6-22　重心查询立即菜单

拾取方法与查询面积一致，拾取的区域如图 6-23 所示。拾取完成后，系统在"查询结果"对话框中显示的是重心的坐标值，如图 6-24 所示。

4. 菜单参数说明

1) 增加环

选择增加环，系统将拾取封闭区域的重心与其他的封闭区域的重心进行统一查询。选择的封闭区域 1、2、3，如图 6-23 所示。选择完毕单击鼠标右键，系统立即弹出"查询结果"对话框，如图 6-24 所示。

图 6-23　拾取的封闭区域

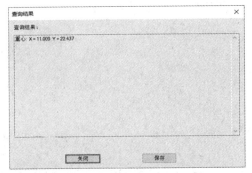

图 6-24　"查询结果"对话框

2) 减少环

选择减少环，系统将对从封闭区域中减去其他封闭区域后的图形进行重心查询。首先选择增加环方式，选取封闭区域 1 所示的位置。然后，选择减少环方式，选取封闭区域 2 和 3 所示的位置，如图 6-25 所示。选择完毕单击鼠标右键，系统立即弹出"查询结果"对话框，如图 6-26 所示。

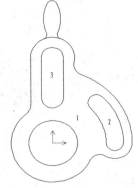

图 6-25　拾取的封闭区域

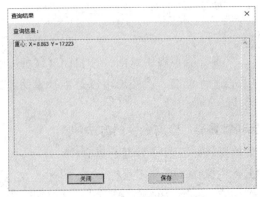

图 6-26　"查询结果"对话框

八、惯性矩查询

1. 功能

"惯性矩"查询命令用于对一个封闭区域或由多个封闭区域构成的复杂图形相对于任意回转轴、回转点的惯性矩进行查询，此图形可以是由基本曲线形成的，也可以是由高级曲线形成的封闭区域。

2. 启动"惯性矩"查询命令的方法

(1) 菜单操作：工具→查询→惯性矩；

(2) 工具栏操作：查询工具栏→ 图标；

(3) 键盘输入：iner。

3. 操作过程

执行"惯性矩"查询命令后，立即菜单会显示对应选项。惯性矩查询立即菜单如图 6-27 所示。

图 6-27 惯性矩查询立即菜单

4. 菜单参数说明

(1) 立即菜单 1：查询惯性矩方式，可切换增加环方式和减少环方式，这与查询面积和重心时的使用方法相同。

(2) 立即菜单 2：惯性矩产生方式，可从中选择坐标原点、Y 坐标轴、X 坐标轴、回转轴和回转点方式。其中前三项为所选择的分布区域分别相对坐标原点、Y 坐标轴、X 坐标轴的惯性矩；后两项为用户自己设定回转轴和回转点，然后系统根据用户的设定来计算惯性矩。

按照系统提示拾取完封闭区域和回转轴(或回转点)后，系统立即在"查询结果"对话框中显示出惯性矩。

💡 提示：CAXA CAD 电子图板 2021 允许对一个封闭区域或多个封闭区域所构成的复杂图形相对于任意回转轴、回转点的惯性矩进行查询，此图形可以是由基本曲线形成的，也可以是由高级曲线形成的封闭区域。

九、特性查询

1. 功能

"特性"查询命令使用特性工具选项编辑对象的属性。属性既包括基本属性，如图层、颜色、线型、线宽、线型比例，也包括对象本身的特有属性，例如圆的特有属性包括圆心、半径、直径等。

2. 启动"特性"查询命令的方法

(1) 菜单操作：工具→特性。

(2) 工具栏操作：常用工具栏→ 图标(该图标需先调用常用工具栏。操作步骤：在功能区的空白处单击右键，选取"自定义…"命令，在"自定义"对话框的工具栏选项卡选取"常用工具"选项，系统弹出常用工具栏，即可看到该图标，单击"关闭"按钮)。

(3) 键盘输入：properties。

3. 操作过程

执行"特性"查询命令后，特性工具选项板就被打开了，如图 6-28 所示。拾取要编辑的对象，然后在选项板中修改即可。当特性选项板为打开状态时，直接拾取对象编辑即可。也可以先拾取要编辑的对象，再执行"特性"命令。

特性	
圆(1)	
特性名	特性值
当前特性	
层	0层
线型	——— ByLayer
线型比例	1.000
线宽	——— ByLayer
颜色	□ByLayer
几何特性	
▷ 圆心	0.000, 0.000
半径	20.000
直径	40.000
周长	125.664
面积	1256.637

图 6-28　圆的特性工具选项板

任务 6.2　图形输出

电子图板自带的打印工具适用于单张打印和小批量图纸打印。电子图板的打印工具主要用于批量打印图纸。该模块按最优的方式组织图纸，包括进行单张打印或排版打印，并可方便地调整图纸设置以及各种打印参数。

电子图板打印工具的特点：

图纸打印
与折叠

(1) 支持同时处理多个打印作业，可以随时在不同的打印作业间切换。

(2) 支持单张打印和排版打印方式，并且可以实现批量打印。

(3) 支持电子图板 EXB 和 DWG 等文件格式的打印出图。

(4) 可以根据图纸大小自动匹配打印参数。

一、打印机及纸张设置

单击主菜单中的文件→打印，弹出"打印对话框"，如图 6-29 所示。在该对话框中可进行纸张设置、拼图、图形方向、输出图形、映射关系、页面范围和定位方式等一系列设置。设置完毕后，单击"打印"按钮，即可进行绘图输出。

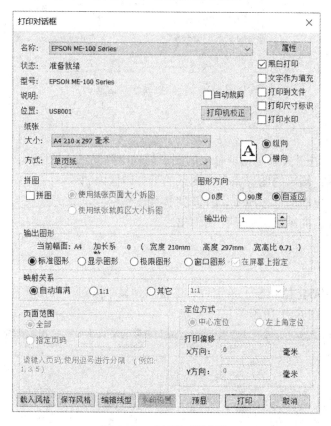

图 6-29　"打印对话框"

1. 打印机设置

在对话框中选择需要的打印机型号，会相应地显示打印机的状态。单击名称框右边的"属性"按钮，弹出打印机属性对话框，可对打印机进行设置(不同的打印机，打印机属性对话框不一致)，如图 6-30 所示。

2. 纸张设置

在对话框中可设置当前所选打印机的纸张大小以及纸张来源，可选择纸张方向为横向或纵向。

图 6-30　打印机属性对话框

二、图形设置

图形与图纸的映射关系是指屏幕上的图形与输出到图纸上的图形的比例关系。

(1) 自动填满：输出的图形完全在图纸的可打印区内。

(2) 1∶1：输出的图形按照 1∶1 的比例输出。

(3) 其他：输出的图形可调整比例输出。

三、输出设置

定位方式有中心定位和左上角定位。单击"预显"按钮，可在屏幕上模拟显示真实的绘图输出效果，如图 6-31 所示。

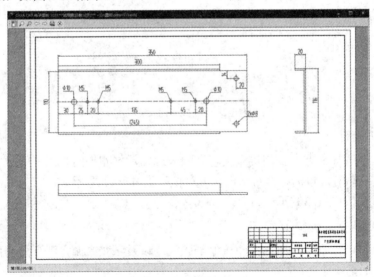

图 6-31　打印预显

四、其他设置

单击"编辑线型"按钮，系统弹出"线型设置"对话框，如图 6-32 所示。系统允许输入标准线型的打印宽度。在下拉列表框中列出了国标规定的线宽系列值，可选取其中一组，也可在输入框中输入数值。

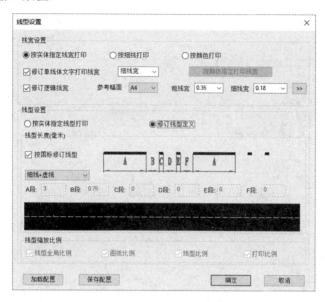

图 6-32　"线型设置"对话框

任务6.3　数据交换

在现代制造业的 CAD/CAM 技术活动中，数据文件交换是不可避免的。CAXA CAD 电子图板 2021 具有良好的接口能力和兼容性，可以与许多当前流行的设计软件进行文件交换。CAXA CAD 电子图板 2021 可以直接方便地读取在 CAXA 实体设计和 CAXA 制造工程师环境下生成的三维造型，并迅速将其转换为二维工程图。

绘图软件间的数据交换

CAXA CAD 电子图板 2021 还可以打开或存储其他格式的文件，比如与 AutoCAD 之间，可以通过"DWG/DXF 批转换器"实现批量转换。

一、CAXA CAD 电子图板 2021 与 AutoCAD 软件的数据交换

CAXA CAD 电子图板 2021 保持了与 AutoCAD 之间的良好兼容性，在 CAXA CAD 电子图板 2021 的 EXB 文件和 AutoCAD 的 DWG/DXF 文件之间可以简便地进行批量转换。

1. DWG/DXF 批转换器的功能

DWG/DXF 批转换器可以将各版本的 DWG 文件批量转换为 EXB 文件，也可将电子图板各版本的 EXB 文件批量转换为 DWG 文件。

2. 启动 DWG/DXF 批转换器的方法

(1) 菜单操作：文件→DWG/DXF 批转换器。

(2) 选项卡操作：工具选项卡→ 图标。

(3) 键盘输入：DWG。

3. 操作过程

执行"DWG/DXF 批转换器"命令后，弹出批量转换器(第一步：设置)对话框，如图 6-33 所示。

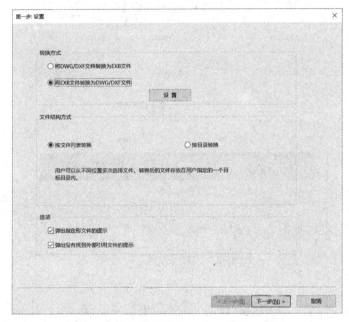

图 6-33　批量转换器(第一步：设置)对话框

在这个对话框中可以选择转换方式和文件结构方式，具体方法如下。

1) 转换方式

在图 6-33 所示的对话框中可以选择将 DWG/DXF 文件转换为 EXB 文件或将 EXB 文件转换为 DWG/DXF 文件。选择将 EXB 文件转换为 DWG/DXF 文件后，单击"设置"按钮，系统弹出"选取 DWG/DXF 文件格式"对话框，如图 6-34 所示。在该对话框中可选择 DWG 文件的版本，例如：AutoCAD 2010 Drawing(*.dwg)，单击"确定"按钮后，系统返回到批量转换器(第一步：设置)对话框。

图 6-34　"选取 DWG/DXF 文件格式"对话框

2) 文件结构方式

文件结构方式分为按文件列表转换和按目录转换两种方式。

(1) 按文件列表转换。选择"按文件列表转换"选项后，单击"下一步"按钮，系统弹出"第二步：加载文件"对话框，如图 6-35 所示。单击"添加文件"按钮，系统弹出"打开"对话框，如图 6-36 所示。选取需转换数据格式的文件(按 Ctrl 键选取)，单击"打开"按钮，需转换数据格式的文件添加完成。单击"开始转换"按钮，进行文件转换。完成后，弹出"CAXA CAD 电子图板 2021"对话框，若要继续转换，则点击"是"按钮；否则，点击"否"按钮。

从不同位置多次选择的文件，转换后都放在用户指定的一个目标目录内。

图 6-35 "第二步：加载文件"对话框

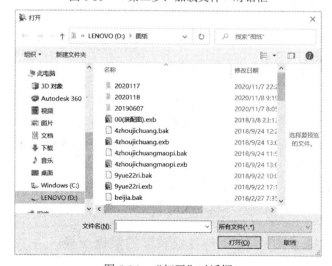

图 6-36 "打开"对话框

(2) 按目录转换将在下面介绍。

4. 参数说明

(1) 图 6-35 中各项参数的含义和使用方法如下:

① 转换后文件路径: 文件转换后的存放路径。

② 添加文件: 单个添加待转换文件。

③ 添加目录: 添加所选目录下所有符合条件的待转换文件。

④ 清空列表: 清空文件列表。

⑤ 删除文件: 删除在列表内所选的文件。

⑥ 开始转换: 转换列表内的待转换文件。转换完成后软件会询问是否继续操作, 可以根据需要进行判断。

(2) 按目录转换: 按目录的形式进行数据的转换, 将目录里符合要求的文件进行批量转换。如果在图 6-33 所示的对话框中选择按目录转换, 单击"下一步", 则弹出如图 6-37 所示的按目录转换(第二步: 加载文件)对话框。

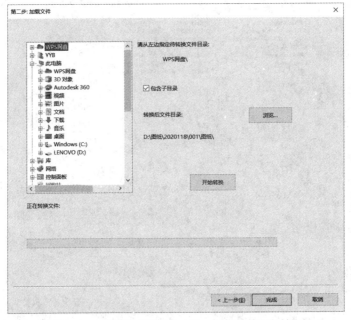

图 6-37　按目录转换(第二步: 加载文件)对话框

该对话框中各项参数的含义和使用方法如下:

① 请从左边指定待转换文件目录: 单击"浏览"按钮即可选择要转换的目录。

② 包含子目录: 选择此复选框后, 转换文件时会将所选目录的子目录内的对应文件一起转换。

③ 转换后文件目录: 单击"浏览"按钮可以设置转换后文件的保存路径。

④ 开始转换: 设置各项参数后单击此按钮可以开始文件转换。

二、CAXA CAD 电子图板 2021 与其他软件的数据交换

首先将 CAXA CAD 电子图板 2021 绘制的零件图通过"另存为"命令进行保存(可修改名称和保存类型), 然后打开三维软件(Pro/E 软件), 再打开 CAXA CAD 电子图板 2021

绘制的零件图。具体操作如下：

(1) 在 CAXA CAD 电子图板 2021 中绘制零件图，如图 6-38 所示。

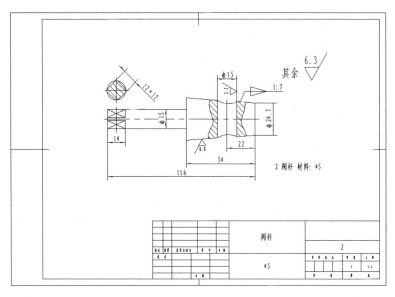

图 6-38　轴类零件图

(2) 单击主菜单中的文件→另存为，系统弹出"另存文件"对话框，如图 6-39 所示。修改文件名为 fagan，保存类型为 dwg，如图 6-40 所示，单击对话框的"保存"按钮。

图 6-39　"另存文件"对话框

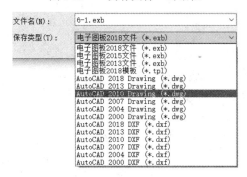

图 6-40　保存类型展开

(3) 打开 Pro/E 软件，单击主菜单中的文件→打开，系统弹出"文件打开"对话框，如图 6-41 所示。在"类型"列表中选择"所有文件"，选择 fagan.dwg 文件，单击"打开"按钮。

图 6-41 "文件打开"对话框

(4) 统弹出"导入新模型"对话框，如图 6-42 所示，选择"绘图"选项，单击"确定"按钮。

(5) 系统弹出"导入 IGES"对话框，如图 6-43 所示，使用默认参数，单击"确定"按钮，结果如图 6-44 所示。

图 6-42 "导入新模型"对话框　　图 6-43 导入 IGES 对话框

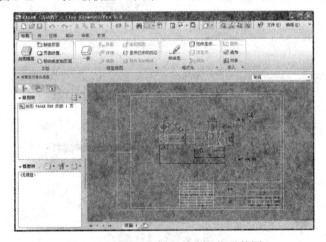

图 6-44 使用 Pro/E 软件打开的零件图

任务6.4 数据光盘的刻录

DVD 刻录光驱在市场上早就出现了,其便捷性以及品质已得到大家的认可。对于刻录品质而言,由于计算机整体硬件成本的下降,优质的光盘和光驱并不难选择,反而是刻录软件本身显得更为重要。目前主流刻录软件有 NERO、ONES、ImgBurn、Alcohol120%以及 Windows 自带的刻录功能。下面介绍使用 NERO 软件刻录数据光盘和使用 Windows 自带刻录功能刻录数据光盘的操作。

数据光盘
的刻录

一、使用 NERO 软件刻录数据光盘

操作步骤如下:

(1) 把一张空白光盘放入刻录机中,在桌面上双击 Nero StartSmart 图标,打开软件,初始界面如图 6-45 所示。

(2) 选取数据刻录图标,系统弹出"Nero StartSmart"对话框,如图 6-46 所示。

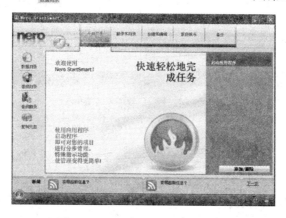

图 6-45 Nero StartSmart 初始界面

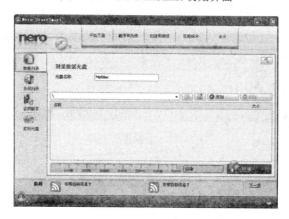

图 6-46 "Nero StartSmart"对话框

(3) 选取该对话框右侧的"添加"按钮,系统弹出"打开"对话框,选取需要刻录的数据文件或文件夹(按 Ctrl 键选择),选取完成单击"打开"按钮,如图 6-47 所示。数据文件或文件夹添加完毕,单击"打开"对话框中的"取消"按钮,结果如图 6-48 所示。

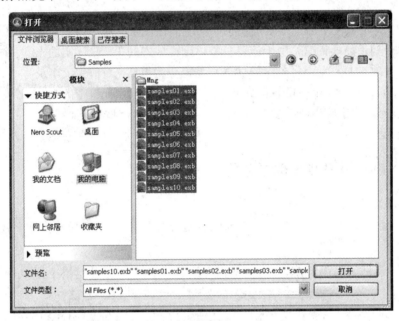

图 6-47 "打开"对话框

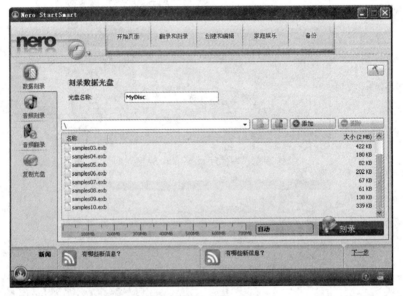

图 6-48 数据添加完毕

💡 注:"Nero StartSmart"对话框下方的蓝色进度条不能超出最右侧的红色细线,若超出应删除一些数据文件或文件夹。

(4) 单击对话框中"刻录"按钮,则计算机自动刻录数据。

二、使用 Windows 自带的刻录功能刻录数据光盘

操作步骤如下：

(1) 把一张空白光盘放入刻录机中。

(2) 选择需要进行刻录的文件和文件夹，单击鼠标右键，在快捷菜单中选择"复制"命令，如图 6-49 所示。

图 6-49　选择需刻录的文件和文件夹

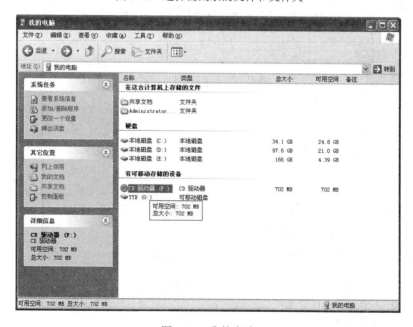

图 6-50　我的电脑

(3) 打开"我的电脑"，如图 6-50 所示，双击"CD 驱动器"，打开"CD 驱动器"对

话框。

💡 **注：** 当鼠标放在 CD 驱动器图标处时，可看到该光盘的存储容量。需要刻录的数据容量不能超过光盘的存储容量。

(4) 在该对话框中单击鼠标右键，在快捷菜单中选择"粘贴"命令，如图 6-51 所示。

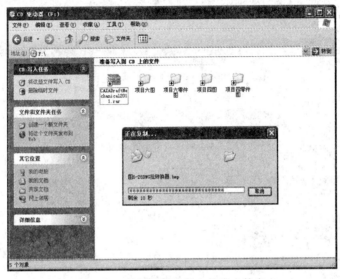

图 6-51　粘贴需刻录的文件和文件夹

(5) 当需要刻录的数据粘贴完毕后，单击该对话框左上角"将这些文件写入 CD"命令，如图 6-52 所示，即可进行数据光盘的刻录。

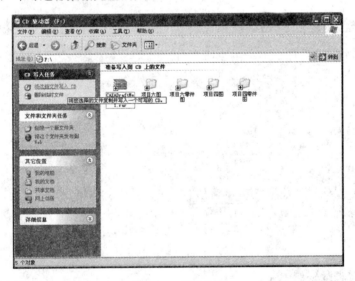

图 6-52　刻录光盘

【任务练习体会】

北京大兴国际机场航站楼由法国 ADP Ingénierie 建筑事务所和扎哈·哈迪德(Zaha

Hadid)工作室设计。航站楼按照节能环保理念，建设成为中国国内新的标志性建筑。航站楼设计高度 50 米，采取屋顶自然采光和自然通风设计，同时实施照明、空调分时控制，采用地热能源、绿色建材等绿色节能技术和现代信息技术。

北京大兴国际机场航站楼主航站楼和配套服务楼、停车楼总建筑规模约 140 万平方米；航站楼面积 78 万平方米，设 104 座登机廊桥；地上地下一共 5 层，轨道交通在航站楼地下二层设站，地下一层是广场式的换乘中心，可以换乘高铁、地铁、城铁等，其中包括京雄城际铁路和廊涿城际铁路；地上一层是国际到达；二层是国内到达；三层是国内自助，快速通关；四层是国际出发和国内托运行李。

北京大兴国际机场航站楼形如展翅的凤凰，是五指廊的造型，造型以旅客为中心。整个航站楼有 79 个登机口，旅客从航站楼中心步行到达任何一个登机口，所需的时间不超过 8 分钟；航站楼头顶圆形玻璃穹顶直径有 80 米，周围分布着 8 个巨大的 C 形柱，撑起整个航站楼的楼顶，C 形柱周围有很多气泡窗，主要用来采光。航站楼可抵抗 12 级台风。

习 题 六

一、思考题

1. 常用的系统查询命令有哪些？

2. 面积查询包括哪两个命令？各有什么特点？

3. 使用其他二维软件绘制的工程图除了采用 DWG 格式外，还可采用什么格式进行数据交换？

4. 使用其他三维软件绘制的工程图除了采用 IGES 格式外，还可采用什么格式进行数据交换？

5. 需要查询的二维图形，能否不在系统坐标处进行绘制？为什么？

6. 需要打印的工程图，如果打印预览时不在图纸的中间，该如何调整？

7. 打印工程图时，若图纸幅面比较大，打印机不能打印幅面大的工程图时该如何设置？

8. 图形绘制完成后，有的线条和图形的属性不符合要求(线型、线宽等)，该如何调整？

9. 使用其他软件绘制的工程图在 CAXA CAD 电子图板 2021 中打开后，能否进行编辑和尺寸标注？

二、上机练习题

1. 画出下列平面图形(不标注尺寸)，查询如图 6-53 所示的平面图形 1(查询结果保留 2 位小数)，完成下列项目：

(1) 该图形的周长为_____。

(2) 整个平面图形(除去中心圆和三个小圆区域后)的面积为_____。

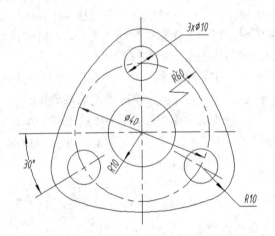

图 6-53 平面图形 1

2. 画出下列平面图形(不标注尺寸)，查询如图 6-54 所示的平面图形 2(查询结果保留 2 位小数)，完成下列项目：

(1) A 弧圆心至 B 弧圆心距离为_____。

(2) A 圆弧的长度值为_____。

(3) 整个平面图形(除去三个圆孔区域后)的面积为_____。

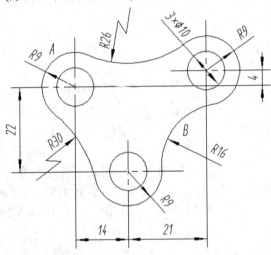

图 6-54 平面图形 2

3. 根据本项目中介绍的数据光盘刻录的方法，将前面项目中绘制的平面图、三视图、零件图、装配图等电子文件刻录至光盘。

项目七　电气线路图的绘制

【软件情况介绍】

　　CAXA CAD 电子图板 2021 软件提供了各种标准件和常用图形的符号，包含螺栓、螺母、螺钉、电气符号、液压气动符号等。在设计绘图时可以直接提取这些图形插入图中，避免不必要的重复劳动，提高绘图效率。本项目通过具体实例，介绍电气电路图的绘制思路以及方法和步骤。

【课程思政】

　　世界上第一台真正意义上的电子数字计算机实际上是在 1935—1939 年间由美国爱荷华州立大学物理系副教授约翰·文森特·阿塔那索夫(John Vincent Standoff)和其合作者克利福特·贝瑞(Clifford Berry，当时还是物理系的研究生)研制成功的，用了 300 个电子管，取名为 ABC(Standoff-Berry Computer)。不过这台机器还只是个样机，并没有完全实现阿塔那索夫的构想。1942 年，太平洋战争爆发，阿塔那索夫应征入伍，ABC 的研制工作也被迫中断。但是 ABC 计算机的逻辑结构和电子电路的新颖设计思想却为后来电子计算机的研制工作提供了极大的启发。所以，阿塔那索夫应该是公认的"电子数字计算机之父"。

任务7.1　半导体开关电路图

一、绘制思路

　　本任务要求绘制如图 7-1 所示的半导体开关电路图。

　　绘制电路图时，首先要分析该电路图由哪些基本电子元件组成。本实例中，图 7-1 所示的电路图由三极管、二极管、电阻、电容、电感等五种基本电子元件组成。其次，在 CAXA CAD 电子图板 2021 的常用选项卡的基本绘图工具栏中选择"插入图符"图标，在弹出的"插入图符"对话框中选择电气符号→电子元件，提取出这 5 种基本电子元件的图形。最后，使用"直线"命令绘制出直线，将其连接起来形成电路图。

半导体开关
电路图

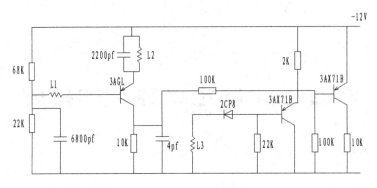

图 7-1　半导体开关电路图

💡 注：在绘制电路图时，没有固定的线路长度尺寸，以能清晰地看到电子元件合理的布局为原则。

二、绘制方法与步骤

1. 提取五种电子基本元件符号

(1) 单击插入选项卡下的图库工具栏→插入图符图标 📐，系统弹出"插入图符"对话框，如图 7-2 所示。

(2) 在该对话框中双击电气符号→电子元件选项后，该对话框将显示各种电子元件的符号，如图 7-3 所示。

(3) 选取"pnp 晶体管"，单击"完成"按钮。

💡 注：pnp 晶体管就是三极管。

图 7-2　"插入图符"对话框

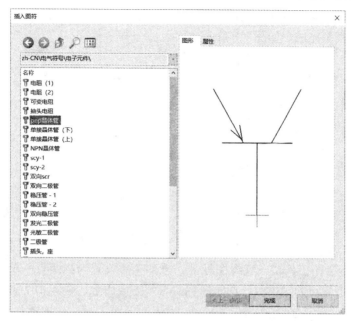

图 7-3　选取 pnp 晶体管

(4) 系统弹出立即菜单，如图 7-4 所示。此处使用默认参数，根据左下角提示"图符定位点"，在绘图区任意位置单击左键给定图符定位点。

(5) 根据系统提示"旋转角"，输入 −90，回车，单击右键确定，结果如图 7-5 所示。

图 7-4　立即菜单　　　　　　　　　　　　　　　　　　图 7-5　三极管

(6) 采用同样的方法继续调用二极管、电阻、电容、电感等电子元件符号，结果如图 7-6 所示。

三极管　　　　二极管　　　　电阻　　　　电容　　　　电感

图 7-6　调用的电子元件

💲 注：电感元件在"插入图符"对话框中，应选择"电阻(1)"选项。

2. 绘制电路图

(1) 单击基本绘图工具栏→直线图标 ╱，立即菜单设置为：两点→单根，以坐标系的原点为定位点，通过鼠标引导，方向向上，输入 22，画出一条竖线，如图 7-7 所示。

(2) 单击修改工具栏→平移复制图标 🖇，立即菜单设置为：给定两点→保持原态→旋转角：−90→比例：1→份数：1。

(3) 选择如图 7-6 所示的电阻元件图符，单击右键确定，选择电阻元件图符右侧端点作为平移复制的第一点，再移动鼠标至如图 7-6 所示竖线的上端点，单击鼠标左键确定，则电阻图符平移复制完成，如图 7-8 所示。

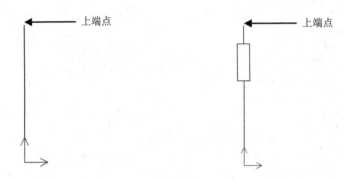

图 7-7　绘制的竖线　　　　　　　图 7-8　复制的电阻元件

(4) 单击基本绘图工具栏→直线图标✎，立即菜单设置为：两点→单根，以如图 7-8 所示电阻图符的上端点为定位点，通过鼠标引导，方向向上，输入 10，再画出一条竖线，如图 7-9 所示。

(5) 单击修改工具栏的平移复制图标✑，立即菜单设置为：给定两点→保持原态→旋转角：−90→比例：1→份数：1。

(6) 选择图 7-6 所示电阻元件图符，单击右键确定，选择电阻图符右侧端点作为平移复制的第一点，再移动鼠标至如图 7-9 所示第 2 条竖线的上端点。此时，电阻图符平移复制完成，如图 7-10 所示。

(7) 单击基本绘图工具栏的直线图标✎，立即菜单设置为：两点→单根，以如图 7-10 所示电阻图符的上端点为定位点，通过鼠标引导，方向向上，输入 22，再画出一条竖线，如图 7-11 所示。

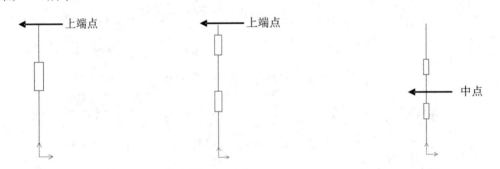

图 7-9　绘制的第二条竖线　　　图 7-10　复制的另一电阻元件　　　图 7-11　绘制的第三条竖线

(8) 单击基本绘图工具栏的直线图标✎，以如图 7-11 所示两电阻图符之间竖线的中点为定位点，通过鼠标引导，方向向右，输入 20，画出一条水平线，如图 7-12 所示。

(9) 单击修改工具栏的平移复制图标✑，立即菜单设置为：给定两点→保持原态→旋转角：0→比例：1→份数：1。

(10) 选择图 7-6 所示电感元件图符，单击右键确定，选择电感图符左侧端点作为平移复制的第一点，再移动鼠标至如图 7-12 所示绘制的水平线的右端点，单击鼠标左键确定，则电感图符平移复制完成，结果如图 7-13 所示。

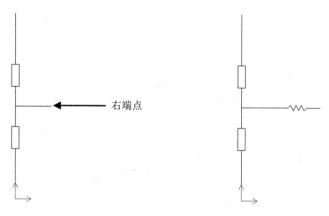

图 7-12　绘制的水平线　　　　图 7-13　复制的电感图符

(11) 单击修改工具栏的等距线图标 ，立即菜单设置为单个拾取→指定距离→单向→空心→距离：7→份数：1。

(12) 选择第(8)步所绘制的水平线，方向向下，单击左键，画出另一水平线。

(13) 单击基本绘图工具栏的直线图标 ，以第(12)步偏移命令创建的水平线的右端点为定位点，通过鼠标引导，方向向下，输入 10，画出一条竖线，如图 7-14 所示。

(14) 单击修改工具栏的平移复制图标 ，立即菜单设置为：给定两点→保持原态→旋转角：−90→比例：1→份数：1。

(15) 选择图 7-6 所示电容元件图符，单击右键确定，选择电容图符左侧端点作为平移复制的第一点，再移动鼠标至第(13)步所绘制的竖线的下端点，单击鼠标左键确定，则电容图符平移复制完成，结果如图 7-15 所示。

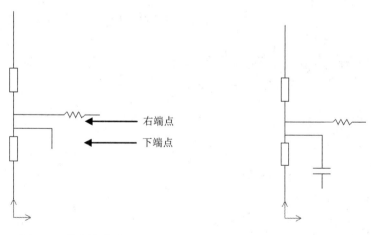

图 7-14　绘制的线段　　　　图 7-15　复制的电容图符

(16) 采用类似的方法完成整个图形的绘制，结果如图 7-16 所示。

注：图中电气元件的位置布局应合理。

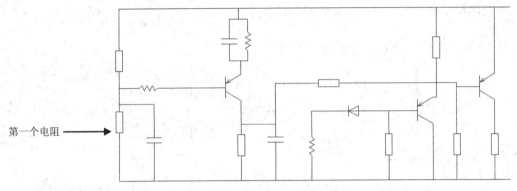

图 7-16　半导体开关电路图

3. 输入文字

(1) 单击基本绘图工具栏的文字图标 **A**，立即菜单设置为指定两点。

(2) 在如图 7-16 所示的第一个电阻元件图符的左侧选取一个区域，此时弹出"文本编辑器-多行文字"对话框，如图 7-17 所示。在其中将字体大小设置为 7，其余采用默认参数。

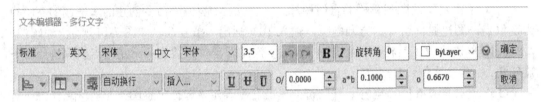

图 7-17　"文本编辑器-多行文字"对话框

(3) 输入文字 22k，单击对话框中的"确定"按钮，结果如图 7-18 所示。

(4) 单击修改工具栏的平移复制图标 ，立即菜单设置为：给定两点→保持原态→旋转角：0→比例：1→份数：1。

(5) 选取第(3) 步输入的 22k，分别移动到其他电气符号的附近。然后分别双击该文字，重新输入各个电气符号的文字内容，结果如图 7-19 所示。

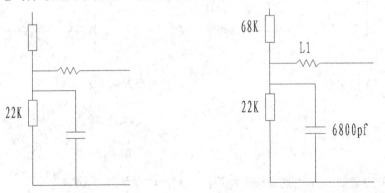

图 7-18　电阻图符的文字　　　　　图 7-19　其他电气元件符号的文字

(6) 采用类似的方法完成图形上的其他文字的输入，结果如图 7-20 所示。

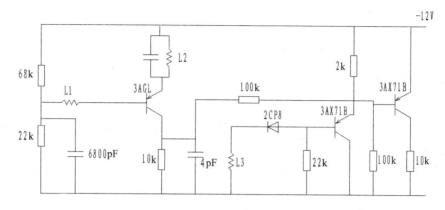

图7-20　电气元件符号的文字

任务7.2　电机点动运行主电路图

一、绘制思路

本任务要求绘制如图7-21所示电机点动运行主电路图。

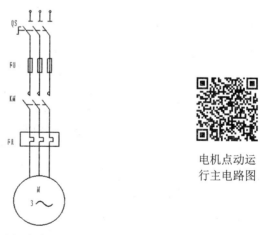

电机点动运
行主电路图

图7-21　电机点动运行主电路图

绘制电路图时，不但要分析该电路图由哪些基本电子元件组成，而且要考虑从"插入图符"对话框中提取的基本电子元件与实际的电气符号是否完全一样。如果一样，就可按照任务7.1那样进行绘制；如果不一样，就要对提取的基本电子元件进行编辑处理，使其完全一样。然后再将其作为一个块，进行块定义，将其保存在图库中，以备后边调用。

本实例中，该电路图由接触器(KM)、电源开关(QS)、热继电器(FR)、熔断器(FU)、三相交流电动机(M)等五种低压电器元件组成。前3种调出后都要进行编辑处理，并作为块进行保存。第4种(熔断器FU)调出一个熔断器后，通过"平移复制"命令进行编辑处理，并作为块进行保存。第5种(三相交流电机)调出后通过"缩放"命令进行编辑处理，就可直接使用。

二、绘制方法与步骤

1. 接触器(KM)的调用及处理

1) 接触器(KM)的调用

(1) 单击插入选项卡→图库工具栏→插入图符图标 ，系统弹出"插入图符"对话框，如图 7-22 所示。

(2) 在该对话框中，双击电气符号→触点和开关，该对话框显示出各种电子元件的符号，如图 7-23 所示。

(3) 选取"07-13-03"，单击"完成"按钮。

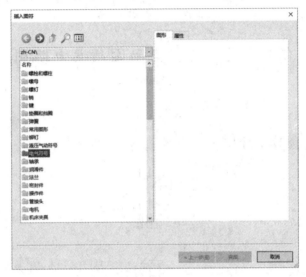

图 7-22   "插入图符"对话框

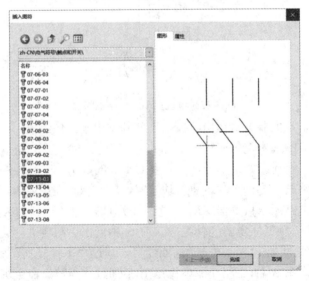

图 7-23   提取图符 07-13-03

(4) 立即菜单设置如图 7-24 所示，根据左下角提示"图符定位点"，鼠标在绘图区合适位置单击，给定该符号的位置，即将 07-13-03 图符调到设计区，如图 7-25 所示。

图 7-24　立即菜单　　　　　　　　　　　　　　图 7-25　07-13-03 图符

注：该符号与图 7-21 中所示的 KM 符号不一致。因此，需对该符号进行编辑处理。

2) 接触器(KM)的处理

(1) 选择基本绘图工具栏→圆图标⊙，立即菜单设置为：圆心_半径→直径→无中心线。以如图 7-25 所示的符号的左端点为圆心，绘制直径为 ø2 的圆，如图 7-26 所示。

(2) 选择修改工具栏→平移复制图标，立即菜单设置为：给定两点→保持原态→旋转角 0→比例：1→份数：1。单击左键选取第(1)步绘制的圆，再单击右键确定。根据提示"第一点"，选择如图 7-25 所示的符号的左端点为第一点，再根据提示"第二点或偏移量"，分别单击中间端点和右端点进行复制，结果如图 7-27 所示。

(3) 选择修改工具栏→平移图标，立即菜单设置为给定两点→保持原态→旋转角：0→比例：1。根据提示"拾取添加"。单击左键选取第(1)和第(2)步绘制的 3 个直径为 ø2 的圆，再单击右键确认。根据提示"第一点"，选取一个圆的象限点，再根据提示"第二点"，选取直线的端点，对第(1)和第(2)步绘制的 3 个圆向上平移。

(4) 选择修改工具栏→裁剪图标，立即菜单设置为快速裁剪，根据提示"拾取要裁剪的曲线"，选取 3 个圆右边部分进行裁剪，结果如图 7-28 所示。

3) 接触器(KM)的块定义

(1) 选择基本绘图工具栏→块插入→块创建图标。

(2) 根据系统提示"拾取元素"，选取如图 7-28 所示的所有元素，单击右键确认。

(3) 根据提示"基准点"，左键拾取如图 7-28 中间线的下端点为基准点，系统弹出"块定义"对话框，如图 7-29 所示。

(4) 在该对话框中输入 KM，单击"确定"按钮，即将该图形作为块进行了定义。

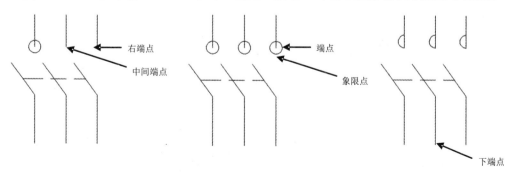

图 7-26 绘制的圆　　　　　　图 7-27 复制的圆　　　　　　图 7-28 平移并修剪后的圆

图 7-29   "块定义"对话框

2. 电源开关(QS)的调用及处理

采用相同的方法绘制 QS 电气符号。

首先提取"07-13-03"图符。其次对该图符进行编辑处理，根据尺寸绘制线段和圆，如图 7-30(a)所示。最后使用"块创建"命令对其进行创建块操作，块名称如图 7-30(b)所示。

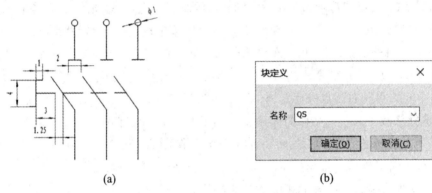

(a)   (b)

图 7-30   绘制电源开关的图形符号

3. 热继电器(FR)的调用及处理

采用相同的方法，绘制 FR 电气符号。

首先提取"07-13-03"图符。其次对该图符进行编辑，先使用"分解"命令进行分解，再用"删除"命令删除不需要的线条，接着根据尺寸，使用"直线"命令绘制线段，用"矩形"命令绘制矩形，最后使用"平移复制"命令进行复制，如图 7-31(a)所示。最后使用"块创建"命令对其进行创建块操作，块名称如图 7-31(b)所示。

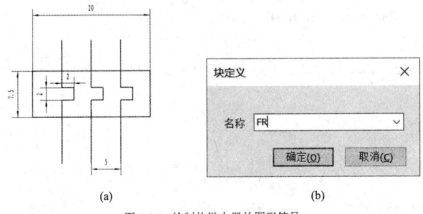

(a)   (b)

图 7-31   绘制热继电器的图形符号

4. 熔断器(FU)的调用及处理

采用相同的方法绘制 FU 电气符号。

(1) 单击插入选项卡→图库工具栏→插入图符图标，系统弹出"插入图符"对话框。

(2) 在该对话框中，双击电气符号→电子元件，该对话框显示出各种电子元件的符号。

(3) 选取"熔断器"，单击"完成"按钮。

(4) 立即菜单设置为：不打散→消隐→缩放倍数 1。根据提示"图符定位点"，在空白区域单击左键，回车，如图 7-32(a)所示。

(5) 单击常用→修改工具栏→平移复制图标，立即菜单设置为：给定偏移→保持原态→旋转角 0→比例 1→份数 1。根据提示"拾取添加"，选取第(4)步绘制的图符，单击右键。再根据提示"X 或 Y 方向偏移量"，在右下角单击"正交"按钮，打开正交功能，鼠标水平向右移动，输入 5，回车；保持方向向右，再输入 10，回车，结果如图 7-32(b)所示。

(6) 按照接触器(KM)的块定义的步骤，对熔断器进行块定义，块名称如图 7-32(c)所示。

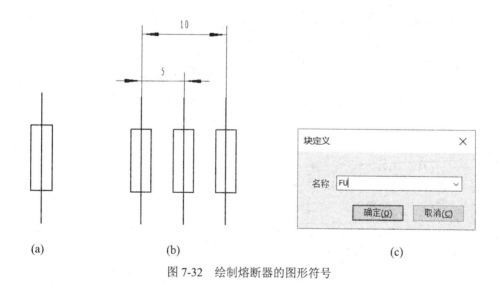

    (a)   (b)   (c)

图 7-32　绘制熔断器的图形符号

5. 三相交流电机的调用及处理

(1) 单击插入选项卡→图库工具栏→插入图符图标，系统弹出"插入图符"对话框，如图 7-33 所示。

(2) 在该对话框中，双击电气符号→电机和变压器。

(3) 选取"06-08-01"，单击"完成"按钮，如图 7-34 所示。

(4) 立即菜单设置为：不打散→消隐→缩放倍数：1，根据系统提示"图符定位点"，鼠标在绘图区的坐标原点处单击，给定该符号的位置，提取的三相交流电机的图符如图 7-35 所示。

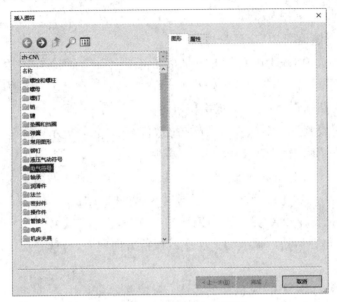

图 7-33 "插入图符"对话框

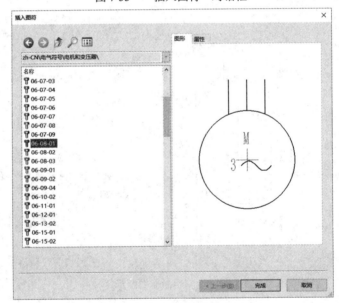

图 7-34 提取图符 06-08-01

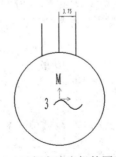

图 7-35 三相交流电机的图形符号

(5) 单击修改工具栏→缩放图标 ⬚，立即菜单设置为：平移→比例因子。根据提示"拾取添加"，左键拾取电机符号，单击右键确定。根据提示"基准点"，拾取圆心为基准点。再根据提示"比例系数：5/3.75"，回车，此时电机图符变大。

💡 **注**：由于电机的线距为 3.75，如图 7-35 所示。与之连接的 FR 图符的线距为 5，如图 7-31(a) 所示。为了保证绘制电路图时连接线条为直线，因此，对电机进行放大编辑。该操作可使电机的线距(3.75)与 FR 图符的线距(5) 一致。

6. 绘制电路图

在图 7-35 的基础上进行绘制。

(1) 单击基本绘图工具栏→块插入图标 ⬚，系统弹出"块插入"对话框，如图 7-36 所示。在该对话框中选择 FR，单击"确定"按钮。移动鼠标到电机图符中间线的上端点，单击左键确认，结果如图 7-37 所示。

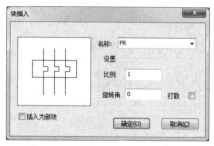

图 7-36　"块插入"对话框

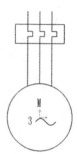

图 7-37　热继电器与电机连接图

(2) 采用相同的方法，分别进行块插入操作，分别从下向上插入其他电气符号，最终绘制的点动控制电路原理图如图 7-38 所示。

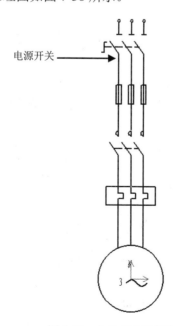

电源开关 ⟶

图 7-38　电机点动运行主电路图

7. 输入文字

(1) 单击基本绘图工具栏的文字图标 **A**，立即菜单设置为：指定两点。

(2) 在第一个电气符号(电源开关)左侧选取一个区域，此时弹出"文本编辑器-多行文字"对话框，如图 7-39 所示，将字体大小设置为 7，其余采用默认参数。

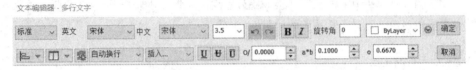

图 7-39　"文本编辑器-多行文字"对话框

(3) 输入文字 QS，单击对话框中的"确定"按钮，结果如图 7-40 所示。

(4) 单击修改工具栏→平移复制图标 ，立即菜单设置为：给定两点→保持原态→旋转角：0→比例：1→份数：1。

(5) 选取第(3) 步输入的 QS，分别移动到其他电气符号的附近。然后分别双击文字，重新输入各个电气符号的文字内容，结果如图 7-41 所示。

(6) 采用类似的方法完成整个图形的文字输入，结果如图 7-41 所示。

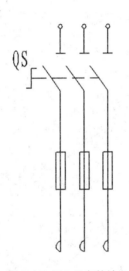

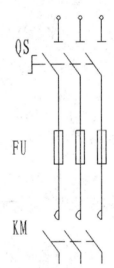

图 7-40　QS 文字的输入　　　　　图 7-41　其他文字的输入

【任务练习体会】

2010 年 8 月 27 日，人民日报头版刊发消息，宣布我国第一台自主设计、自主集成研制的蛟龙号载人潜水器 3000 米级海上试验取得成功。当前，蛟龙号最大下潜深度 7062 米，工作范围可覆盖全球 99.8%的海洋区域，标志着我国载人深潜科考已走在世界前列。

2016 年 9 月 25 日，"中国天眼"落成启用，它是我国自主研制、世界最大单口径、最灵敏的射电望远镜，综合性能是著名的阿雷西博射电望远镜的十倍。自运行以来，它已成功发现 44 颗新脉冲星，将在中国乃至世界的天文研究领域中发挥无可替代的作用。

习　题　七

一、思考题

1. 复制命令和创建块命令之间有什么不同？

2. 有些电气符号在"插入图符"对话框中找不到时，应采用什么方法解决？

3. 电路图一般情况下没有要求进行尺寸标注，但应遵循什么原则？

4. CAXA CAD 电子图板 2021 软件除了能绘制机械图纸外，还能绘制什么图？

5. 电气符号之间的尺寸不一致时，将影响最终的图形美观，该如何解决？

6. 使用其他软件(例如：AutoCAD)绘制的电路图能否在 CAXA CAD 电子图板 2021 中打开？应该如何操作？

二、上机练习题

1. 画出如图 7-42 所示的星-三角降压启动主电路图(不标注尺寸)。

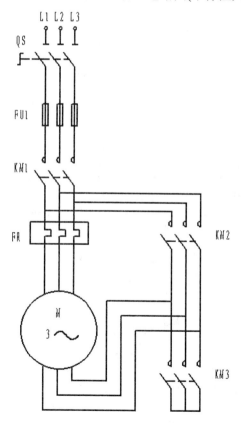

图 7-42　星-三角降压启动主电路图

2. 画出如图 7-43 所示的电机能耗制动控制电路图(不标注尺寸)。

3. 画出如图 7-44 所示的电动机多点(三地)控制电路图(不标注尺寸)。

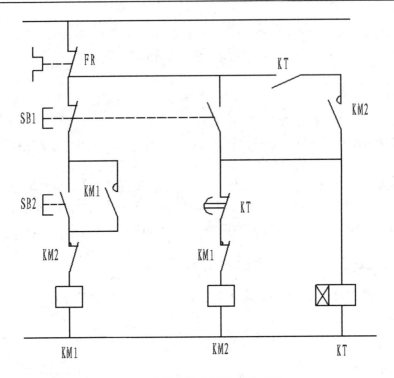

图 7-43　电机能耗制动控制电路图

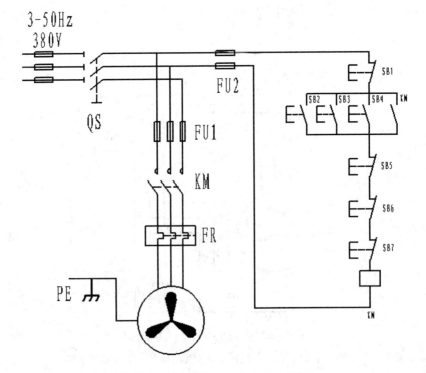

图 7-44　电动机多点(三地)控制电路图

项目八　轴测图的绘制

【软件情况介绍】

　　轴测图又称为立体图，工程上常用的轴测图有正等轴测图(简称正等测)、斜二等轴测图(简称斜二测)和正二等轴测图(简称正二测)。轴测图的立体感强，通俗易懂。在工程上常用于产品样本和说明书中，使用CAXA CAD电子图板2021软件绘制轴测图对工作实践很有实际意义。

【课程思政】

　　我国清代官方的建筑工程分别由内务府与工部承担。内务府主要负责皇家宫室、苑囿与陵寝的营造，其余多由工部负责。自乾隆时期开始，内务府设立了样式房与销算房，分别负责图纸设计和工料预算。以清初名匠雷发达为起始，雷氏子孙执掌样式房达二百余年，清宫的各类营缮活动大都出自雷氏之手，所以雷氏也得名"样式雷"。从目前存世的样式雷图档中可以看到，当时的建筑设计已经有了完善的比例尺与制图规范。

任务8.1　正等轴测图的绘制

本任务要求绘制如图8-1所示的正等轴测图。

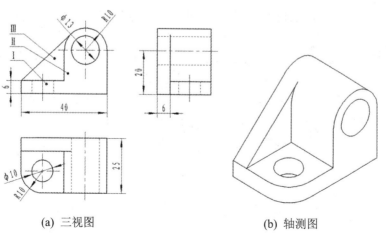

绘制正等轴
测图的原理

绘制正等
轴测图

(a) 三视图　　　　　(b) 轴测图

图8-1　正等轴测图

绘制轴测图时，首先观察该图由哪些部分组成。本实例中，该轴测图底座是一个形体，轴承是一个形体，左边的支撑板是一个形体，分解后的三个基本形体如图 8-1 中的三视图所示。

绘制轴测轴时，一般将其中一根轴测轴(Z 轴)画成垂直的，其他两根轴测轴(X 轴、Y 轴)与 Z 轴都有一定的角度。三种轴测图的轴间角和轴向变形系数(括号内为简化变形系数)如图 8-2 所示。

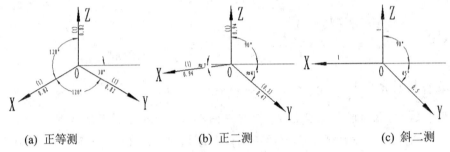

　　(a) 正等测　　　　　　　　(b) 正二测　　　　　　　　(c) 斜二测

图 8-2　轴间角和轴向变形系数

在三种轴测图中，因斜二测的一个坐标面平行于轴测投影面，故与此坐标面平行的圆的轴测投影仍为圆，其余坐标面均与轴测投影面倾斜，因此，与这些坐标面平行的圆的轴测投影均为椭圆。

1) 圆的轴测图的画法

绘制轴测图中的圆，可采用的方法有弦线法、近似画法(采用简化变形系数)。其中，采用弦线法画出的椭圆较准确，但是作图不方便，比较麻烦；近似画法又分为三点法、长短轴法和菱形法。近似画法中的三点法作图简便，长轴和短轴误差小，适于画圆弧连接或要求作图较准的部分；长短轴法适于画要求较准确的图形，作图时虽然长轴和短轴误差小，但是需先求长轴和短轴的长度，故作图较烦琐；菱形法适于画独立的圆，该方法作图简便，易于确定长、短轴方向，便于徒手画图。该实例中，采用比较简便的菱形法绘制圆的轴测图。

2) 采用菱形法绘制圆的轴测图

具体操作步骤如下：

(1) 按圆(直径 d 为 ø100)的外切正方形画菱形，OA = OC = d/2 = 50，对角线为长、短轴方向。

① 单击基本绘图工具栏的直线图标／，立即菜单设置为：两点线→连续，打开正交功能，在屏幕中央点击左键，鼠标水平向下，输入 100。

② 关闭正交功能，输入@100<30，回车，如图 8-3 所示。

③ 单击平移复制按钮，复制第②步绘制的直线，如图 8-4 所示。

④ 单击直线图标／，绘制剩余直线，如图 8-5 所示。

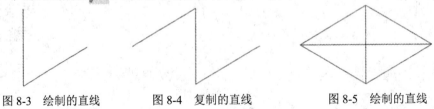

图 8-3　绘制的直线　　　　图 8-4　复制的直线　　　　图 8-5　绘制的直线

(2) 连接 AE、AF，其中 E、F 分别为线段的中点，分别以 A、B 为圆心，AE 为半径画两大弧(弧 CD、弧 EF)。

① 单击直线图标 ╱，连接 AE、AF，如图 8-6 所示。

② 单击圆图标 ⊙，以 A 为圆心，AE 为半径绘制圆。单击裁剪图标 ╳，裁剪多余的圆弧，如图 8-7 所示。

③ 单击镜像图标 ⚏，以水平线为镜像轴，镜像出圆弧 CD，如图 8-8 所示。

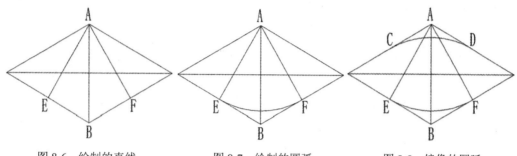

图 8-6　绘制的直线　　　　图 8-7　绘制的圆弧　　　　图 8-8　镜像的圆弧

(3) 分别以 Ⅰ、Ⅱ 为圆心，Ⅰ C 为半径画两小弧(弧 CE、弧 DF)。

① 单击圆图标 ⊙，以 Ⅰ 为圆心，Ⅰ C 为半径绘制圆。单击裁剪图标 ╳，裁剪多余的圆弧，如图 8-9 所示。

② 单击圆图标 ⊙，以 Ⅱ 为圆心，Ⅰ D 为半径绘制圆。单击裁剪图标 ╳，裁剪多余的圆弧，如图 8-10 所示。

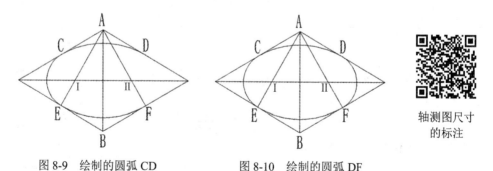

图 8-9　绘制的圆弧 CD　　　　　　　图 8-10　绘制的圆弧 DF

轴测图尺寸
的标注

3) 使用以上方法绘制正等轴测图

(1) 将零件分解成三个基本形体Ⅰ、Ⅱ、Ⅲ。

该轴承座由三部分组成：底座是一个形体，轴承是一个形体，左边的支撑板是一个形体，分解后的三个基本形体如图 8-1 中的三视图所示。

(2) 根据正等轴测图原理，绘制形体Ⅰ。

① 单击直线图标 ╱，立即菜单设置为：两点线→连续，点击绘图区任意一点，输入 @40<30，再输入 @25<150，如图 8-11 所示。

② 单击平移复制按钮 ⚙，复制第①步绘制的直线，如图 8-12 所示。

③ 单击直线图标 ✏，点击第②步绘制的图形上一点，打开正交功能，鼠标向上移动，输入 6，回车，如图 8-13 所示。

④ 单击平移复制按钮 ⚙，复制第①和第②步绘制的直线，如图 8-14 所示。

⑤ 单击平移复制按钮 ⚙，复制第③绘制的直线，如图 8-15 所示。

⑥ 单击删除图标 🖊，删除多余的直线，如图 8-16 所示。

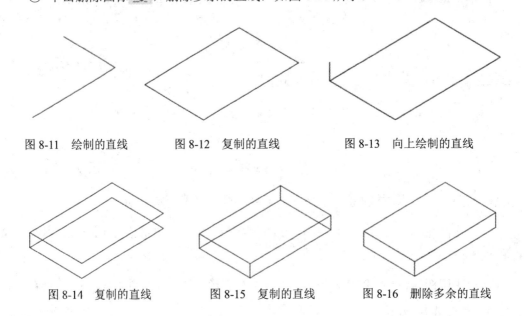

图 8-11　绘制的直线　　　　图 8-12　复制的直线　　　　图 8-13　向上绘制的直线

图 8-14　复制的直线　　　　图 8-15　复制的直线　　　　图 8-16　删除多余的直线

⑦ 在作圆角的边线上量取圆角半径 R(R=10)，自量得的点作边线的垂线。单击直线图标 ✏，以底座上表面下方的点为起点，输入@10<30。

⑧ 单击直线图标 ✏，以底座上表面下方的点为起点，输入@10<150。

⑨ 单击直线图标 ✏，立即菜单设置为：切线/法线→法线，以第⑥步绘制的直线终点为垂足，绘制垂线。

⑩ 单击直线图标 ✏，立即菜单设置为：切线/法线→法线，以第⑦步绘制的直线终点为垂足，绘制垂线，如图 8-17 所示。

⑪ 以两垂线交点 A 为圆心，垂线长为半径画弧，所得弧即为轴测图上的圆角，如图 8-18 所示。

⑫ 单击平移复制按钮 ⚙，选择第⑩步绘制的圆弧，向下复制距离为 6，如图 8-19 所示。

⑬ 单击裁剪图标 ✂，裁剪多余的直线，则圆角如图 8-20 中的圆角所示。

⑭ 过圆弧与棱边的切点作平行线，距离为孔中心的定位距离 10，确定底座上孔的中心。

⑮ 使用"缩放"命令，采用缩小菱形法绘制圆的轴测图(直径 d 为 ø100)，比例因子

为 0.1。移动缩小后的椭圆到刚才确定的孔的中心，如图 8-21 所示。

⑯　单击平移复制按钮 ⚙，复制第⑧步绘制的椭圆，向下移动距离为 6。

⑰　单击裁剪图标 ✂，裁剪多余的圆弧，编辑后的底座正等轴测图如图 8-22 中的圆孔所示。

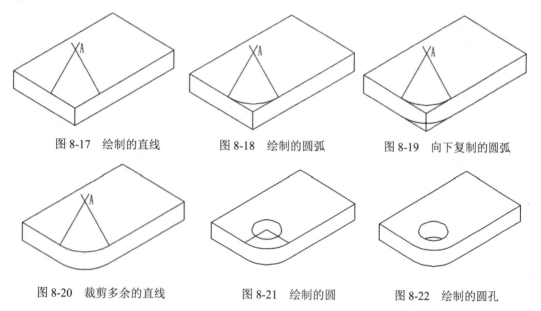

图 8-17　绘制的直线　　　　　图 8-18　绘制的圆弧　　　　　图 8-19　向下复制的圆弧

图 8-20　裁剪多余的直线　　　　　图 8-21　绘制的圆　　　　　图 8-22　绘制的圆孔

(3) 绘制形体 Ⅱ。

①　使用极坐标输入法，按照(2)的方法绘制轴承座的轴承，如图 8-23 中的轴承基座所示。

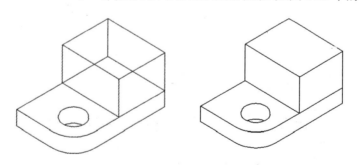

图 8-23　轴承基座

②　使用"缩放"命令，采用缩小菱形法绘制圆的轴测图(直径 d 为 ø100)，比例因子为 0.2；再使用旋转命令，顺时针旋转 60º；最后移动编辑后的椭圆到棱边的中心。

③　轴承中心孔的绘制方法与以上方法一致。

④　单击平移复制按钮 ⚙，复制第③步绘制的椭圆，输入@25<150，向左上方移动距离为 25，如图 8-24 所示。

⑤　单击直线图标 ✏，绘制两椭圆的切线，如图 8-25 所示。

⑥　编辑线条后的轴承正等轴测图如图 8-26 所示。

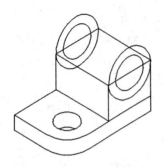

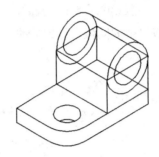

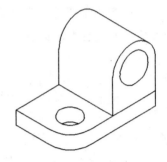

图 8-24　移动的椭圆　　　　图 8-25　绘制的切线　　　　图 8-26　编辑后的图形

(4) 绘制形体Ⅲ。

① 单击直线图标 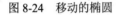，绘制直线，如图 8-27 所示。

② 单击平移复制按钮 ，复制第①步绘制的直线，输入@6＜-30，向右下方移动距离为 6，如图 8-28 所示。

③ 对支撑板进行编辑，最终效果如图 8-29 所示。

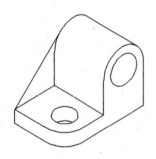

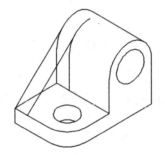

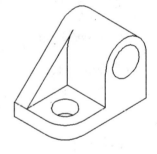

图 8-27　绘制的直线　　　　图 8-28　复制的图形　　　　图 8-29　编辑后的图形

任务8.2　斜二等轴测图的绘制

轴测图的立体感随着组合体(或装配体)的投影面和投影方向的不同而有很大差别。在作图方法上，也存在繁简之分。选择轴测图应满足两方面的要求：第一立体感强、图形清晰；第二步骤较少、作图简便。根据端盖三视图，如图 8-30 所示，采用斜二等轴方式来进行表达。

本任务要求绘制如图 8-30 所示的斜二等轴测图。

绘制斜二等轴测图的原理　　　　绘制斜二等轴测图

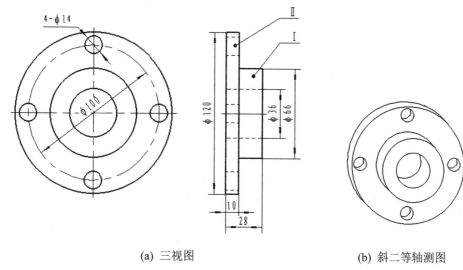

(a) 三视图　　　　　　　　　　　　　　　　　　　(b) 斜二等轴测图

图 8-30　端盖的三视图及轴测图

具体操作步骤如下：

(1) 将零件分解成两个基本形体Ⅰ、Ⅱ。

该端盖由两部分组成：圆柱筒是一个形体，底座是一个形体，分解后的两个基本形体如图 8-30 中的三视图所示。

(2) 根据斜二等轴测图原理，绘制形体Ⅰ。

该端盖上所有圆均平行于 XOZ 坐标面。因此，在斜二等轴测图中反映真实形状，即当物体上只有平行于 XOZ 坐标面的圆时，圆均为正圆。

① 单击圆图标⊙，绘制端盖零件上圆柱筒的两个同心圆 ø66 和 ø36，如图 8-31 所示。

② 单击平移复制按钮 ，复制位移为@9<135，如图 8-32 所示。

③ 单击直线图标 ，再绘制圆柱筒的切线。编辑裁剪后，圆柱筒的斜二等轴测图如图 8-33 所示。

图 8-31　绘制的圆　　　　　图 8-32　复制的圆　　　　　图 8-33　编辑后的图形

(3) 绘制形体Ⅱ。

① 单击圆图标⊙，绘制端盖零件上底座的圆 ø120 和 ø100。在 ø100 圆的右侧象限点上绘制 ø14 的圆，如图 8-34 所示。

② 单击平移复制按钮 ![icon]，选择 ø120 和 ø14 的圆，复制位移为@5＜135，如图 8-35 所示。

③ 单击直线图标 ![icon]，绘制底座的切线。

④ 单击裁剪图标 ![icon]，编辑裁剪后，底座的斜二等轴测图如图 8-36 所示。

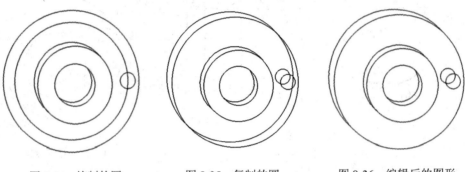

图 8-34 绘制的圆   图 8-35 复制的圆   图 8-36 编辑后的图形

(4) 绘制形体Ⅱ中 4 个孔的斜二等轴测图。

① 使用(3)的方法，绘制底座上 4 个孔的斜二等轴测图，如图 8-37 中的 4 个孔的斜二等轴测图所示。

② 单击裁剪图标 ![icon]，编辑裁剪后，端盖斜二等轴测图如图 8-38 所示。

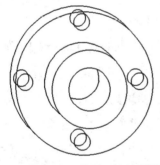
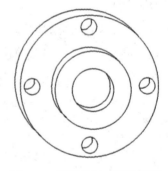

图 8-37 4 个孔的斜二等轴测图   图 8-38 端盖的斜二等轴测图

绘制轴测图主要是绘制圆的轴测图，分析如何把正圆绘制成椭圆。从画椭圆的角度来看，正等测的三个方向椭圆相同；斜二等轴测中两个方向的椭圆画法虽然相同，但要偏一定的角度，而其中一个圆应绘制成正圆，作图比较方便；正二等轴测中椭圆有两种，作图烦琐，在此不予讨论。

从以上绘制轴测图的方法来看，正等轴测画法简便，实际中运用较多；斜二等轴测图形清晰、立体感强，也常采用；正二等轴测从绘图原理上虽然可使图形清晰、立体感强，但是椭圆有两种画法，作图比较麻烦，因此运用得的不多。在实际使用中应结合具体情况，选择合适的轴测图表达方式，根据轴测图的原理和使用 CAXA CAD 电子图板 2021 强大的二维编辑功能可使轴测图的绘制速度显著提高。

【任务练习体会】

　　梁思成和林徽因破解了《营造法式》和《工程做法》这两部中国古代建筑官书，释读了宋代的材栔份模数制、清代的斗口模数制，理解了中国建筑之"文法"，对建筑实物的构造年代及其设计思想作出基于建筑学的论证与发现。《营造法式》在制度、功限、料例诸卷，视具体对象，制定比类增减之法，以控制结构、比例、权衡、工时、造价、材料制造工艺等，包含了极为丰富的建筑、美学、经济、科技等内容；《工程做法》规定，有斗栱之建筑以斗口为基本模量，无斗栱之建筑以明间面阔为基准，度屋名物，一以贯之。

习　题　八

一、思考题

1. 机械绘图中常用的轴测图有哪些？
2. 将正圆绘制成轴测图(椭圆)的方法有哪些？
3. 正等轴测中三个坐标轴之间的夹角是多少？
4. 斜二等轴测中三个坐标轴之间的夹角分别是多少？
5. 轴测图的绘制方法能否应用在装配图中？
6. 轴测图的尺寸标注与平面图形的尺寸标注有何不同？

二、上机练习题

1. 画出图 8-39 各图形的轴测图。

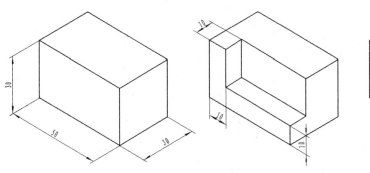
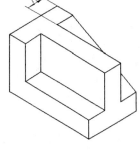

图 8-39　第 1 题图

2. 画出图 8-40 各图形的轴测图。

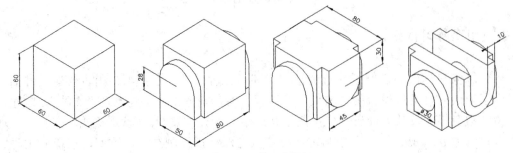

图 8-40　第 2 题图

3. 画出图 8-41～图 8-44 各图形的轴测图。

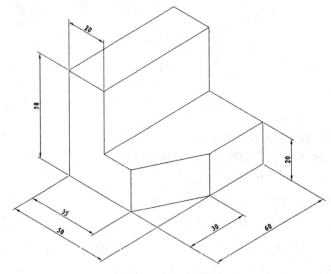

图 8-41　第 3 题图(1)

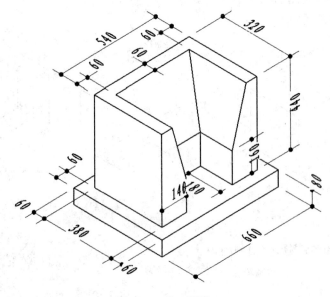

图 8-42　第 3 题图(2)

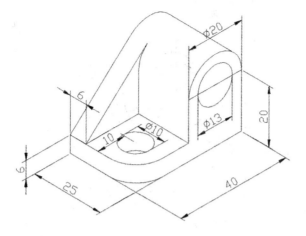

图 8-43　第 3 题图(3)

图 8-44　第 3 题图(4)

4. 画出图 8-45 和图 8-46 各图形的轴测图。

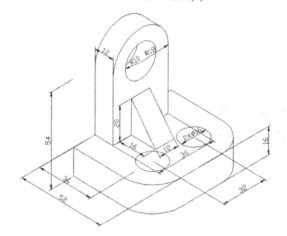

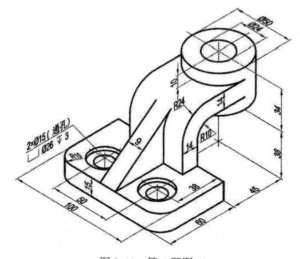

图 8-45　第 4 题图(1)

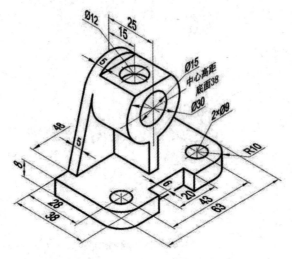

图 8-46　第 4 题图(2)

5. 画出图 8-47 图形的轴测图。

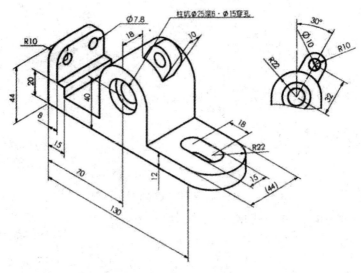

图 8-47　第 5 题图

参 考 文 献

[1] 吴勤保. CAXA 电子图板 2015 项目化教学教程. 西安：西安电子科技大学出版社，2017.

[2] 杨延波. 基于 CAXA 电子图板软件绘制轴测图方法的探讨. 无锡职业技术学院学报，2013.5.

[3] 宋巧莲，徐连孝. 机械制图与 AutoCAD 绘图习题集. 北京：机械工业出版社，2012.

[4] 吴勤保. Pro/ENGINEER Wildfire 5.0 项目化教学任务教程. 西安：西安电子科技大学出版社，2013.

[5] 魏延辉. CAXA 电子图板 2011 机械设计与制作技能基础教程. 北京：印刷工业出版社，2011.

[6] 李善锋，姜勇. AutoCAD 2008 中文版机械制图教程. 北京：人民邮电出版社，2010.

[7] 中国智能制造战略支撑平台. http://znzz.drcnet.com.CR/www/znzz/.